விண்வெளி

வியப்பு - விநோதம் - விசித்திரம்

என். ராமதுரை

உதவி ஆசிரியராகப் பத்திரிகைத் துறையில் அடியெடுத்துவைத்து, முப்பதாண்டுகளுக்கும் மேல் பல நாளேடுகளில் பணியாற்றியவர். அறிவியல்மீது ஏற்பட்ட ஈடுபாடு காரணமாக, அறிவியல் கட்டுரை களையும் நூல்களையும் எழுத ஆரம்பித்தார். தினமணி நடத்திவந்த 'தினமணி சுடர்' அறிவியல் வார இதழுக்குப் பொறுப்பாசிரியராக இருந்தார். தினமணி - சிறுவர்மணியில் 'சூரிய மண்டலம்', 'அணுசக்தி' பற்றிக் கட்டுரைத் தொடர்கள் எழுதியுள்ளார். அரசியல் கட்டுரைத் தொடர்களும் எழுதியிருக்கிறார்.

விண்வெளி

வியப்பு - விநோதம் - விசித்திரம்

என். ராமதுரை

கிழக்கு

விண்வெளி
Vinveli
N. Ramadurai ©

First Edition: November 2007
172 Pages
Printed at Repro Knowledgecast Limited, Thane.

ISBN 978-81-8368-477-4
Kizhakku - 278

Kizhakku Pathippagam
177/103, First Floor,
Ambal's Building, Lloyds Road,
Royapettah, Chennai 600 014.
Ph: +91-44-4200-9603

Email : support@nhm.in
Website : www.nhm.in

Author's Email : nramadurai@gmail.com

Photos Courtesy: Wikimedia Commons, ISRO, NASA.

Kizhakku Pathippagam is an imprint of New Horizon Media Private Limited

செயற்கைக்கோள் தயாரிப்பில் ஏற்பட்டுவரும் முன்னேற்றத்தைப் பார்க்கும்பொழுது, விண்வெளியில் சுற்றுகிற எதிரி நாட்டின் செயற்கைக் கோளை விண்வெளியிலேயே அழித்து விடுகிற திறன் கொண்ட ஏவுகணைகள் உருவாக்கப்பட்டாலும் வியப்பில்லை.

உள்ளே

1

விண்ணில் தெரியும் விந்தை

திடீரென நமது கண்களுக்கு அபூர்வ சக்தி வருகிறது என்று வைத்துக்கொள்வோம். பருந்தைவிடப் பலமடங்கு கூர்மையாக நம் கண்களால் இப்போது பார்க்க முடிகிறது. வானில் பல கிலோமீட்டர்கள் தாண்டி, பல நூறு செயற்கைக் கோள்கள் (Satellites) நம் தலைக்கு மேலாகப் பறந்து செல்வதை இப்போது நம்மால் காண முடிகிறது.

அதோ அங்கே என்ன தெரிகிறது? அவற்றைப் பார்த்தால் செயற்கைக் கோள்கள்போலத் தெரியவில்லையே? ஆஹா, இப்போது புரிகிறது. அவையெல்லாம், விண்வெளியை அடைந்த பின்னர் செயலிழந்த ராக்கெட்டுகளின் துண்டுப் பகுதிகள், கழற்றிவிடப்பட்ட பகுதிகள், விண்கலத்திலிருந்து பிரிந்த பகுதிகள் போன்றவை. அட, விண்வெளி வீரர்கள் கை தவறவிட்டுத் தொலைத்த ஸ்பூன், கத்திரிக்கோல், ஸ்பானர் கூடத் தென்படுகின்றனவே!

எல்லாமே அந்தரத்தில் ஒன்றை ஒன்று முந்திக்கொள்ளப் போட்டி போடுவதுபோலத் தோன்றுகிறதே. ஒவ்வொன்றுக்கும் ஒவ்வொரு வேகம். சில செயற்கைக் கோள்கள் நகராமல் நிலையாக நிற்பதுபோலத் தெரிகின்றன. சில பெரியவை; மற்றவை சிறியவை. இவற்றின் வடிவத்தைப் பார்த்தால் வேடிக்கையாக இருக்கிறது. கரப்பான்

பூச்சிபோல மீசை கொண்டவை சில; தட்டான் பூச்சிபோல இறக்கை முளைத்தவை சில. சில உருண்டையாக. சில நீளமாக.

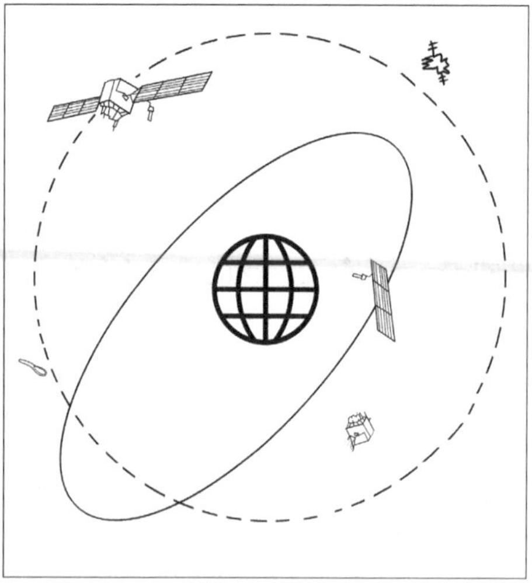

விண்ணில் சுற்றும் செயற்கைக் கோள், ஸ்பூன், ராக்கெட் துண்டுகள் முதலியன

பலவும் மேற்கே உதித்து கிழக்கே மறைகின்றன. எல்லாமே நேர் மேற்கே உதிப்பதாகச் சொல்ல முடிய வில்லை. வட மேற்கில் உதிப் பவை சில; தென் மேற்கில் உதிப்பவை சில. விதிவிலக் காக வேறு சில கிழக்கே உதித்து எதிர் நீச்சல் போட்டு மேற்கே மறைகின்றன. இன்னும் சில வடக்கு உதித்து தெற்கு நோக்கிச் சென்று மறைகின்றன.

ஆனால் ஒன்று. இவை அனைத்தும் ஒரே நிர்ணயிக் கப்பட்ட பாதையில் பூமியைச் சுற்றிக் கொண்டிருக்கின்றன. ஒவ்வொரு முறையும் அதே பாதையில். கொஞ்சம்கூட விலகுவதில்லை. சந்திரன் எப்படி வானில் உதித்து, மறைகிறதோ, அதேபோல.

கவனித்துப் பார்த்தால், இன்னும் ஒரு விஷயம் விளங்குகிறது. பூமிக்கு அருகில் இருக்கும் செயற்கைக் கோள் பூமியைச் சுற்றிவர, குறைந்த நேரமே ஆகிறது. தொலைவில் உள்ளது பூமியைச் சுற்றிவர அதிக நேரம் ஆகிறது. ஆக, பூமியைச் சுற்றிவர ஆகும் நேரம், பூமிக்கு எவ்வளவு தொலைவில் இருக்கிறது என்பதைப் பொறுத்தது என்று புரிகிறது.

ம்... எல்லாம் இப்படி குறுக்கும் நெடுக்குமாகப் போகின்றனவே, ஒன்றோடு ஒன்று முட்டி மோதிக்கொள்ளாதா?

இல்லை. ஒவ்வொன்றுக்கும் தனித்தனிச் சுற்றுப்பாதை. வெகு சில மட்டுமே பூமியை வட்டவடிவப் பாதையில் சுற்றுகின்றன. மற்றவை எல்லாம் நீள் வட்டப் பாதையில் சுற்றுகின்றன. ஒவ்வொன்றும் ஒவ்வோர் உயரத்தில்.

அட, இதென்ன? ஏதோ விண் கப்பல் (Space Ship) போலப்பறந்து போகிறதே? உள்ளே விண்வெளி வீரர்கள்கூட உட்கார்ந்திருக்கிறார்களே? ஓ, இதுதான் அமெரிக்கா செலுத்தியிருக்கும் விண்வெளி ஷட்டில் (Space Shuttle) எனப்படும் விண்கலமா? அட, அதென்ன அங்கே ஒரு பெரிய கட்டுமானம் போலத் தெரிகிறது? ரஷ்யாவின் விண்வெளி ஆராய்ச்சிக் கூடமோ? விண் நிலையம் (Space Station) என்று அழைக்கிறார்களே, அதுவேதான்.

விண் நிலையத்தைச் சற்று உற்றுப் பார்ப்போம். அதில் உள்ளவர்கள் தங்கள் இஷ்டத்துக்கு உள்ளே நடமாடுகிறார்களே? டிரைவர் யாரையும் காணோமே? தானாகவே போய்க் கொண்டிருக்கிறதே?

இவையெல்லாம் நம் தலையில் வந்து விழுந்துவிடுமோ? இப்படித்தான் ஒரு தடவை அமெரிக்காவின் ஸ்கைலாப் (Skylab) நம் தலையில் வந்து விழும் என்று பீதியைக் கிளப்பினார்களே? அப்படியெல்லாம் ஒன்றுமில்லையா? பூமியை எண்ணற்ற தடவை சுற்றிவிட்டு ஆய்ந்து ஓய்ந்து கொஞ்சம் கொஞ்சமாக பூமியை நோக்கி இறங்க ஆரம்பித்து இறுதியில் முற்றிலுமாக எரிந்து சாம்பலாகிவிடும் என்று சொல்கிறீர்களா? அப்பாடி, இப்பொழுது தான் நிம்மதியாக உள்ளது.

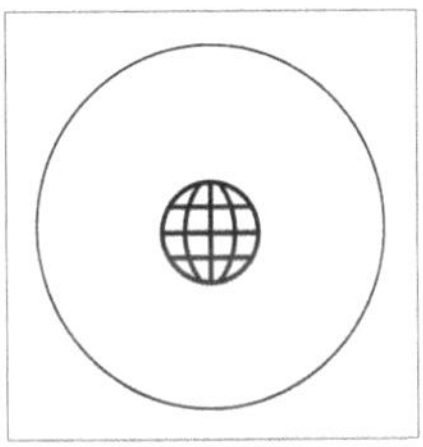

வட்டப் பாதை

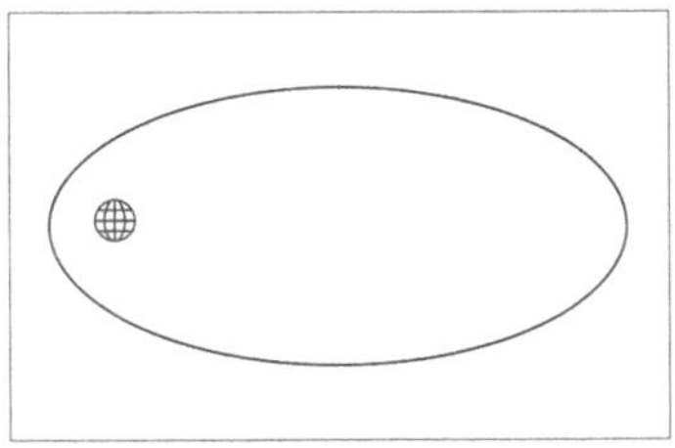

நீள்வட்டப் பாதை

கண்ணுக்குக் கிடைத்த சூப்பர் சக்திபோல, இப்போது நம் காதுகளுக்கும் அபூர்வ சக்தி வந்துவிட்டதா? சரி, உற்றுக் கேட்போம். என்ன ஒரே இரைச்சல்? ஓ, எல்லாம் இந்த செயற்கைக்கோள்கள் வெவ்வேறு அலைவரிசைகளில் அனுப்பும் சிக்னல்களோ? இவ்வளவு இரைச்சல்களுக்கு நடுவே குறிப்பிட்ட செயற்கைக் கோளின் சிக்னல்களை எப்படித்தான் விஞ்ஞானிகள் கண்டறிகின் றார்களோ? ஆச்சரியம்தான், போங்கள்.

இந்த சிக்னல்கள் என்னதான் சொல்கின்றன? பூமியைச்சுற்றி விண்வெளியில் உள்ள நிலைமை, அவற்றில் பொருத்தப் பட்டுள்ள கேமராக்கள் பூமியை எடுக்கும் படங்கள் என்று இவை பலதரப்படும். இன்சாட் போன்ற செயற்கைக் கோள்கள், பூமியிலிருந்து அனுப்பப்படும் தொலைக்காட்சி அல்லது வானொலி சிக்னல்களைப் பெற்று மீண்டும் அவற்றை பூமிக்கே திரும்ப அனுப்புகின்றன. ஓ, இதனால்தான் நம் வீட்டில் கேபிள் தொலைக் காட்சி மூலம் உலகத் தொலைக்காட்சிகளில் முதன்முறையாக சினிமாக்களையும், சீரியல்களை யும், கிரிக்கெட் மேட்ச்களையும் காண முடிகிறதா?

விண்வெளி ஷட்டில்

சரி, இந்த செயற்கைக் கோள்களையெல்லாம் யார் ஐயா மேலே கொண்டுபோய் விட்டது?

சர்வதேச விண் நிலையம்

தரையிலிருந்து வானை நோக்கிச் செலுத்தப்படும் ராக்கெட் அல்லது விண்வெளி ஷட்டில் மூலம்தான் இவை மேலே அனுப்பப்படுகின்றன. விண்வெளியில் செயற்கைக் கோள்களைச் செலுத்தும் திறன் கொண்ட நவீன ராக்கெட்டுகள் இரண்டாம் உலகப் போருக்குப் பின்னர்தான் உருவாகின. அப்போதிலிருந்து ராக்கெட் துறையில் எவ்வளவோ முன்னேற்றங்கள். இப்போதைய ராக்கெட்டுகள் டன் கணக்கில் எடை கொண்ட செயற்கைக் கோள்களைச் செலுத்தும் திறன் படைத்தவை. பல கோடி மைல்களுக்கு அப்பால் உள்ள புதன், வெள்ளி, செவ்வாய், வியாழன், சனி முதலான கிரகங்களுக்கும் விண்கலங்களைச் செலுத்தும் திறன் கொண்டவை.

ராக்கெட் தொழில்நுட்பத் துறையில் முன்னாள் சோவியத் யூனியன் - இன்னாள் ரஷ்யாவும், உலகின் ஒரே சூப்பர் வல்லரசு அமெரிக்காவும் தன்னிகரற்று விளங்குகின்றன. பிரான்ஸ், பிரிட்டன், ஜெர்மனி முதலான ஐரோப்பிய நாடுகள் ஒன்றுசேர்ந்து ஏற்படுத்திய ஐரோப்பிய விண்வெளி அமைப்பு ராக்கெட் தொழில்நுட்பத்தில் அடுத்த இடத்தில் உள்ளது.

அதற்கடுத்த நிலையில் சீனா, இந்தியா, ஜப்பான் ஆகிய நாடுகள் உள்ளன. ராக்கெட் தொழில்நுட்பத்தில் உலகின் முதல் ஆறு இடங்களில் ஒன்றாக இந்தியா இருப்பது நமக்கெல்லாம் மிகவும் பெருமை தரக்கூடிய விஷயம்.

செயற்கைக்கோளைச் செலுத்தும் திறன் படைத்த ராக்கெட்டுகளை உருவாக்கும்வரை காத்திராமல், இந்தியா முதலில் செயற்கைக் கோள்களை உருவாக்குவதில் கவனம் செலுத்தியது. ஆரம்பத்தில் இந்தியா தயாரித்த செயற்கைக் கோள்களை வெளிநாட்டு ராக்கெட்டுகள் மேலே செலுத்தின. பின் இந்தியா தானாகவே ராக்கெட்டுகளையும் தயாரிக்கத் தொடங்கியது. அண்மையில், அந்நிய நாட்டு செயற்கைக் கோள்களை இந்திய ராக்கெட் வழியாக வானில் ஏவி நம் நாடு சாதனை படைத்தது.

ஸ்கைலாப்

ராக்கெட்டுகளையும் செயற்கைக் கோள்களையும் தயாரிப்பதென்பது மிகவும் செலவு பிடித்த விஷயம். அமெரிக்கா 1969-ல் தொடங்கி சந்திரனுக்கு பலமுறைகளும், விண்வெளிக்குப் பலமுறைகளும் வீரர்களை அனுப்பிய அப்போலோ திட்டத்துக்கு பல ஆயிரம் கோடி ரூபாய்கள் செலவாயின. இன்று உலக அளவில் மிகக்குறைந்த செலவில் ராக்கெட்டுகளைத் தயாரித்து செயற்கைக்கோள்களை வான்வெளிக்கு அனுப்புவதில் இந்தியாதான் முதலிடத்தில் உள்ளது என்று சொல்கிறார்கள்.

சோவியத்ரஷ்யாதான் முதன்முதலில் வான்வெளிக்கு ராக்கெட்டை அனுப்பியது. பின் வான்வெளிக்கு உயிருடன் ஆள்களையும் அனுப்பியது. மிரண்டுபோன அமெரிக்கா, உடனடியாகச் சந்திரனுக்கு விண்கலத்தை அனுப்பி அங்கு மனிதர்களை இறங்க வைத்தது.

இன்று அமெரிக்காவும் ரஷ்யாவும் வெள்ளி, செவ்வாய் முதலான கிரகங்களுக்கு ஆளற்ற விண்கலங்களை அனுப்பும் சக்தி படைத்துள்ளன. இரண்டுமே விண்வெளி ஆராய்ச்சிக்கென விண் நிலையங்களையும் வானில் செலுத்தியுள்ளன.

இவற்றின் பலனாக, விண்வெளியில் உள்ள நிலைமைகள் பற்றியும், சந்திரனைப் பற்றியும், இதர கிரகங்களைப் பற்றியும் புதிய தகவல்கள் கிடைத்துள்ளன. அத்துடன் மனித வாழ்க்கைக்குப் பயனுள்ள வகையிலும் மறைமுகமாகப் பல பலன்கள் கிடைத்துள்ளன.

செயற்கைக்கோள்களையும், பிற கிரகங்களுக்கு விண்கலங்களையும் செலுத்தும் நோக்கில்தான் ஆரம்பத்தில் ராட்சத ராக்கெட்டுகள் உருவாக்கப்பட்டதாக, நீங்கள் தவறாக எண்ணிவிடக்கூடாது. அணுகுண்டுகளையும் ஹைட்ரஜன் குண்டுகளையும் சுமந்து எதிரி நாடுகளைத் தாக்கக்கூடிய பயங்கர ஏவுகணைகளைத் தயாரிக்கவே ராக்கெட் தொழில்நுட்பம் உருவானது. நவீனகால ராக்கெட்டுகள் போர் ஆயுதங்களாகத்தான் முதலில் உருவாயின.

இதற்கு நேர்மாறாக, முதலில் விண்வெளியை ஆராய்வதற்கென உருவாக்கப்பட்ட செயற்கைக்கோள்கள், இப்போது மேலும் மேலும் அதிக அளவில் பிற நாடுகளை வேவு பார்ப்பதற்குப் பயன்படுத்தப்படுகின்றன. 1991 தொடக்கத்தில் நடந்த வளைகுடாப் போரில் ஈராக்கின் ஸ்கட் (Scud) ஏவுகணைகளை அமெரிக்க பேட்ரியட் (Patriot) எதிர் ஏவுகணைகள் முறியடித்ததில் செயற்கைக்கோள்களும் முக்கியபங்கு வகித்தன. ஈராக்கின் ஏவுகணை தரையிலிருந்து கிளம்பிய உடனே அமெரிக்க செயற்கைக் கோள்கள் அந்த ஏவுகணையின் சரியான இடத்தைத் துல்லியமாகச் சொல்லிவிடும். இந்தத் தகவலைக்கொண்டு, பேட்ரியட் ஏவுகணை ஸ்கட் இருக்கும் இடத்தை நோக்கிச் சென்று அதைத் தாக்கி அழித்துவிடும். எந்த ஒரு நவீன கண்டுபிடிப்பிலும் ராணுவ அம்சம் இடம் பெறாமல் இருப்பதில்லை.

இது ஒருபுறம் இருக்க, விண்வெளி வீரர்களைக் கொண்ட விண் கப்பல்கள் இப்போது சர்வ சாதாரணம் ஆகிவிட்டன. ஆயினும் விண்வெளி என்பது இன்னமும் ஆபத்தான ஒரு பிரதேசமாகவே இருந்து வருகிறது. தவிர, யார் வேண்டுமானாலும் விண்வெளிப் பயணத்தை மேற்கொண்டுவிட முடியாது. இதற்குப் பயிற்சி தேவை.

விண்வெளி என்பது எல்லைகள் அற்ற ஒரு பெருவெளி. விண்வெளித் துறையில் மேற்கொள்ளப்படும் ஆராய்ச்சிகள் மூலமே நமது பூமி, சூரியன், ஏன், சொல்லப்போனால் இந்தப் பிரபஞ்சமே எப்படித் தோன்றியது என்ற கேள்விக்குச் சரியான விடையைக் கண்டறிய முடியும்.

2

விண்வெளிக்குப் போவோமா?

பூமியிலிருந்து 15-25 கிலோமீட்டர் உயரம் வரையிலான பிரதேசம் நமக்கு ஓரளவுக்குப் பழக்கப்பட்டது. விமானத்தில் பறப்பது, பார சூட்டிலிருந்து குதிப்பது என்பதெல்லாம் கிட்டத்தட்ட இந்தப் பகுதிக்குள்ளாகத்தான்.

பூமியைச் சுற்றிலும் காற்று சூழ்ந்து உள்ளது. இக்காற்று, சில நூறு மைல் உயரம் வரை பரவியுள்ளது. காற்றை ஒரு கடல்போல நினைத்துக்கொள்ளுங்கள். சில நூறு மைல் ஆழமுள்ள காற்றுக் கடலின் அடிமட்டத்தில், அதாவது பூமியின் மேற்பரப்பில் நாம் வாழ்ந்து கொண்டிருக்கிறோம். இக்காற்றுக்கு எடை உண்டு. இந்தக்காற்றுக்கடல், நம் அனை வரையும் ஒரு சதுர செண்டிமீட்டருக்கு சுமார் 1 கிலோ கிராம் எடை வீதம் அழுத்திக் கொண்டி ருக்கிறது. (அதாவது ஒரு செண்டிமீட்டர் அகலமும், ஒரு செண்டிமீட்டர் நீளமும் உள்ள ஒரு சதுரத்தை எடுத்துக்கொண்டால், அங்குள்ள அழுத்தத்தின் அளவு ஒரு கிலோகிராம்.)

அடேயப்பா, நம் உடம்பின் ஒவ்வொரு சதுர செண்டிமீட்டரையும் ஒரு கிலோ எடையுள்ள காற்று அழுத்துகிறதா? அப்படியானால் நமது எலும்புகள் நொறுங்கி, நாம் நசுங்கிச் சுக்கு நூறாக உடைந்துவிட வேண்டுமே? ஏன் அப்படி நடப்பதில்லை?

நாம் சுவாசிக்கும்போது, நமது நுரையீரலுக்குள்ளும் அதே அழுத்தத்தில் காற்று உள்ளது. உள்ளும் புறமும் ஒரே அழுத்தத்தில் காற்று இருப்பதால் நமது மார்பு எலும்புகள் நொறுங்குவதில்லை. மெல்லிய தகர டப்பாவிற்குள் இருக்கிற காற்று முழுவதையும் ஒரு கருவி மூலம் வெளியே எடுத்துவிட்டால் அந்தத் தகர டப்பா, வெளியிலிருந்து கொடுக்கப்படும் அழுத்தம் தாங்காமல் உருக்குலைந்து நசுங்கிவிடும். ஆனால் உள்ளேயும் வெளியேயும் ஒரே அழுத்தத்தில் காற்று இருந்தால், தகர டப்பா நசுங்காது. அதேபோலத்தான் நம் எலும்புகளும்.

நாம் சொன்ன இந்த அழுத்தம், கடல்மட்டத்தில் இருக்கும்போதுதான். பூமியிலிருந்து உயரே செல்லச்செல்ல காற்றின் அடர்த்தி குறைகிறது. நாம் உயரமான மலைகளில் ஏறும்போது, மூச்சு வாங்குவதற்கு ஒரு காரணம், காற்றின் அடர்த்திக் குறைவு. அடர்த்தி குறையும்போது, குறிப்பிட்ட கொள்ளளவுள்ள காற்றில் இருக்கும் ஆக்ஸிஜனின் அளவும் குறைகிறது. நமது உடலுக்கு, நாம் சுவாசிக்க குறிப்பிட்ட அளவுக்கு ஆக்ஸிஜன் தேவை. எனவே, அந்த அளவு ஆக்ஸிஜனைப்பெற நாம் அடிக்கடி நிறைய காற்றை உள்ளிழுத்து வெளியே விட வேண்டியிருக்கிறது. அதைத்தான் மூச்சு வாங்குகிறது என்கிறோம்.

இமயமலையில் உள்ள மிக உயரமான சிகரங்களில் ஏறுகிறவர்கள் (எவரெஸ்ட் சிகரத்தின் உயரம் சுமார் 8,700 மீட்டர்), இக்காரணத்தால் சுவாசிப்பதற்கு திரவ ஆக்ஸிஜன் அடைக்கப்பட்ட சிலிண்டரை முதுகில் கட்டிக்கொண்டு செல்கின்றனர்.

காற்றில் நாம் சுவாசிப்பதற்குத் தேவையான ஆக்ஸிஜனுடன், நைட்ரஜன் போன்ற வாயுக்களும் உள்ளன. வானில் குறிப்பிட்ட உயரத்துக்கு மேல் மிகவும் அடர்த்தி குறைந்த காற்றுதான் உள்ளது என்பதுடன், அக்காற்றில் ஹைட்ரஜன், ஹீலியம் வாயுக்கள்தான் உள்ளன. ஆக்ஸிஜன் கிடையாது. இன்னும் உயரே சென்றால் காற்றே கிடையாது.

பூமியிலிருந்து உயரே செல்லும்போது, அழுத்தம் குறைந்துகொண்டே வந்து கடைசியில் ஜீரோவாகிவிடும். வெப்பம் என்ன ஆகும்? அதுவும் குறைந்து கொண்டே போகுமா? அதுதான் இல்லை. கடல் மட்டத்தில் ஆரம்பித்து, முதலில் குறைந்துகொண்டே வரும். இந்தப் பகுதி ட்ராபோஸ்பியர் எனப்படும். உதாரணமாக, சுமார் 16 கிலோமீட்டர் உயரத்தில் குளிர், மைனஸ் 70 டிகிரி சென்டிகிரேடாக உள்ளது. இந்த ட்ராபோஸ்பியருக்கு அடுத்த பகுதி ஸ்ட்ராடோஸ்பியர் எனப்படும். இங்குதான் ஓஸோன் வாயு உள்ளது. இந்தப் பகுதியில் உயரம் அதிகமாக அதிகமாக வெப்பம் அதிகமாகிக்கொண்டே போகும். சுமார் 50 கிலோமீட்டர் உயரத்தில் ஈயம் உருகுகிற அளவுக்கு வெப்பம் உள்ளது. பிறகு மீஸோஸ்பியர் என்னும் பகுதி வருகிறது. இங்கு வெப்பம் திரும்பவும் குறைய ஆரம்பிக்கிறது. அடுத்து தெர்மோஸ்பியர். இங்கு வெப்பம் மீண்டும் அதிகரிக்க ஆரம்பிக்கிறது.

இந்த தெர்மோஸ்பியரில்தான் செயற்கைக் கோள்கள் சுற்றி வருகின்றன. இந்தப் பகுதியில் பாலைவனத்தில் இருப்பதை விடப் பயங்கரமானக் கடும்

வெப்பத்தையும், எவரெஸ்ட் உச்சி மீது இருப்பதைவிட அதிகமானக் கடும் குளிரையும் ஒரே சமயத்தில் சந்திக்க வேண்டியிருக்கிறது.

சூரிய ஒளி படுகிற இடத்தில் வெப்பம் மிக அதிகமாக இருக்கும். சூரிய ஒளி படாத இடத்தில் குளிர் கடுமையாக இருக்கும். பூமியில் நிழலில் உட்கார்ந் திருந்தால் இப்படிப்பட்ட வித்தியாசம் இல்லாததற்குக் காற்றுதான் காரணம். விண்வெளியில் காற்று இல்லை.

சில ஆண்டுகளுக்கு முன்னர் மேற்கத்திய எழுத்தாளர் ஒருவர், தாம் எழுதிய நூலுக்கு நடுப்பகலில் காரிருள் என்று தலைப்பிட்டார். விண்வெளியில் கிட்டத்தட்ட அப்படிப்பட்ட நிலைமைதான் உள்ளது. விண்வெளியில், ஒரு புறத்தில் சூரியன் பயங்கரமாகப் பிரகாசித்துக் கொண்டிருக்கும். அதே நேரத்தில் கரிய திரையில் ஜிகினா தாள் துண்டுகளை ஒட்டியதுபோல நட்சத்திரங்கள் தெரியும். நட்சத்திரங்கள் உங்களையே உற்றுப் பார்த்து மிரட்டுவதுபோல இருக்கும். கண் சிமிட்டாது.

பூமியில் பகல் நேரத்தில் நட்சத்திரங்கள் தெரிவதில்லை என்றால் அதற்கும் காற்று மண்டலம்தான் காரணம். காற்று சூரியனின் ஒளியை சிதறச் செய்கிறது. எனவே, பகல் வானில் நட்சத்திரங்கள் இருக்கின்றன என்றாலும், நமக்குத் தெரிவதில்லை. இதே, விண்வெளியில் சென்று பார்த்தால் சூரியன் தெரியும் அதே நேரத்திலும்கூட நட்சத்திரங்களும் தெரிய வரும்.

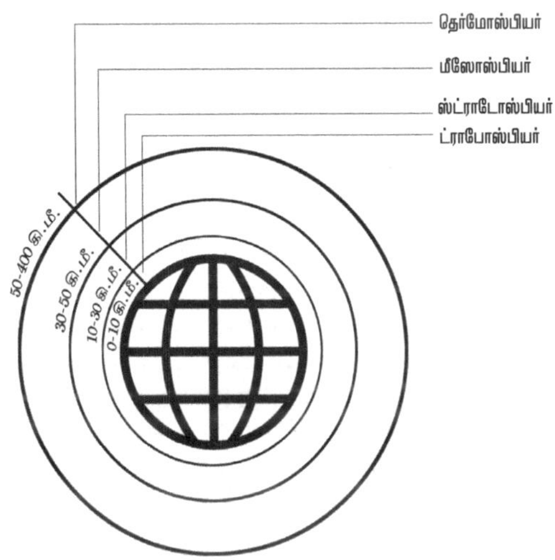

இரவில், காற்று மண்டலத்தில் உள்ள கண்ணுக்குத் தெரியாத தூசு நட்சத் திரங்களின் ஒளியைச் சிதறச் செய்வதால், நாம் பூமியிலிருந்து பார்க்கும்போது, நட்சத்திரங்கள் கண் சிமிட்டுவதைப்போல் ஒளிர்ந்து மறைந்து தெரிகின்றன. ஆனால் விண்வெளியில் இதுபோன்ற தூசுகள் கிடையாது. எனவே, நட்சத்திரங்கள் ஒளிப் புள்ளிகளாகத் தெரிகின்றன. எப்போதும் தெரிகின்றன.

பூமியில் உயிர் வாழ்க்கைக்குத் தேவையான வெப்பத்தை சூரியன்தான் அளிக்கிறது. அத்துடன் பூமிக்கு ஒளியையும் அளிக்கிறது.

சூரியனிலிருந்து வெப்பமும் ஒளியும் மட்டுமின்றி மிக ஆபத்தான கதிர்களும் வெளிப்படுகின்றன. எக்ஸ் கதிர், புற ஊதாக் கதிர் (அல்ட்ரா வயலட் கதிர்), காமா கதிர், அகச்சிவப்புக் கதிர் (இன்ஃப்ரா–ரெட் கதிர்) ஆகிய கதிர்கள் சூரியனிலிருந்து வெளிப்படுகின்றன. இக்கதிர்கள் - குறிப்பாக எக்ஸ் கதிர்களும், காமா கதிர்களும் - ஆபத்தானவை. இந்தக் கதிர்களால் உயிரினம் மொத்தமும் அழிந்துபோய்விடும் அபாயமுண்டு. நல்ல வேளையாக, காற்று மண்டலம் இக்கதிர்கள் பூமிக்கு வந்து சேராதபடி தடுத்து விடுகிறது.

அணுச்சேர்க்கை மூலம் வெடிப்பது ஹைட்ரஜன் குண்டு. ஒரு ஹைட்ரஜன் குண்டு வெடிக்கும்போது, எக்ஸ் கதிர்களும், காமா கதிர்களும் வெளிப்படுகின்றன. சூரியனும் அணுச்சேர்க்கை மூலம்தான் சக்தியை வெளிப்படுத்துகிறது. அதனால்தான் விண்வெளியில் இந்தவகைக் கதிர்கள் தெறிக்கின்றன. சூரியன், தொடர்ந்து வெடித்துக் கொண்டிருக்கும் ஹைட்ரஜன் குண்டு போன்றது. எனவே, விண்வெளியில் இருப்பது என்பது, ஹைட்ரஜன் குண்டின் கதிர் வீச்சுக்கு உள்ளாவதற்குச் சமம்.

நிலவற்ற இரவில் வானத்தை கவனித்தால், சில சமயங்களில் நட்சத்திரம் இடம் பெயர்ந்து விழுவது போன்ற காட்சியை நீங்கள் பார்த்திருக்கலாம். கீழே விழுவதாகத் தோன்றுவது நட்சத்திரமல்ல. நட்சத்திரம் என்பது பூமியைவிடப் பல நூறுமடங்கு பெரியது. வான் வழியே பிரகாசத்துடன் கீழே இறங்குவதாக நீங்கள் காணும் பொருள் மிஞ்சிப் போனால் ஒரு மணல் துணுக்கைவிட சற்றுப் பெரியதாக இருக்கலாம்.

விண்வெளியில் பூமியைச் சுற்றி விண் துணுக்குகள் மிகுந்து காணப்படுகின்றன. 24 மணி நேரத்தில் பூமியின் காற்று மண்டலத்தில் பிரவேசிக்கிற விண் துணுக்குகளின் எண்ணிக்கை சுமார் 75,00,000,000,00,000 என்று மதிப்பிடப்பட்டுள்ளது. இவற்றின் மொத்த எடை சில டன்களே இருக்கும். சராசரி விண் துணுக்கு ஒன்றின் எடை, மிக அற்பம். காற்று மண்டலத்தைத் தாண்டி, பூமியை நோக்கி வரக்கூடிய விண் துணுக்குகளின் எண்ணிக்கை, சுமார் 10-12 தான் இருக்கும். இவற்றிலும் 4 அல்லது 5 தான் பூமியில் வந்து விழுகின்றன. காற்று மண்டலத்தில் நுழைகிற விண் துணுக்கு மிக வேகத்தில் பாய்ந்து வருவதால், உராய்வு காரணமாகப் பற்றி எரிந்து பொடிப் பொடியாகி விடுகிறது. இவ்விதம் அது பற்றி எரிந்தபடி பூமியை நோக்கி இறங்குவதைத் தான் நாம் நட்சத்திரம் விழுவதாகத் தவறாகக் கருதுகிறோம்.

விண் துணுக்கு ஒன்றின் குறுக்களவு 5 மில்லிமீட்டர் இருக்கலாம். அதன் எடை சுமார் ஒரு மில்லி கிராம் இருக்கும்.

விண்வெளியில் உள்ள துணுக்குகள் விநாடிக்கு சுமார் 75 கிலோ மீட்டர் வேகத்தில் செல்வதாக மதிப்பிடப்பட்டுள்ளது. சிறிய துணுக்கேயானாலும், அது விண்கலத்தை வந்து தாக்கும்போது விண்கலத்துக்குச் சேதம் ஏற்படலாம்.

விண்வெளி என்பது ஒலியற்ற பகுதி. சுமார் 350 கிலோமீட்டர் உயரத்தில், விண்வெளியிலிருந்து பூமியைப் பார்த்தால், பூமியில் இரவாக இருக்கிற பகுதிகளில் ஆங்காங்கு இடிமின்னல்கள் தோன்றுவது தெரியும். பூமியில் பகலாக உள்ள பகுதிகளில் கடல்கள் தெரியும். மின்னல்களுடன் தோன்றும் இடிமுழக்கமோ, கடல்களின் ஆர்ப்பரிப்போ விண்வெளியில் இருப்பவர் களுக்குக் கேட்காது. இன்னும் சொல்லப் போனால் விண்வெளியில் நின்று கொண்டு ஒருவர் உரக்கக் கத்தினால், அவர் கத்துவது அவர் காதில்கூட விழாது. விண்கலத்துக்கு வெளியே பழுது வேலையில் ஈடுபடுகிறவர்கள் ஒருவரோடு ஒருவர் வயர்லெஸ் மூலமாகத்தான் பேசிக்கொள்ள முடியும். விண்வெளியில் காற்று கிடையாது. ஒலி அலைகள் பரவ, அதாவது ஒருவர் பேசுவது மற்றவர் காதில் விழ, காற்று தேவை.

பூமியில் இருக்கும்போது ஏதாவது பொருளைக் கைநழுவ விட்டால், அது பூமியின் ஈர்ப்பு சக்தி காரணமாக, தொப்பென்று கீழேவிழுந்து, விழுந்த இடத்துக்குப் பக்கத்திலேயே கிடக்கும். ஆனால் விண்வெளியில், பூமியின் ஈர்ப்பு சக்தி ஏதும் வேலை செய்யாது. இதனால் எடையற்றத் தன்மை உண்டாகிறது. செயற்கைக்கோள் ஒன்றினுள் தனியாக கழன்று போகிற ஒரு ஸ்குரு ஆணி எங்காவது மூலையில் விழுந்து கிடப்பதற்குப் பதில் அந்த ரத்தில் இங்குமங்குமாகச் சென்று மற்ற நுட்பமான கருவிகள் மீது மோதும். ஒரு சிறு உறுப்பு வேறு ஒன்றினால் தற்செயலாக உந்தப்பட்டுவிட்டால் அந்த உறுப்பு ஓயாமல் சுழன்று கொண்டே இருக்கும். வேறு ஏதாவது செய்து அதை நிறுத்தும் வரை அது சுற்றிக் கொண்டே இருக்கும்.

செயற்கைக் கோள் பூமியைச் சுற்றுகையில், பூமியில் இரவாக உள்ள பகுதிக்கு வரும்போது, கடும் குளிர்ச்சிக்கு உள்ளாகும். பிறகு, பூமியின் இரவுப் பகுதியிலிருந்து வெளிப்படும்போது திடீரெனக் கடும் வெப்பத்துக்கு உள்ளாகும்.

ராக்கெட்டின் முனையில் வைத்து விண்வெளியில் செலுத்தப்படுகையில், ராக்கெட் பாயும் வேகம், ராக்கெட்டில் ஏற்படுகிற அதிர்வுகள் இவை அனைத்தையும் செயற்கைக்கோள் தனது சுற்றுப் பாதையை அடைகிறவரை சில நிமிஷ நேரத்துக்குத் தாங்கி நின்றாக வேண்டும்.

ஆகவேதான் செயற்கைக்கோளை விண்வெளியில் செலுத்துவதற்கு முன்னர், கடும் பரிசோதனைகளுக்கு உள்ளாக்குகின்றனர். செயற்கைக் கோளில் இடம் பெறுகிற ஒவ்வோர் உறுப்பையும் கடும் அதிர்ச்சிக்கு உள்ளாக்குகின்றனர். விசேஷ இயந்திரங்கள் இக்கருவிகளை மேலும் கீழுமாக ஆட்டி உண்மையில் உலுக்கி எடுக்கின்றன. பின்னர் வறுத்தெடுப்பதுபோலக் கடும் வெப்பத்துக்கு உள்ளாக்குகின்றனர். பின்னர் கடும் குளிர்ச்சிக்கு உட்படுத்துகின்றனர். கிட்டத்தட்ட விண்வெளியில் இருப்பது போலவே காற்று இல்லாத வெற்றிட அறையில் வைத்துச் சோதிக்கின்றனர்.

இந்தப் பரிசோதனைகளில் தேறும் சிறந்த உறுப்புக்களைக் கொண்டு செயற்கைக் கோள் உருவாக்கப்படுகிறது.

ஆஸ்பத்திரிகளில் உள்ள ஆபரேஷன் அறைபோல வெளிக்காற்று, வெளித்தூசு, கிருமிகள் எதுவும் நுழைய முடியாத அறையில் டாக்டர்களைப் போலவே முகமூடி அணிந்த டெக்னீஷியன்கள், இந்த உறுப்புக்களைக் கொண்டு செயற்கைக் கோளை உருவாக்குகிறார்கள்.

செயற்கைக் கோளை உருவாக்கிய பின்னரும்கூட, அதை மீண்டும் மீண்டும் சோதிக்கிறார்கள். அதிர்ச்சிக்கு உள்ளாக்குகிறார்கள். காந்தவிளைவு ஏற்படு கிறதா எனப் பார்க்கிறார்கள். பிறகு அதை அதிர்ச்சியைத் தாங்கும் திறன் கொண்ட ஒரு கலத்துக்குள் வைத்து அழுத்தி மூடுகிறார்கள்.

அடுத்து அதைச் சுழலும் இயந்திரத்தில் வைத்துச் சுற்றுகிறார்கள். வெப் பத்திலும், குளிர்ச்சியிலும் வைத்துச் சோதிக்கிறார்கள். அதன் மின்சார உறுப்புகள் சோதிக்கப்படுகின்றன. அது சீராகத் தகவல்களை அனுப்புமா என்றும் சோதிக்கப்படுகிறது.

இப்படியாகப் பல சோதனைகளைக் கடந்த பிறகு, ஏர்கண்டிஷன் செய்யப் பட்ட வாகனத்தில் வைத்து, விண்வெளியில் செலுத்துவதற்கான ராக்கெட் கேந்திரத்துக்கு அதை அனுப்புகிறார்கள்.

இவ்வளவு சோதனைகளுக்குப் பிறகும்கூட செயற்கைக் கோளில் எதிர்பாராத விதமாகக் கோளாறு ஏற்படுவது உண்டு.

உதாரணமாக, இந்தியா தயாரித்த ஆப்பிள் விண்கலம் ஐரோப்பிய விண்வெளி நிறுவனத்தின் ராக்கெட் மூலம் விண்வெளியில் செலுத்தப்பட்ட பிறகு, அதன் இரு சோலார் செல்களில் ஒன்று விரிய மறுத்துவிட்டது.

அதற்கு முன்னர் இந்தியாவில் பாஸ்கரா செயற்கைக் கோளின் கேமரா செயல்பட மறுத்தது. எனினும் பின்னர் இக்கோளாறு சீர்படுத்தப்பட்டது. டெல்ஸ்டார் எனப்படும் அமெரிக்க செயற்கைக் கோளிலும் இதுபோன்ற கோளாறுகள் ஏற்பட்டதுண்டு.

இவ்விதமான எதிர்பாராத நிலைமைகளைக் கருதித்தான், விண்வெளிக்கு அனுப்பப்படுகிற செயற்கைக் கோள் மாதிரியே மற்றொன்றைச் செய்து வைத்திருப்பார்கள். விண்வெளியில் பறக்கிற செயற்கைக் கோளில் கோளாறு ஏற்பட்டது என்றால், அதன் ஜோடியாகத் தங்களிடம் வைத்துள்ள செயற்கைக் கோளில் அதேபோன்றக் கோளாறை உண்டாக்கி, அதை எப்படிச் சீர்படுத்துவது என்று பலவழிகளைக் கையாண்டு பார்ப்பார்கள். அநேக சமயங்களில் தீர்வு கண்டுபிடிக்கப்பட்டு, விண்ணில் பறக்கிற செயற்கைக் கோளுக்குத் தகுந்த சிக்னலை அனுப்பி கோளாறைப் போக்க முயற்சிப்பார்கள்.

விண்வெளியின் தன்மையைக் கருத்தில்கொண்டு, அங்குள்ள பிரச்னைகளை யெல்லாம் சமாளிக்கக்கூடிய விண்கலங்களையும் செயற்கைக் கோள் களையும் தயாரித்துவிடலாம். ஆனால் விண்வெளிக்குச் செல்ல இருக்கும் மனிதனை என்ன செய்வது?

பூமி என்னும் கூண்டுக்குள் வாழ்ந்து பழக்கப்பட்ட மனிதன், விண்வெளி யுகம் தோன்றியது வரையில் பூமியிலிருந்து வெளியே அடி எடுத்து வைத்தது கிடையாது. எனவே, விண்கலத்தில் இருந்தபடி பூமியைச் சுற்றி வருவதாக இருந்தாலும் சரி, சந்திர மண்டலத்துக்குச் செல்வதாக இருந்தாலும் சரி, எதிர் காலத்தில் செவ்வாய் கிரகத்துக்குச் செல்வதாக இருந்தாலும் சரி, பூமியில் இருப்பதைப் போன்ற சூழலைக் கொண்ட கூடு அவனுக்குத் தேவைப் படுகிறது. விண்வெளி வீரர்கள் ஏறிச் செல்லும் விண்கலமும் இதைப் போன்ற ஒரு கூடுதான்.

மனிதனால் குறிப்பிட்ட நிலைக்கு மேல் குளிரைத் தாங்க முடிவதில்லை, வெப்பத்தையும் தாங்க முடிவதில்லை. நான்கு சுவர்களுக்கு நடுவே அடக்கமாக என்னதான் கனத்த கம்பளி ஆடைகளைப் போட்டுக் கொண்டிருந் தாலும் மைனஸ் 20 டிகிரி சென்டிகிரேடுக்குக் கீழான குளிரை மனிதனால் தாங்க இயலாது. அதே போல 50 டிகிரி சென்டிகிரேடுக்கு அதிகமான வெப்பத்தைத் தாங்குவதும் கடினம்.

மனிதன் சுவாசிக்கக் காற்று தேவை. அதுவும் குறிப்பாக ஆக்ஸிஜன் தேவை. வெள்ளி, செவ்வாய் கிரகங்களில் காற்று மண்டலம் இருந்தாலும் அந்த இரு கிரகங்களில் இருக்கும் காற்று மண்டலம் பெரிதும் கரியமில வாயுவைக் கொண்டது. எனவே, மனிதன் பூமியிலிருந்து எங்கே வெளியே சென்றாலும் தன்னுடன் ஆக்ஸிஜனை எடுத்துச் சென்றாக வேண்டியிருக்கிறது.

முதுகில் கட்டியிருக்கும் குப்பியிலிருந்து கிடைக்கும் ஆக்ஸிஜனை சுவா சித்தபடி மனிதர்கள் கடலுக்கடியில் நீந்துவதை நீங்கள் பார்த்திருக்கலாம். விண் வெளியில் மனிதன் இப்படி முதுகில் ஆக்ஸிஜன் குப்பியை கட்டிக்கொண்டு பாதுகாப்பு உடையை அணியாமல் அந்தரத்தில் செயல்பட்டுவிட முடியாது.

உயரே செல்லச் செல்ல காற்றழுத்தம் குறைகிறது என்று பார்த்தோம். 7,500 மீட்டர் உயரத்தில் விமானத்தை ஓட்டிச் செல்கிற விமானி, இப்படிக் குறைந்த காற்றழுத்தத்துக்கு உள்ளானால் 3 அல்லது 4 நிமிடங்களில் மயக்கம் போட்டுவிடுவார். 9,000 மீட்டர் உயரத்தில் ஒரு நிமிடத்திலும், 15,000 மீட்டர் உயரத்தில் 15 விநாடிகளிலும் நினைவு போய்விடும். மிக உயரத்துக்குச் சென் றால் மனிதனின் உடலில் உள்ள ரத்தம் கொதித்துப் பொங்கிவிடும்.

எனவே, விண்வெளிக்குச் செல்கிற மனிதன் விண் உடை (Space Suit) என்னும் கூட்டுக்குள் பதுங்கி இருந்தபடி செயல்பட வேண்டியிருக்கிறது. விண்கலங்களுக்கு உள்ளேயும் மனிதன் வசிக்கக்கூடிய மாதிரியான சூழல் உருவாக்கப்பட்டிருக்கும்.

அமெரிக்காவின் மெர்க்குரி, ஜெமினி விண்கலங்கள் மற்றும் சந்திரனுக்குச் செல்லப் பயன்படுத்தப்பட்ட அப்போலோ விண்கலம், ஸ்கைலாப் விண்வெளி ஓடம் ஆகியவையும், ரஷ்யாவின் வொஸ்டாக், வொஸ்கோட், சோயுஸ், சால்யுட் ஆகியவையும் ஒரு வகையில் கூடுகளே. பல சமயங்களில் விண்வெளி வீரர்கள் விண்கலத்தில் இருக்கும்போதும்கூட விண் உடை அணி

கின்றனர். விண்கலத்தைவிட்டு வெளியேறும்போது, கட்டாயம் விண் உடையை அணிந்திருக்கவேண்டும்.

விண்கலம், விண்வெளியில் செல்கையில் சுற்றிலும் இருப்பது ஒன்றுமே இல்லாத வெற்றிடம். விண்வெளியில் சின்னஞ்சிறிய கல் வடிவிலான விண் துணுக்குகள் இருக்கின்றன. விண் துணுக்கு மோதி விண்கலத்தில் ஓட்டை ஏற்பட்டுவிட்டால் விண்கலத்தில் உள்ள காற்று, வெளியே உள்ள வெற்றிடத்தை நோக்கிப் பாய்ந்து சென்றுவிடும். இதனால் விண்வெளி வீரர் களின் உயிருக்கு ஆபத்து ஏற்பட்டுவிடும். எனவே விண்கலங்கள் இரட்டைச் சுவர்களைக் கொண்டவையாக வடிவமைக்கப்படுகின்றன. சிறு ஓட்டை ஏற்பட்டால் தானாகவே ஓட்டையை அடைப்பதற்கான ஏற்பாடு விண்கலங்களில் இருக்கிறது. ஓட்டையை அடைப்பதற்காக விண்வெளி வீரர்களும் கருவிகளை எடுத்துச் செல்கிறார்கள்.

இதுவரையில் விண் துணுக்கினால் அல்லது விண்கற்களால் விண் கலங் களுக்கு ஆபத்து ஏற்பட்டதாகத் தகவல் இல்லை.

1965-ல் அப்போலோ விண்கலங்கள் சோதனையாகப் பறக்க விடப்பட்ட போது ராக்கெட்டில் அவற்றுடன் விண் துணுக்குகளை ஆராய்ச்சி செய்ய பெகாசஸ் என்ற செயற்கைக் கோள்களும் அனுப்பப்பட்டன. அவை விண் வெளியை அடைந்த பிறகு 2900 சதுர அடிப் பரப்பை கொண்ட இறக்கை போன்ற பகுதிகளை விரித்துக் கொண்டன. ஓராண்டு காலத்தில் இவற்றின் மீது சுமார் 1100 விண் துணுக்குகள் படிந்ததாகப் பின்னர் கண்டறியப்பட்டது.

இதுவரை விண் துணுக்கு அல்லது விண் கல்லினால் விண்கலத்துக்கு ஆபத்து ஏற்படவில்லை என்றாலும், இவ்விதம் ஆபத்து ஏற்படக்கூடிய வாய்ப்பு எப் போதுமே இருந்து வரத்தான் செய்யும். விண் துணுக்கு மற்றும் விண் கல் தாக்கக் கூடிய பிரச்னைக்கு இன்னும் நிரந்தரத் தீர்வு எதுவும் காணப்படவில்லை.

அமெரிக்க ஸ்கைலாப் கலத்தில் தொடர்ந்து பல வாரம் தங்கிய அமெரிக்க விண்வெளி வீரர்கள் இவ்விதமான ஆபத்து ஏற்பட்டால் உடனே ஸ்கைலாப்புடன் இணைந்த அப்போலோ கலத்துக்கு மாறுவதற்கு எப்போதும் தயாராக இருந்து வந்தனர்.

அப்போலோ விண் கப்பல்களில் சென்ற மூவரில் குறைந்தபட்சம் ஒருவராவது எப்போதும் விண் உடை அணிந்திருந்தார். திடீரென எதிர் பாராத விதமாக விண் துணுக்கு தாக்கி அல்லது வேறு காரணத்தால் விண் கலத்தில் உள்ள காற்று வெளியேறினால் நொடிப்பொழுதில் மூவருக்குமே உயிருக்கு ஆபத்து ஏற்பட்டுவிடும். எனவே, யாராவது ஒருவர் விண் உடையில் இருந்தால் அவருக்குப் பாதிப்பு ஏற்படாது. ஓட்டையை அடைத்து புதிதாகக் காற்று சப்ளைக்கு அவர் வழி செய்ய முடியும்.

விண்வெளி வீரர்கள், விண் கலத்திலிருந்து வெளியே வந்து பழுது வேலை களைப் பார்க்க வருவதாக இருந்தால், விண் உடை அணிந்துதான் வெளியே வர வேண்டும்.

சந்திரனில் காற்று கிடையாது. விண் கற்களும், விண் துணுக்குகளும், பயங்கரக் கதிர்வீச்சுகளும் எப்போதும் சந்திரனைத் தாக்கியபடி இருக்கின்றன.

சந்திரனிலும் விண் உடை இல்லாமல் சில விநாடிகூட இருக்க முடியாது.

விண் உடையை ஒரு வகைக் கவச உடை என்று சொல்லலாம். வெளியே உள்ள எதுவும் விண் உடைக்குள் புகமுடியாது. விண் உடை இறுக்கி மூடப் பட்டதுபோல இருக்கும்.

சந்திரனில் இறங்கிய அமெரிக்க விண்வெளி வீரர்கள் பயன்படுத்திய விண் உடை, ஒன்றின் மேல் ஒன்றாகப் பல அடுக்குகளைக் கொண்டது.

விண்வெளி வீரர் முதலில் ஒரு வகை நைலானால் ஆன உடையை அணிகிறார். இது உடலை ஒட்டியவாறு இருக்கிறது. இந்த ஆடையின் ஊடே மிக மெல்லிய பிளாஸ்டிக் குழாய்கள் உள்ளன. இக் குழாய்களின் வழியே எப்போதும் நீர் பாய்ந்து கொண்டிருக்கும். விண்வெளி வீரர் முதுகில் கட்டிக் கொள்ளும் உயிர்காப்புப் பெட்டகத்திலிருந்து இந்தத் தண்ணீர் வந்துகொண்டிருக்கும். இதை ஒருவித ஏர்கண்டிஷன் சாதனம் எனலாம். சுவாசிப்பதற்கான ஆக்ஸிஜனும் இப்பெட்டகத்திலிருந்து சப்ளை ஆகிறது. தவிரவும், இந்தப் பெட்டகத்திலிருந்து மின்சாரமும் சப்ளை ஆகிறது. இந்த மின்சாரத்தைக் கொண்டு, விண்வெளி வீரரின் ஆடையிலிருக்கும் கருவிகளை இயக்கலாம்.

விண்வெளி வீரர், இந்த முதலாவது ஆடைக்கு மேலாக, 7 அடுக்குகளைக் கொண்ட மற்றொரு காப்பு உடையை அணிகிறார். கடும் குளிர் அல்லது கடும் வெப்பம் விண்வெளி வீரரைத் தாக்காதபடி இந்த 7 அடுக்கு ஆடை பாதுகாக்கிறது. இதன் வெளிப்புற அடுக்கானது விண் துணுக்குகள் தாக்காத படி பாதுகாப்பு அளிக்கிறது.

விண் உடை ஒன்றைத் தயாரிக்க சில கோடி ரூபாய் செலவாகும். விண்வெளி வீரர் ஒவ்வொருவருக்கும் தனியே அளவு எடுத்து மிகச் சரியாகப் பொருந்தும் வகையில் விண் உடை தயாரிக்கப்படுகிறது. 500 வகை சோதனைகளுக்கு உட்படுத்திய பிறகே இந்த விண் உடை உபயோகத்துக்கு வருகிறது.

விண் உடையின் எடை 22.5 கிலோ ஆகும். பூமியில் இதை அணிந்துகொண்டு நடந்தால் இதன் எடையே ஆளை அழுத்திவிடும். விண்கலத்திலிருந்து வெளியே வரும் விண்வெளி வீரர்கள் எப்படி இதை அணிந்துகொண்டு செயல்படுகிறார்கள்? சந்திரனில் எப்படி இதைச் சுமந்து நடக்கிறார்கள் என வியப்பு உண்டாகலாம். விண்வெளியில் எடையே கிடையாது. எனவே, 22.5 கிலோ கொண்ட விண் உடை ஒரு சுமையாகத் தெரியாது. சந்திரனில் ஈர்ப்பு சக்தி குறைவு என்பதால் சந்திரனில் விண் உடையின் எடை பூமியில் உள்ள எடையில் ஆறில் ஒரு பங்குதான் (4 கிலோவுக்கும் குறைவாகவே உணரப் படும்) இருக்கும். எனவே, சந்திரனில் இதை அணிந்து நடமாடுவதில் பிரச்னை இல்லை. எனினும் விண் உடை அணிந்தவரால் அதிகம் குனிய முடியாது. கைகளை அதிகம் உயர்த்த முடியாது.

விண்வெளியில் அல்லது சந்திரனில் இருந்துகொண்டு, சூரியனை வெறும் கண்ணால் ஒரு விநாடி பார்த்தாலும் கண்பார்வை போய்விடும். பளபளப்பான ஒரு பொருளின் மீது பிரதிபலிக்கிற சூரிய ஒளியைப் பார்த்தாலும் தாற்காலிகமாக, பார்வை பாதிக்கப்படும். எனவே, விண்வெளி வீரரின் தலைக்கவசத்தில் உள்ள பார்வைப் பகுதி விசேஷப் பூச்சுக்களைக் கொண்டதாக வடிவமைக்கப்பட்டிருக்கிறது.

விண்கலம், விண் உடை எல்லாம் சரி; குளிர், வெப்பம், வெற்றிடம் ஆகியவற்றைச் சமாளிக்க உதவும். ஆனால் கன்னாபின்னாவென்று மாறும் ஈர்ப்பு சக்தியை எப்படிச் சமாளிப்பது?

ஈர்ப்பு சக்தி காரணமாகத்தான் நம்மால் பூமியில் நடக்க முடிகிறது. ஈர்ப்பு சக்தியே இல்லாத நிலையில் மனிதனால் நடக்க முடியாது. நிற்க முடியாது. ஈர்ப்பு சக்தியற்ற நிலையில் மனிதனுக்குக் கால்களே தேவையில்லை. கால்கள் பிரச்னையாகத்தான் அமைகின்றன. ஈர்ப்பு சக்தி இல்லாத நிலையில் என்ன ஏற்படுகிறது என்பதைவிட ஈர்ப்பு சக்தி உள்ள நிலையிலிருந்து ஈர்ப்பு சக்தி அநேகமாக இல்லாத நிலைக்கு - அதாவது பூமியிலிருந்து விண்வெளிக்குச் செல்லும்போது, மனிதன் கடும் பிரச்னைக்கு உள்ளாகிறான்.

விண்வெளி வீரர்களைக் கொண்ட விண்கப்பலைச் சுமந்து கொண்டு ராக்கெட் பயங்கர வேகத்தில் செல்லும்போது, விண்வெளி வீரர்கள் கடும் அவஸ்தைக்கு உள்ளாகின்றனர். அந்த நேரத்தில், அவர்கள் மிகுந்த ஈர்ப்பு சக்தி விளைவுக்கு ஆளாகின்றனர். இதனால் விண்வெளி வீரர், தமது உடல் எடை பல மடங்கு அதிகரித்துவிட்டது போன்ற உணர்வைப் பெறுகிறார்; விழி பிதுங்குவது போன்ற அவஸ்தை ஏற்படுகிறது.

கடல் மட்டத்தில் உள்ள ஈர்ப்பு சக்தி அளவு ஒரு ஜி (g) என்று குறிப்பிடப்படுகிறது. விண்கலம் கிளம்பிய இரண்டு நிமிஷங்களில் 6.8 மடங்கு ஜி இருப்பது போன்ற விளைவு ஏற்படுகிறது. அதாவது உடலின் எடை கிட்டத்தட்ட 7 மடங்கு அதிகரிப்பது போன்ற உணர்வு ஏற்படுகிறது. விண்வெளியிலிருந்து பூமிக்குத் திரும்புகையில் இதேபோல சுமார் 7.8 அளவு ஜியைத் தாங்க வேண்டியிருக்கிறது.

விண்வெளி வீரர், உட்கார்ந்த நிலையில் விண்வெளிக்குச் செல்வது நல்லதல்ல. ஏனெனில் ஜி அளவு ஐந்து மடங்கை எட்டும்போது அவருக்குக் கண் இருண்டு, மயக்கம் வந்துவிடும். எனவேதான் விண்கலம் வானில் செலுத்தப்படும்போது, விண்வெளி வீரர்கள் படுத்த நிலையில் இருப்பார்கள். இதனால், ராக்கெட் விண்ணில் பாயும்போது விண்வெளி வீரரின் மூளையில் உள்ள ரத்தம் வெளியே பாய்ந்தோடுவது குறைக்கப்படுகிறது.

விண்வெளி வீரர்கள் விண்வெளிக்குச் செல்லும்போது இருப்பதைவிட, பூமிக்குத் திரும்பும்போதுதான் இந்த அவஸ்தை அதிகமாக இருக்கிறது. விண்வெளிக்குச் செல்லும்போதும், கீழே இறங்கும்போதும் ஒரு சில நிமிஷம்தான் இந்த அவஸ்தை ஏற்படுகிறது என்றாலும் அந்தச் சில

நிமிஷங்களில் விண்வெளி வீரர் முழு நினைவுடன் செயலாற்றுபவராக இருக்க வேண்டும். பொத்தானை அமுக்குவது, சுக்கானைத் திருப்புவது போன்ற சில எளிய காரியங்களையாவது செய்கிற நிலையில் இருக்க வேண்டும். எனவே வீரர்களுக்கு, அதிக அளவு ஜியைத் தாக்குப்பிடிக்கும் பயிற்சி அளிக்கப்படுகிறது.

குடை ராட்டினம் போன்ற ஒரு சாதனத்தில் கயிற்றின் நுனியில் தொங்கும் ஒரு தொட்டிக்குள் ஒருவரை உட்கார வைத்து மிகவேகமாகச் சுற்றினால் எப்படியிருக்கும்? பயிற்சி அளிக்கும் சாதனம் கிட்டத்தட்ட இதேபோலத்தான் இருக்கும். இப்படிச் சுழற்றும்போது விண்வெளி வீரருக்குச் சில சமயங்களில் கண் இருண்டுபோய்விடும். விண்வெளி வீரர்கள் பெறுகிற பயிற்சிகளிலேயே இதுதான் மிகவும் பயங்கரமான பயிற்சி. ஒரு சமயம் ரஷ்ய விண்வெளி வீரர் ஒருவர் இந்தப் பயிற்சி சாதனத்தை நரக வேதனை என்று வர்ணித்தார்.

விண்வெளி வீரர்கள் பூமிக்குத் திரும்பும்போது, ரத்தம் ஒரேயடியாகக் காலுக்குப் பாய்ந்துவிடாமல் தடுக்க, ரப்பரால் ஆன பேண்ட்டை அணிந்து அதற்குள் காற்று அழுத்தத்தை ஏற்படுத்திக் கொள்வது உண்டு.

விண்வெளி வீரர்களுக்குப் பொதுவாகப் பலவகைப் பயிற்சிகள் அளிக்கப்படுவது உண்டு. விண்கலம், பூமிக்குத் திரும்பும்போது, குறிப்பிட்ட இடத்தில் இறங்காமல் எங்கோ நடுக்காட்டில் அல்லது பாலைவனத்தில் இறங்கினால் என்ன செய்வது? எனவே, அவர்கள் பாலைவனத்தில் சில நாள் தங்கிப் பயிற்சி பெற வேண்டும். காட்டில் தங்கிப் பயிற்சி பெற வேண்டும். பனிப் பிரதேசத்திலும் தங்கிப் பழக வேண்டும்.

மனிதனால் மிக அதிகபட்சமாகத் தாங்க முடிகிற அளவு வெப்பம் கொண்ட அறைக்குள் தங்கிப் பழக வேண்டும். மிகவும் அழுத்தம் குறைந்த அறைக்குள் தங்கிப் பழக வேண்டும். தன்னந்தனியாக ஒரு கூட்டுக்குள் மிக நீண்ட நேரம் தங்கியிருக்க வேண்டும். ஒரே ஒரு விண்வெளி வீரர் மட்டும் செல்கிற விண்கலத்தில் இவர் அனுப்பப்பட்டால், பல நாள்கள் விண்வெளியில் தன்னந்தனியாக இருக்க நேரிடும். அதற்குப் பழகிக்கொள்வதற்காக இப்பயிற்சி. தவிர, தனிமையில் இருக்கும்போது, உளவியல் ரீதியாக மனம் பாதிக்கப்படுகிறதா என்று சோதிக்கவும் இது உதவுகிறது.

விண்கலத்தில் சாப்பாட்டுப் பிரச்னையும் இருக்கிறது. சமையல் செய்து சாப்பிட வழி இல்லை. எனவே டின்களிலும், பிளாஸ்டிக் குப்பிகளிலும், டூத் பேஸ்ட் டியூப் வடிவிலான டியூப்களில் விண்வெளி வீரரின் உணவுத் தேவைக்கு ஏற்ப தயாரித்து அடைக்கப்படுகிற உணவு வகைகளைச் சாப்பிட்டுப் பழக வேண்டும்.

வீரர்களுக்கு விண்கலத்தை இயக்கும் பயிற்சி அளிக்கப்படும். விண்கல மாடல் ஒன்றுக்குள் அவர்கள் மணிக்கணக்காக உட்கார்ந்து பயிற்சி பெறுவார்கள். விண்கலம் பூமியைச் சுற்றும்போது, ஏற்படுகிற பல்வேறு நிலைமைகளும் அந்த விண்கலத்தின் உள்ளே செயற்கையாகத் தோற்றுவிக்கப்படும்.

விண்வெளியில் நிலவும் எடையற்ற நிலைக்குப் பழகிக் கொள்ள, விண்வெளி வீரர்களுக்கு பூமியில் ஓரளவுதான் பயிற்சி அளிக்க முடிகிறது. எடையற்ற நிலை விண்வெளியில் உள்ள ஓர் அலாதி நிலை. இதனை பூமியில் செயற்கையாகத் தோற்றுவிக்க இயலாது. வீரர்கள் விண்வெளிக்குச் சென்றபிறகுதான், எடையற்ற நிலைமைக்குப் பழகிக் கொள்கிறார்கள்.

எடையற்ற நிலையில் ஒருவர் விண்வெளியில் பல வாரம் தங்கினால், அது உடலில் பல கோளாறுகளை ஏற்படுத்தும்.

விண்வெளி வீரர்கள் லேசில் தேர்ந்தெடுக்கப்பட்டு விடுவதில்லை. உச்சந் தலையிலிருந்து உள்ளங்கால்வரை அவர்கள் முற்றிலுமாக உடல் பரிசோ தனைக்கு உட்படுத்தப்படுவார்கள். ரத்த அழுத்தம், கண் பார்வை, நிறங்களை வித்தியாசப்படுத்திப் பார்க்கும் திறன், கேட்கும் திறன் என எல்லாம் பரிசோதிக் கப்படுகிறது. உளவியல் பரிசோதனைகளும் நடத்தப்படுகின்றன. தற்கொலைப் போக்கு அல்லது வன்முறைப் போக்கு இல்லாமல் இருக்கிறதா என்று அறிவதில் முக்கிய கவனம் காட்டப்படுகிறது.

பொதுவாக விண்வெளி வீரர்கள் 30 அல்லது 35 வயதுக்கு மேற்பட்டவர்களாக இருக்கிறார்கள்.

அமெரிக்காவில் விண்வெளி வீரர்களைத் தேர்ந்தெடுப்பதில் திருமணமான வர்களுக்கே முன்னுரிமை தருகிறார்கள்.

முதலில் தேர்வுக் கட்டத்தைத் தாண்ட வேண்டும். பிறகு பயிற்சிக் கட்டத்தைத் தாண்ட வேண்டும். அதற்குப் பிறகே வீரர்கள் விண்வெளிக்கு அனுப்பப் படுகிறார்கள்.

விண்வெளி வீரர்களைக் கொண்ட பல விண்கலங்கள் ரஷ்யாவும் அமெரிக் காவும் செலுத்தியிருக்கின்றன. விண்வெளிப் பயணம் என்பது இப்போது சர்வ சாதாரணமாகிவிட்டதாகத் தோன்றலாம். ஆனாலும், சர்வ சாதாரணமாக யார் வேண்டுமானாலும் விண்வெளிப் பயணத்தை மேற்கொள்ள இயலாது. விண்வெளியில் உள்ள ஆபத்துகளையும் பிரச்னைகளையும் விசேஷப் பயிற்சி பெற்றவரால்தான் சமாளிக்க இயலும்.

மனிதன் இன்னும் சந்திரமண்டலத்துக்கு அப்பால் செல்லவில்லை. அப்படி அவன் அருகில் உள்ள மற்ற கோள்களை நோக்கிச் செல்ல ஆரம்பிக்கும் போது, மேலும் புதிதான ஆபத்துகளையும் பிரச்னைகளையும் சமாளிக்க, தகுந்த உபாயங்களையும் சாதனங்களையும் உருவாக்கிக்கொள்ள வேண்டி யிருக்கும்.

3

ராக்கெட்டின் வரலாறு

பத்துமாடிக் கட்டடத்தின் அளவுக்கு உயரம் கொண்ட ராக்கெட் ஆயத்தமாக நிற்கிறது. பென்சில் போன்ற வடிவம் கொண்ட அந்த ராக்கெட்டை விண்வெளியில் செலுத்த, ஒரு பொத்தானை அழுத்த வேண்டியதுதான் பாக்கி. சுற்று வட்டாரத்தில் கண்ணுக்கு எட்டிய தூரம்வரை ஆள் நடமாட்டம் இல்லை.

கம்பீரமாகக் காட்சி அளிக்கும் அந்த ராக்கெட் நிற்கிற இடத்திலிருந்து, மிக அப்பால் சுமார் 2 அடி அகலமுள்ள கான்கிரீட் சுவர்களால் ஆன ஒரு கட்டடம் காணப்படுகிறது. அந்த வட்டாரத்தில் உள்ள கட்டடம் அது ஒன்றுதான். ராக்கெட் திசைமாறி அந்தக் கட்டடத்தின் மீதே வந்து விழுந்தாலும் தாங்கி நிற்கக்கூடிய அளவுக்கு அது உறுதியானது.

அந்தக் கட்டடத்தில் உள்ள டெக்னீஷியன்களும், எஞ்சினியர்களும் மிகச் சுறுசுறுப்பாகச் செயல்பட்டுக் கொண்டிருக்கிறார்கள்.

ஒவ்வொருவரின் இருக்கைக்கு முன்பாகவும் சாய்வான மேஜை. அதில் பச்சை, சிவப்பு நிற ஒளி காட்டும் குமிழ்கள், பல பொத்தான்கள், எண்கள் குறிக்கப்பட்ட மீட்டர் போன்ற சிறு கருவிகள். ஆங்காங்கே அமர்ந்து தம் முன்பாக உள்ள கருவிகளைக் கவனித்தபடி இருக்கிற அனைவரிடமும் இனம் தெரியாத ஒரு

படபடப்பு. ராக்கெட் கிளம்ப இன்னும் ஒரு சில நிமிடங்கள் மட்டுமே இருக்கின்றன.

ராக்கெட்டின் உச்சந்தலை முதல் உள்ளங்கால்வரை அடங்கிய ஒவ்வொரு பகுதிக்கும் ஒவ்வொருவர் பொறுப்பு. அப்பகுதிகள் தயார் நிலையில் இருக்கின்றனவா என்பதை அவரவருக்கு முன்னால் இருக்கும் சாய்வு மேஜையில் உள்ள கருவிகள் காட்டுகின்றன. ராக்கெட்டைச் செலுத்துவதற்கு முன்கூட்டியே முகூர்த்த நேரத்தைக் குறிப்பிடுவது வழக்கம். அதற்கு 3 மணி நேரத்துக்கு முன்னாலிருந்தே ராக்கெட்டின் பல பகுதிகளும் சரியான நிலையில் உள்ளனவா என்று சோதிக்க ஆரம்பித்து விடுவார்கள்.

ராக்கெட் கிளம்புவதற்கு இன்னும் இவ்வளவு நிமிடங்கள், இவ்வளவு விநாடி பாக்கி இருக்கிறது என்பதை ஒரு கடிகாரம் காட்டிக்கொண்டிருக்கிறது. ராக்கெட்டைச் செலுத்துவதற்குப் பொறுப்பான தலைமையாளர் ராக்கெட்டின் ஒவ்வோர் இயக்கப்பகுதியையும் மைக் மூலம் குறிப்பிட்டு, இது சரியா அது சரியா என்று கேட்கிறார். சம்பந்தப்பட்டவர்கள் பதில் அளிக்கிறார்கள்.

நிமிடங்கள் விநாடிகளாகி, இன்னும் 40 விநாடி, இன்னும் 30 விநாடி என்று குறைந்துகொண்டே வருகின்றன. ராக்கெட்டைப் பிடித்து, நிறுத்திக் கொண்டிருந்த நீண்டு உயர்ந்த கோபுரத்தின் இரும்புக்கரங்கள் அகன்று அந்தக் கோபுரம் பின்னால் விலகுகிறது. அதுவரை ராக்கெட்டின் உட்புறக் கருவிகளுக்கு மின்சாரத்தை அளித்து வந்த கேபிள்கள் விடுபட்டு, ராக்கெட் தன்னுள் கிடக்கிற விசையைப் பெற ஆரம்பிக்கிறது. பொத்தான் அழுத்தப் படுகிறது.

அனைவரின் கண்களும் தங்களுக்குமுன்பாக உள்ள தொலைக்காட்சித் திரையை நோக்குகின்றன.

ராக்கெட்டிற்குள் இருக்கும் எரிபொருள் தீப்பற்றிக்கொண்டு கண்ணிமைப்பதற்குள் அதன் அடிப்புறத்திலிருந்து ஆரஞ்சு நிறத்தில் பெரும் தீப்பிழம்பு வெளிப்படுகிறது. அதன் வெப்பம் பல ஆயிரம் டிகிரி சென்டிகிரேட். அந்தப் பயங்கர வெப்பத்தின் விளைவாக கீழே உள்ள உருக்கினால் ஆன வெப்பத்தடுப்புச் சாதனம் உருகி விடாதபடி தடுக்கத் தண்ணீர் பாய்கிறது.

சில விநாடிகளில் ராக்கெட் எங்கும் எதிரொலிக்கும் உருமலுடன், செலுத்து மேடையிலிருந்து கம்பீரமாக வானை நோக்கி மெதுவாக எழுகிறது. கொஞ்சம் கொஞ்சமாக அதன் வேகம் அதிகரிக்கிறது. தீ ஜுவாலையைப் பீய்ச்சியபடி அது மேலே எழுவதை அனைவரும் கவனித்துக் கொண்டிருக்கிறார்கள்.

ராக்கெட் கிளம்பியதிலிருந்து நேரக்கணக்கு தொடங்குகிறது. பிளஸ் 4 விநாடி, பிளஸ் 6 விநாடி எனக் கடிகாரம் காட்டிக் கொண்டிருக்கிறது. ராக்கெட் உயரே உயரே செல்லச்செல்ல, அதன் வடிவம் சிறியதாகிறது. ராக்கெட்டின் உள்ளே

அமைந்த கருவிகள் அதனைக் குறிப்பிட்ட கோணத்தில் கிழக்கு நோக்கித் திருப்புகின்றன. ராக்கெட் சற்று நேரத்தில் வெறும் புள்ளியாகி, கண்ணுக்குத் தெரியாமல் மறைகிறது.

ராக்கெட் எவ்வளவு உயரம் சென்றிருக்கிறது, அதன் வேகம் விநாடிக்கு எவ்வளவு கிலோமீட்டர் போன்ற விவரங்கள் விண்வெளிக் கேந்திர கண்ட்ரோல் அறையில் உள்ள ஒரு பலகையில் விநாடிக்கு விநாடி மாறிக் கொண்டிருக்கின்றன. சில நிமிடங்களில் ராக்கெட் மணிக்கு சுமார் 29 ஆயிரம் கிலோமீட்டர் வேகத்தை எட்டி செயற்கைக்கோளை விண்வெளியில் செலுத்திவிடுகிறது.

★

விண்வெளித் திட்டங்களுக்குப் பயன்படுத்தப்படும் ராக்கெட்டுகள், பிரும்மாண்டமானவை. இவற்றில் மிகச் சிறியவை என்று வர்ணிக்கத்தக்க ராக்கெட்டுகள்கூடக் குறைந்தபட்சம் 100 அடி உயரம் கொண்டவை. உதாரணமாக, சந்திரனுக்கு அமெரிக்க விண்வெளி வீரர்களை அனுப்புவதற்குப் பயன்படுத்தப்பட்ட சாடர்ன் – 5 ராக்கெட் சுமார் 365 அடி உயரம் கொண்டது. அப்போலோ விண்கலத்தைச் சுமந்துகொண்டு சாடர்ன் – 5 ராக்கெட் கிளம்பிய விநாடியில் அவற்றின் மொத்த எடை 3000 டன். சாடர்ன் – 5 ராக்கெட் விநாடிக்கு 13,000 கிலோ கிராம் எரிபொருளைக் குடிக்கும் அளவுக்கு ராட்சதப் பசி கொண்டது.

ராக்கெட் என்பது ஏதோ நவீன காலக் கண்டுபிடிப்பு என்று நினைத்து விடாதீர்கள். கி.பி. 1232-ம் ஆண்டிலேயே சீனர்கள் மங்கோலியர்களுக்கு எதிரான போரில் ராக்கெட்டுகளை ஆயுதமாகப் பயன்படுத்தியதாக வரலாற்று ஏடுகள் கூறுகின்றன. இந்தியாவில் கி.பி. 1792-ம் ஆண்டில் பிரிட்டிஷ் துருப்புகள் ஸ்ரீரங்கப்பட்டணத்தை முற்றுகை இட்டபோது, மைசூரை ஆண்ட திப்புசுல்தானின் படைகள் பிரிட்டிஷாருக்கு எதிராக ராக்கெட்டுகளைப் பயன்படுத்தி, பிரிட்டிஷ் படைகளிடையே கலக்கத்தை ஏற்படுத்தியதாகவும் வரலாறு கூறுகிறது. பத்தொன்பதாம் நூற்றாண்டின் மத்தியக் காலம் வரை ஐரோப்பிய நாடுகளின் படைகளில் ராக்கெட்டுகள் ஆயுதமாக விளங்கின.

ஆனால் அந்தக் காலத்து ராக்கெட்டுகள் மிகச் சிறியவை. தொழில் நுணுக்கத் திறன் அற்றவை. குறிப்பிட்ட இடத்தை நோக்கிச் சென்று, குறி தவறாமல் தாக்க அவற்றில் நுணுக்கமான வழியறிவுச் சாதனம் கிடையாது. அவற்றின் திறன் மிகவும் குறைவு.

போரில் ராக்கெட் என்ற ஆயுதம் கைவிடப்பட்டு சுமார் 100 ஆண்டுகளாகிய நிலையில்தான், இரண்டாம் உலகப் போரில் பிரிட்டன்மீது ஹிட்லரின் பயங்கர வி – 2 ராக்கெட் குண்டுகள் வந்து விழுந்தன. வி – 2 ராக்கெட் குண்டுகளால் இரண்டாம் உலகப் போரின்போது ஏற்பட்ட உயிர்ச் சேதம் அதிகமில்லை. ஆனாலும் அவை மக்களிடையே பயங்கர பீதியை

உண்டாக்கின. விமான குண்டு வீச்சு என்பது பழக்கப்பட்ட விஷயம். எதிரி விமானங்கள் வருவதை ராடார் மூலம் (அப்போதே பிரிட்டனில் ராடார்கள் உருவாக்கப்பட்டு பயன்படுத்தப்பட்டன) அறியலாம். அபாயச் சங்கு அலறும். ஆனால், எந்த முன்னறிவிப்பும் இன்றி வானிலிருந்து ராட்சத குண்டுகள் பயங்கர வேகத்தில் வந்து விழுகின்றன என்றால் மக்களுக்கு பயங்கர பீதி ஏற்படாதா?

இரண்டாவது உலகப் போரில், 1944-ம் ஆண்டு செப்டெம்பரில்தான், வி – 2 ராக்கெட் குண்டுகளை ஜெர்மனி முதன் முதலாகப் பயன்படுத்தியது. ஜெர்மனியில் இருந்த ராக்கெட் தளங்களிலிருந்து ஏவிவிடப்பட்ட இந்த ராக்கெட் குண்டுகள், சுமார் 320 கிலோமீட்டர் தொலைவில் உள்ள இலக்கைச் சென்று தாக்கும் திறன் பெற்றிருந்தன. பூமியிலிருந்து கிளம்பி 80 கிலோமீட்டர் உயரே சென்ற இந்த ராக்கெட் குண்டுகள், மணிக்கு சுமார் 5600 கிலோமீட்டர் வேகத்தில் கீழே பாய்ந்து தாக்கின. இந்த ராக்கெட் குண்டின் முகப்பில் 750 கிலோகிராம் எடை கொண்ட குண்டு வைக்கப்பட்டிருந்தது.

இவை திப்புசுல்தான் காலத்து ராக்கெட்டிலிருந்து முற்றிலும் வேறு பட்டவை. திப்பு சுல்தான் காலத்து ராக்கெட்டுகளில் கரிப்பொடி என்று சொல்லப்படும் வெடி மருந்துப்பொருள் வைக்கப்பட்டிருந்தது. வி–2 ராக்கெட் குண்டுகளோ திரவ எரி பொருளைப் பயன்படுத்தும் ராக்கெட் எஞ்சின்களைக் கொண்டவை. இவை எஞ்சினியரிங் நுணுக்கம் கொண்டவை. சில அடி நீளம் இருந்த பழங்கால ராக்கெட்டுகளுடன் ஒப்பிடுகையில் வி–2 ராக்கெட்டுகளின் நீளம் 46 அடி.

இந்த வி–2 ராக்கெட்டுகள்தான், நவீன ராக்கெட் யுகத்தைத் தொடங்கி வைத்தன என்று சொல்லலாம்.

வி–2 ராக்கெட்டுகளை ஜெர்மானியர்கள் உருவாக்கியதற்கு முன்னர் உலகில் யாரும் ராக்கெட்டைப் பற்றிச் சிந்திக்கவில்லை என்று கூறிவிட முடியாது. அதே ஜெர்மனியிலும் சரி, ரஷ்யாவிலும் சரி, அமெரிக்காவிலும் சரி, ராணுவக் கண்ணோட்டத்தில் இல்லாமல் விஞ்ஞான ரீதியிலான ஆராய்ச்சிக் கண்ணோட்டத்துடன் ராக்கெட்டைப் பற்றி ஆராய்ந்த மேதைகள் இருந்தார்கள்.

இந்த மேதைகளில் முதன்மையானவர் ரஷ்யாவைச் சேர்ந்த கான்ஸ்டான்டின் சியோல்கோவ்ஸ்கி (1857–1935) . மாஸ்கோ அருகே பிறந்த அவர், ஒன்பதாவது வயதில் காது கேட்கும் திறனை இழந்தார். இதன் விளைவாக அவர் புத்தகங்களைப் படிப்பதில் முழுக்கவனத்தையும் செலுத்தினார். இளம் வயதிலேயே அவருக்கு விண்வெளிப் பயண சித்தாந்தத்தின் மீது அக்கறை ஏற்பட்டது. மாஸ்கோவில் படித்த காலத்தில், கையில் இருந்த பணத்தில் பெரும்பகுதியை புத்தகங்களை வாங்குவதிலும், தனது பரிசோதனை களுக்கான வேதிப்பொருள்களை வாங்குவதிலும் செலவிட்டார். 1879-ல் அவர் பள்ளி ஆசிரியரானார்.

அதற்குப் பின்னாலும், ஒழிந்த நேரத்தில் ராக்கெட் இயக்கவியல் மீது தன் சிந்தனையைச் செலுத்தினார். வீட்டிலேயே ஒரு சிறிய ஆராய்ச்சிக் கூடத்தையும் நிறுவினார். 1903-ம் ஆண்டில் அவர் ராக்கெட் இயக்கவியல் பற்றிய தமது முதல் கட்டுரையை வெளியிட்டார். தொடர்ந்து இதே துறையில் பல நூல்களை வெளியிட்டார்.

சியோல்கோவ்ஸ்கி

ராக்கெட் இயக்கம் பற்றி உலகில் முதன் முதலாக விஞ்ஞான ரீதியில் ஆராய்ந்து கூறியவர் அவர்தான். ராக்கெட்டைச் செலுத்த திரவ எரிபொருளைப் பயன் படுத்தலாம் என்று முதலில் கூறியவரும் அவர்தான்.

திரவ ஆக்ஸிஜனையும் திரவ ஹைட்ரஜனையும் பயன்படுத்தலாம் என்று அவர் சொன்னார். அதற்குப் பிறகு பல ஆண்டுகளுக்குப் பின்னர் அவர் கூறிய அதே எரிபொருள்கள், நவீன ராக்கெட்டுகளில் பயன்படுத்தப்பட்டன. திரவ ஆக்ஸிஜன், திரவ ஹைட்ரஜன் மட்டும் அல்லாமல், ஆல்கஹால் (சாராயம்), மீதேன், கெரஸின் (மண்ணெண்ணெய்) ஆகியவற்றையும் பயன்படுத்தலாம் என்றார். சில நவீன ராக்கெட்டுகளில் பின்னர் கெரஸின் பயன்படுத்தப்பட்டது.

எரிபொருள்கள் ராக்கெட்டில் எவ்விதம் இடம் பெறவேண்டும்; ராக்கெட் எஞ்சினுக்கு இவற்றைக் கொண்டுசெல்ல எப்படிப்பட்ட பம்புகள் இருக்க வேண்டும்; ராக்கெட் எஞ்சினைக் குளிர்விக்கும் முறையின் தேவைமுதலான பல விவரங்களையும் அவர் எடுத்துரைத்தார்.

ஒன்றுக்கு அடியில் ஒன்றாக ராக்கெட்டுகளைப் பொருத்திப் பல அடுக்கு ராக்கெட்டுகளை உருவாக்கும் சித்தாந்தத்தை அவர்தான் முதன்முதலில் கூறினார். ஒன்றின் கீழ் ஒன்றைப் பொருத்தும் முறைக்குப் பதில், பக்கவாட்டிலும் இணைக்கலாம் என்றும் அவர் கூறினார். நவீன ராக்கெட்டுகளில் இந்த ஏற்பாடும் பின்பற்றப்படுகிறது.

ராக்கெட் இயக்கம், காற்றே இல்லாத வெற்றிடத்திலும் செயல்படக்கூடியது என்று அவர் சொன்னார். ராக்கெட்டின் வேகத்தை எப்படி அதிகரிக்க இயலும் என்பதற்கான சூத்திரங்களை அவர் வகுத்தார்.

சில நூறு அடி உயரம்கூடச் செல்லும் திறன் கொண்ட ராக்கெட்டுகள் உருவாக்கப்படாத அந்த நாளில், அவர் ராக்கெட்டுகள் மூலம் மனிதன் சந்திரமண்டலத்துக்குச் சென்று தனது கையால் கல்லைப் பொறுக்க முடியும் என்று துணிந்து கூறினார். பூமியைச் சுற்றுகிற, சந்திரனைச் சுற்றுகிற, சூரியனைச் சுற்றுகிற விண்கலங்களை உருவாக்க இயலும் என்றார்.

பூமியைச் சுற்றி வரும்படிச் செய்ய ஒரு ராக்கெட் எவ்வளவு வேகத்தில் சென்றாக வேண்டும் என்றும் அவர் கணக்கிட்டுக் கூறினார். அவரை ஒரு தீர்க்கதரிசி என்றுதான் சொல்ல வேண்டும்.

எனினும் அவருடைய ஆராய்ச்சிப் பணிகளுக்கு, ரஷ்யப்புரட்சி வரை அரசாங்க ஆதரவு எதுவும் கிட்டவில்லை. ரஷ்யப் புரட்சிக்குப் பிறகு, அவர் சோஷலிஸ்ட் அகாடமியின் உறுப்பினராக்கப்பட்டு கௌரவிக்கப்பட்டார். ரஷ்ய அரசு அவருக்கு பென்ஷன் அளித்தது.

சியோல்கோவ்ஸ்கி ராக்கெட் இயக்கவியல் பற்றிய தமது சித்தாத்தங்களை எடுத்துரைத்ததற்கு ஓராண்டுக்கு முன்னர் (*1882-ல்*), அமெரிக்காவில் பிறந்தவரான ராபர்ட் எச். கொதார்ட் (Robert H Goddard) இளம் வயதிலிருந்தே விண்வெளிப் பயண சித்தாந்தத்தில் அக்கறை காட்டினார். திரவ எரிபொருள் கொண்டு இயங்கும் ராக்கெட் பற்றிய ஒரு கட்டுரையை, அவர் *1909*-ம் ஆண்டில் வெளியிட்டார். கல்லூரியிலும் இயற்பியல் படித்த நாள்களில் இரவில் ராக்கெட் ஆராய்ச்சியில் ஈடுபட்டார். பல்கலைக்கழகத்தில் பணியாற்றும்போது, ராக்கெட்டின் பல உறுப்புகளுக்கு வரைபடங்களை வரைந்து அவற்றுக்கு பேடண்ட் உரிமை பெற்றார்.

ராக்கெட் ஆராய்ச்சியில் தன் சொந்தப் பணம் அனைத்தையும் செலவழித்த பிறகு, தனியார் நிறுவனம் ஒன்றின் நிதி உதவியுடன் ஆராய்ச்சிப் பணிகளைத் தொடர்ந்தார். தாம் கூறிய கருத்துப்படி உருவாக்கப்படும் ராக்கெட் மூலம் சந்திரனுக்கும் செல்ல முடியும் என்று கொதார்ட் கூறியதை விவரம் புரியாத பத்திரிகைகள் திரித்துக் கூறின. இதன் விளைவாக, பைத்தியக்கார மனுஷன் என்ற கேலிக்கு உள்ளானார். இதனால் வருத்த மடைந்த அவர், பின்னர் தமது பணிகளை ரகசியமாக வைத்துக் கொண்டார்.

ரஷ்யாவின் சியோல்கோவ்ஸ்கியைப் போல, கொதார்ட் வெறும் சித்தாந் தங்களுடன் நிறுத்திக் கொண்டுவிடவில்லை. தாமாக சிரமப்பட்டு, ராக்கெட் ஒன்றை உருவாக்கினார்.

ராபர்ட் எச். கோதார்ட்

உலகின் முதலாவது திரவ எரிபொருள் ராக்கெட் - கொதார்ட் உருவாக்கியது -*1926* மார்ச் *16*-ம் தேதி விண்ணில் பாய்ந்தது. சில அடி நீளமே இருந்த அந்த ராக்கெட், மணிக்கு சுமார் *100* கிலோமீட்டர் வேகத்தில் விண்ணில் *184* அடி உயரம் சென்றது.

இந்த ராக்கெட்டைச் செலுத்துவதற்குப் பயன் படுத்தப்பட்ட ராக்கெட் மேடை, வெறும் பைப்புகளால் ஆனது. ராக்கெட் செலுத்தப் பட்ட இடம் ஒரு பண்ணை. கொதார்டும், அவரது மனைவி எஸ்தாவும், இரு உதவியாளர் களும் ஒரு டிரக்கில் அங்கு வந்து இறங்கினர்.

திரவ ஆக்ஸிஜனை அவர் பிளாஸ்க் குப்பியில் கொண்டுவந்தார். ஒரு டின்னில் பெட்ரோலைக் கொண்டுவந்தார். ராக்கெட்டில் எரிபொருள்கள் நிரப்பப் பட்டன. கொதார்ட் நீண்ட கழியைப் பயன்படுத்தி, எட்ட இருந்தபடி ராக் கெட்டின் அடியில் தீயைப் பற்ற வைத்தார். அந்த ராக்கெட் விண்ணில் கிளம்ப, உலகம் ராக்கெட் யுகத்தில் அடி எடுத்து வைத்தது.

கொதார்ட் விடாது தன்னந்தனியாகத் தொடர்ந்து நடத்திய ஆராய்ச்சிகளுக்கு அங்குமிங்கும் கிடைத்த நிதி உதவிகள் போதவில்லை. அரசாங்க ஆதரவோ ஊக்கமோ அவருக்குக் கிட்டவில்லை. ராக்கெட்டை ராட்சதப் போர் ஆயுதமாக மாற்றமுடியும் என ஹிட்லரின் ஜெர்மனி நிரூபித்து, வி–2 ராக்கெட் குண்டுகள் பிரிட்டன் மீது விழுகிறவரையில் அமெரிக்கா, ராக்கெட் பற்றிய ஆராய்ச்சியில் ஈடுபடவில்லை.

ரஷ்யாவின் சியோல்கோவ்ஸ்கி விஷயத்திலாவது ரஷ்யப் புரட்சிக்குப் பிறகு அவருக்குக் கௌரவம் கிடைத்தது. ஆனால் கொதார்ட், 1945 ஆகஸ்ட் 10-ம் தேதி காலமானபோது, அவரது மறைவு பற்றி பத்திரிகைகளில் ஒரு வரிகூட வரவில்லை.

எனினும், பின்னர் அமெரிக்காவில் விண்வெளித்திட்டங்களை அமல்படுத்த 1959-ல் அமெரிக்க தேசிய வானவியல் நிறுவனம் மேரிலாந்து மாகாணத்தில் அமைத்த புதிய விண்வெளிக் கேந்திரத்துக்கு கொதார்டின் பெயரை வைத்து கௌரவித்தது.

ரஷ்யாவில் ஒரு சியோல்கோவ்ஸ்கியும் அமெரிக்காவில் ஒரு கொதார்டும் ராக்கெட் இயக்கவியல் பற்றி அதே குறிக்கோளோடு ஆராய்ச்சி நடத்தியது போல, ஜெர்மனியிலும் ஒருவர் இருந்தார். ருமேனியாவில் பிறந்து ஜெர்மனியில் வாழ்ந்த அவர் பெயர் ஹெர்மன் ஓபெர்த் (Herman Oberth).

பூமியிலிருந்து சந்திரனுக்கு, சந்திரனைச்சுற்றி என்னும் தலைப்புகளில் விண்வெளிப் பயணம் பற்றி 1865-ம் ஆண்டுவாக்கில் பிரபல பிரெஞ்சு எழுத்தாளர் ஜூல்ஸ் வெர்ன் எழுதிய விஞ்ஞானக் கற்பனை நூல்கள், ஓபெர்த்தை இளம் வயதில் மிகவும் கவர்ந்தன. அவர் அவற்றைத் திரும்பத் திரும்ப ஆர்வத்துடன் படித்துக் கிட்டத்தட்ட மனப்பாடமே செய்துவிட்டார்.

படிப்பை முடித்து கணிதப் பேராசிரியரானார். ராக்கெட் இயக்கவியல், விண்வெளி இயல் ஆகியவற்றில் ஆழ்ந்த அக்கறை காட்டினார். 1923-ல் அவர் ‘அண்டவெளியில் ராக்கெட்’ என்ற தலைப்பில் 92 பக்க நூல் ஒன்றை வெளியிட்டார். விண்வெளிப் பயணம், ராக்கெட்டுகளில் வழியறிவு ஏற்பாடு, விண்கலம் தரையிறங்குதல், ராக்கெட்டுக்கான எரிபொருள் முதலான பல விஷ யங்களை அவர் இந்தச் சின்னஞ்சிறு நூலில் ஆராய்ந்திருந்தார். ஆளற்ற இரு கட்ட ராக்கெட்டுக்கு, அவர் வரைபடங்களை வரைந்திருந்தார். இதற்கு அவர் ‘மாடல்–பி’ என்று பெயரிட்டார். விண்வெளியில் மனிதன் பயணம் செய்வது சாத்தியம் என்று அந்த நாளிலேயே கருதிய அவர், இருவர் ஏறிச் செல்வதற்கான விண்கலம், பாராசூட் மூலம் பூமியில் இறங்குவதாக இருக்கும் என்றார்.

ராக்கெட்டுகளில் ஆக்ஸிஜன்–ஆல்கஹால், அல்லது ஆக்ஸிஜன்–ஹைட்ரஜனைப் பயன்படுத்தலாம் என்று கூறியிருந்தார். அவர் கூறியவற்றில் பல விஷயங்கள் பின்னாளில் நிரூபணமாயின.

ஹேர்மன் ஓபேர்த்

ஓபெர்த் பின்னர் அதே நூலை 420 பக்கங்களைக் கொண்ட விரிவான நூலாக எழுதினார். 'விண்வெளிப் பயணத்துக்கு வழி' என்பது அந்நூலின் தலைப்பு. இந்நூலில் அவர் விண்வெளிப் பயணத்தின்போது ஏற்படும் அடிப்படைப் பிரச்னைகளைப் பற்றிக் குறிப்பிட்டிருந்தார்.

ஓபெர்த்தின் நூல்கள் அந்நாள்களில் பலரின் கவனத்தை ஈர்த்து, பலருக்கும் விண்வெளித்துறையில் ஆர்வத்தை உண்டாக்கின.

இந்த அக்கறையின் விளைவாக, ஜெர்மனியில் 1927-ம் ஆண்டில் விண்வெளிப்பயண சங்கம் என்ற ஓர் அமைப்பு தோன்றியது. விண்வெளிப் பயணம் பற்றி ஆராய்ந்து இது பற்றி விவாதித்து கருத்துகளைப் பரிமாறிக் கொள்வது இச்சங்கத்தின் நோக்கம்.

கிட்டத்தட்ட அதே காலத்தில் அமெரிக்காவில் அமெரிக்க ராக்கெட் சங்கம் தோன்றியது. சிறிய ராக்கெட்டுகளை ஏவி ஆய்வுகளை நடத்த அவர்கள் நடமாடும் ராக்கெட் செலுத்து தளம் ஒன்றைப் பயன்படுத்தினார்கள். அவர்கள் தங்களுக்கு வாய்ப்பாக இருந்த இடங்களில் ராக்கெட்டுகளை ஏவிச் சோதித்தார்கள். எனினும் இவர்களது ராக்கெட் சோதனைகள், அந்தந்த வட்டாரத்து விவசாயிகளுக்கும் காவல்துறையினருக்கும் எரிச்சலை உண்டாக்கின.

அமெரிக்காவில் ராக்கெட் பற்றிய ஆராய்ச்சி வெறும் ராக்கெட் ஆர்வலர்களின் கையில் மட்டுமே இருந்த அந்தக் காலகட்டத்தில், ரஷ்யர்கள் திட்டமிட்ட முறையில் ராக்கெட் ஆராய்ச்சிக்கு அஸ்திவாரம் இட்டுக்கொண்டிருந்தார்கள். 1924–ம் ஆண்டில் மாஸ்கோவில் அண்ட வெளிப்பயண ஆராய்ச்சி சங்கம் தோன்றியது. 1928–ம் ஆண்டில் வாயு இயக்கவியல் ஆராய்ச்சிக்கூடம் நிறுவப்பட்டு ராக்கெட் எஞ்சின்களைத் தயாரித்து சோதனைகள் நடத்தப்பட்டன. 1929–ல் மற்றோர் ஆராய்ச்சி அமைப்பு ராக்கெட் எஞ்சினுக்குள் நிகழும் செயல்களைப் பற்றி ஆராய ஆரம்பித்தது.

1931–ல் மாஸ்கோவில் தோற்றுவிக்கப்பட்ட இன்னோர்அமைப்பு, ராக்கெட் வடிவமைப்பதில் ஈடுபட்டது. ரஷ்யா பின்னர் ராட்சத ராக்கெட்டுகளை உருவாக்கியதற்கு மூல கர்த்தாவாக விளங்கிய எஸ். கோரோலெவ் இந்த அமைப்பின் தலைவராக விளங்கினார்.

திரவ எரிபொருளை பயன்படுத்திய முதல் ரஷ்ய ராக்கெட் 1933 ஆகஸ்டில் செலுத்தப்பட்டது.

ரஷ்யர்கள் தொடர்ந்து ராக்கெட் எஞ்சின்களையும் ராக்கெட்டுகளையும் உருவாக்கி ஆராய்ச்சி நடத்தி வந்தார்கள் என்றாலும், என்ன காரணத்தாலோ அவர்களுடைய நோக்கம் பிராதனமாக ராக்கெட் எஞ்சின்களைக் கொண்ட விமானத்தை உருவாக்குவதாக இருந்தது.

ஹிட்லரின் ராணுவம் 1941–ம் ஆண்டுவாக்கில் வி–2 ராக்கெட் ஆயுதங்களைத் தயாரித்துவந்த வேளையில் ரஷ்யாவில் வெறும் 10 அடி கொண்ட சிறிய ரக ராக்கெட்டுகளைச் செலுத்தி சோதனை நடத்தப்பட்டு வந்தது.

அமெரிக்காவிலும் சரி, திட்டமிட்ட முறையில் ராக்கெட் ஆராய்ச்சி நடந்துவந்த ரஷ்யாவிலும் சரி, ஆட்சியாளர்கள் ராக்கெட்டுகள் விஷயத்தில் போதிய முனைப்பு காட்டாமால் போனதற்கு ஒரு காரணத்தைக் கூறலாம்.

முதல் உலகப் போருக்குப் பின்னால் உலகில் பல நாடுகளில் விமானப்படை நிரந்தர அம்சமாகியது. மேலும் மேலும் சக்தி கொண்ட போர் விமானங்கள் உருவாக்கப்பட்டு வந்தன. குண்டுகளை விமானங்களில் கொண்டு சென்று அநேகமாகக் குறி தவறாமல் எதிரியின் இலக்குகள் மீது போட்டு தாக்குதல்களை நடத்த வசதி இருந்தபோது, அதே குண்டுகளை சுமந்து சென்று எதிரி இலக்கைத் தாக்குகிற ராக்கெட்டுகளை உருவாக்குவதற்கு யாருக்கு அக்கறை இருந்திருக்க முடியும்? குண்டு வீச்சு விமானம் ஒன்றைத் திரும்பத் திரும்பப் பயன்படுத்த முடியும். ராக்கெட்டை ஒரு தடவை செலுத்தி விட்டால், அது அத்தோடு சரி. தவிர, ராக்கெட் குறிப்பிட்ட இடத்தில் போய் விழுந்து தாக்குமா என்கிற நிச்சயமற்ற நிலைமையும் இருந்தது.

எனவே அந்த நாள்களில் அமெரிக்காவோ, ரஷ்யாவோ பிற நாடுகளோ ராக்கெட்டுகளை வான்போர் ஆயுதமாக மாற்ற அக்கறை செலுத்தாமல் போனதில் வியப்பில்லை.

ஆனால் ஜெர்மனியில் நிலைமை வேறாக இருந்தது. ஜெர்மனியின் ராணுவத் தளபதிகள் ராக்கெட்டுகளை ஆயுதமாக மாற்றுவதில் அக்கறை காட்ட அவசியம் இருந்தது. முதலாம் உலகப் போரின் முடிவில் 1919-ம் ஆண்டில் கையெழுத்தான வெர்செயில்ஸ் உடன்படிக்கையின்படி ஜெர்மனி, பெரிய பீரங்கிகளைத் தயாரிக்கக் கூடாது எனத் தடை விதிக்கப்பட்டிருந்தது. முதலாம் உலகப் போரை ஜெர்மனி தொடங்கியதற்காக அந்நாட்டின்மீது விதிக்கப் பட்ட தண்டனை அது. எனவே, ஜெர்மன் ஆட்சியாளர்கள் ராக்கெட் பக்கம் திரும்பக் காரணம் இருந்தது.

ஹெர்மன் ஓபெர்த் தூண்டிவிட்ட அக்கறையின் விளைவாக, ஜெர்மனியில் ஆராய்ச்சி நோக்குடன் தோற்றுவிக்கப்பட்ட விண்வெளிப் பயணச் சங்கம், பல சிறிய சோதனை ராக்கெட்டுகளை செலுத்திப் பார்த்துவிட்டு, பணம் இல்லாத காரணத்தால் அநேகமாக நொடித்துப் போகும் நிலையில் இருந்தது. அச்சங்கத்துக்கு ஆதரவு கிடைக்கக்கூடிய ஒரே வழி ராணுவம்தான். 1932-ல் ரிப்பல்சர் என்னும் சிறிய ராக்கெட் ஒன்று கும்மர்ஸ்டோர்ப் (Kummersdorf)

என்னுமிடத்தில் ராணுவ அதிகாரிகளுக்கு முன்பாகச் செலுத்திக் காட்டப்பட்டது. இதைப் பார்த்த ராணுவத்தினருக்கு ராக்கெட் மீது ஆர்வம் ஏற்பட்டது.

ராக்கெட் துறையில் மிகுந்த அக்கறை காட்டி வந்த சில இளைஞர்களை ஜெர்மன் ராணுவ ஆயுதத்துறை அதிகாரிகள் பேட்டிகண்டனர். அந்த இளைஞர்களில் ஒருவர் வெர்னர் வான் பிரான் (Wernher von Braun).

ஜெர்மன் ராணுவ ஆயுதத் துறைத் தலைவர் பேராசிரியர் ஜெனரல் கார்ல் பெக்கர் குறிப்பாக, வான் பிரானைத் தேர்ந்தெடுத்தார். பெக்கர் தாம் எழுதிய ஒரு நூலில் ராக்கெட்டுகளை நீண்ட தூரம் ஏவும் ஆயுதங்களாகப் பயன் படுத்துவது பற்றி ஆராய, ஏற்கெனவே ஜெர்மன் ராணுவத்தில் ஒரு சிறிய துறையையும் உருவாக்கியிருந்தார். கும்மர்ஸ்டோர்ப்பில் சின்னஞ்சிறிய ராக் கெட் வெற்றிகரமாகச் செலுத்தப்பட்டதைப் பார்த்த பின்னர்தான், அவர் இவ்விதம் வான் பிரானைத் தேர்ந்தெடுத்தார்.

வான் பிரான் அதே ஆண்டில் ஜெர்மன் ராணுவத்தில் ஊழியராகச் சேர்த்துக் கொள்ளப்பட்டார். ராக்கெட் பற்றி தொடர்ந்து ஆராய்ச்சி நடத்த அவருக்கு வசதி செய்து தரப்பட்டது; அவர் பெர்லின் பல்கலைக்கழகத்தில் சேர்ந்தார். டாக்டர் பட்டம் பெறுவதற்கான ஆராய்ச்சியை நடத்த கும்மர்ஸ்டோர்ப்பில் ராணுவ ஆயுத இலாகாவுக்கு இருந்த வசதிகள் அவருக்கு ஒதுக்கப்பட்டன.

அவர் டாக்டர் பட்டம் பெற்ற பிறகு, முழுமூச்சில் ராக்கெட்டுகளை உருவாக்கும் பணியில் ஈடுபட்டார். 1937 வாக்கில் ஜெர்மனியின் வட எல்லையையொட்டி பால்டிக் கடலில் அமைந்த ஒரு தீவில் ராக்கெட் ஆராய்ச்சித் தளம் நிறுவப்பட்டது. அந்த இடத்தின் பெயர் பீனிமுண்டே (Peenemunde). வான் பிரான் அங்கு அமைந்த ராணுவ பரீட்சார்த்த மையத்தின் தொழில் நுட்ப இயக்குநர் ஆக்கப்பட்டார், ஏ-3, ஏ-4, ஏ-5 என்ற பெயர்களில் அங்கு ராக்கெட்டுகள் உருவாகின. அவற்றில் ஏ-4 ரக ராக்கெட்டு தான் பின்னர் வி-2 ராக்கெட் என்ற பெயரைப் பெற்றது.

தாம் கண்ட ஒரு கெட்ட கனவு காரணமாக, ராக்கெட்டுகள் மீது ஹிட்லர் அவ்வளவாக அக்கறை காட்டாததால், வி-2 ராக்கெட் திட்டம் பல ஏற்ற இறக்கத்துக்கு உள்ளானது. அத்துடன் பிரிட்டிஷ் விமானப்படை, பீனி மூண்டே மீது நடத்திய குண்டு வீச்சுத் தாக்கு தலினாலும் அந்தத்திட்டம் பின்னடைவு கண்டது. இவற்றையெல்லாம் சமாளித்த பிறகு, பல நூறு வி-2 ராக்கெட்டுகள் தயாரிக் கப்பட்டு, 1944 செப்டெம்பர் 8-ம் தேதி முதலாவது வி-2 ராக்கெட் சுமார் 20 மைல் தூரம் பறந்து வந்து இங்கிலாந்தைத் தாக்கியது. ஜெர்மனி மொத்தம் 3000 வி-2

வெர்னர் வான் பிரான்

ராக்கெட்டுகளைத் தயாரித்ததாக மதிப்பிடப்படுகிறது. இவற்றில் சுமார் 1500 வி–2 ராக்கெட்டுகள் தெற்கு இங்கிலாந்து மீது ஏவி விடப்பட்டன.

பீனிமுண்டேயில் வி–2 ராக்கெட்டுகள் தயாரிப்பு உச்சகட்டத்தில் இருந்த போது, அங்கு பதினெட்டாயிரம் பேர் பணிபுரிந்தனர். இரண்டாம் உலகப் போரில் ஜெர்மனி தோற்பது 1945 ஜனவரியிலேயே உறுதியாகிவிட்டது. ரஷ்யப்படைகள் பீனிமுண்டேயை நோக்கி விரைந்து நெருங்கின. வான் பிரானும் மற்றும் பல ராக்கெட் நிபுணர்களும் அமெரிக்கப் படையிடம் சரண் அடைய முடிவுசெய்து, தெற்கு நோக்கித் தப்பினார்கள். இதற்கிடையே அமெரிக்க, பிரிட்டிஷ், ரஷ்யப் படையினர் முடிந்தவரை ஜெர்மன் ராக்கெட் நிபுணர்களையும், வி–2 ராக்கெட்டுகளையும் கைப்பற்றிக்கொண்டு செல்வதில் முனைப்பு காட்டினார்கள்.

ரஷ்யப்படை முன்னேறி வருவதற்குள் அமெரிக்கர்கள் ஜெர்மனியில் நார்ட்ஹாவ்சன் என்னுமிடத்தில் பாதாள ராக்கெட் தொழிற்சாலையிலிருந்து அவசர அவசரமாக சுமார் நூறு வி–2 ராக்கெட்டுகளைச் சேகரித்து, அவற்றைக் கப்பல் மூலம் அமெரிக்காவுக்குக் கொண்டு சென்றார்கள்.

ரஷ்யர்கள் பீனிமுண்டேயில் மிஞ்சியிருந்த ஜெர்மன் நிபுணர்களை ரஷ்யாவுக்குக் கூட்டிச் சென்றார்கள். அதைவிட முக்கியமாகப் பல வரைபடங்களும் அரிய சில இயந்திரக் கருவிகளும் ரஷ்யர்களின் வசம் சிக்கின.

ஜெர்மனியிலிருந்து கொண்டுவரப்பட்ட வி–2 ராக்கெட்டுகள் தீருகிற வரையில் அமெரிக்க ராணுவப் படையினர் அவற்றைச் செலுத்திப் பார்த்து அதுபோன்ற ராக்கெட்டுகளை உருவாக்கும் திறனைப் பெற்றார்கள்.

ரஷ்யா, அமெரிக்கா இரண்டிலும் பலவகையான ராணுவ ராக்கெட்டுகளைத் தயாரிப்பது தீவிரமடைந்தது. முகப்பில் ஹைட்ரஜன் குண்டுகளைச் சுமந்துகொண்டு, பல ஆயிரம் மைல் தொலைவில் உள்ள இலக்குகளைத் தாக்கும் திறன் கொண்ட ராக்கெட்டுகளைத் தயாரிப்பதில் இரண்டு நாடுகளும் கடும் போட்டியில் ஈடுபட்டு வெற்றியும் கண்டன.

ஐ. சி. பி. எம். (Inter–Continental Ballistic Missile) எனப்படும் இந்த ராட்சத ஏவுகணைகளுக்காக உருவாக்கப்பட்ட ராக்கெட்டுகள், பின்னால் சில மாறுதல்களுடன் விண்வெளித் திட்டங்களுக்குப் பயன்படுத்தப்பட்டன.

4

ராக்கெட் தொழில்நுட்பம்

பூமியைச் சுற்றுகிற செயற்கைக்கோள்களையும், விண்கலங்களையும், செவ்வாய், புதன், வியாழன் போன்ற கோள்களுக்குச் செலுத்தப் படும் கலங்களையும் அனுப்புவதற்கு வெவ் வேறான திறன்கொண்ட ராக்கெட்டுகள் தேவைப் படுகின்றன. ராக்கெட் இல்லாமல் இவற்றைச் செலுத்த முடியாது.

செயற்கைக்கோள்களைச் செலுத்த ராக்கெட் எதற்கு? விமானத்தில் ஏற்றிக்கொண்டுபோய் செலுத்த முடியாதா? விமானங்கள் சில சமயத்தில் வெறும் புள்ளியாக மட்டும் தெரிகிற அளவுக்கு வானில் மிக உயரத்தில் பறப்பதைப் பார்க்கி றோமே! ராக்கெட் போகிற உயரத்துக்கு விமானத் தால் செல்ல முடியாதா? இவையெல்லாம் நியாய மான கேள்விகள். வானில் வெறும் புள்ளியாகத் தெரிகிற விமானம், மிஞ்சிப் போனால் சில மைல் உயரத்தில் பறப்பதாக இருக்கலாம். செயற்கைக் கோளை நாம் குறைந்தது 100 மைல் உயரத்துக்குக் கொண்டு சென்று பறக்க விட்டாக வேண்டும். 1977-ல் ரஷ்ய ஜெட் விமானம் ஒன்று மிக உயரத்துக்குப் பறந்து சென்று, உலக சாதனையை ஏற்படுத்தியது. அது பறந்து சென்ற உயரம் வெறும் 24 மைல்கள்தான்.

கார், பஸ், விமானம், ரயில் முதலான வாகனங் களின் எஞ்சின்கள் காற்றில் அடங்கிய

ஆக்ஸிஜனைப் பயன்படுத்திச் செயல்படுகின்றன. விண்வெளியில் உயரே செல்லச் செல்ல காற்றின் அடர்த்தி படிப்படியாகக் குறைந்து, இறுதியில் காற்றே இருப்பதில்லை. சுமார் 100 மைல் உயரத்தில் காற்றின் அடர்த்தி மிகமிகக் குறைவு. காற்றின் அடர்த்தி அந்த அளவுக்குக் குறையும் போது, அதில் உள்ள ஆக்ஸிஜனின் அளவு மிகக் குறைவானதாக இருக்கும். எனவே விண்வெளியில் செயல்பட, காற்றின் உதவி இன்றிச் செயல்படக்கூடிய எஞ்சின் வேண்டும். ராக்கெட் எஞ்சின் இயங்கக் காற்று தேவையில்லை. ஏனெனில் நாம் ராக்கெட்டில் எரிபொருளை மட்டுமன்றி அதற்குத் தேவையான ஆக்ஸிஜனையும் அளிக்கக்கூடிய வேதி எரிபொருளையும் வைக்கிறோம். ராக்கெட்டுக்குள் உள்ள எரிபொருள் எரிந்து, ராக்கெட்டின் அடிப்புறத்தில் உள்ள திறப்பு (nozzle) வழியாக எரியும் வாயுக்களாக மிக வேகத்தில் வெளிப்படுகிறது.

இப்படி அடிப்புறத்திலிருந்து எரியும் வாயுக்கள் வேகமாகப் பீச்சப்படுவதன் விளைவாகத்தான் ராக்கெட் உயரே செல்கிறது. ஒவ்வொரு செயலுக்கும் சம அளவில் எதிர்ச் செயல் உண்டு என பிரபல விஞ்ஞானி ஐசக் நியூட்டனின் இயக்க விதிகூறுகிறது. எரியும் வாயுக்கள் ராக்கெட்டிலிருந்து வேகமாக வெளிப்பட அதன் எதிர்ச் செயலாக ராக்கெட் மறுபுறத்தில் - அதாவது உயரே - பாய்கிறது. நியூட்டனின் சித்தாந்தத்துக்குப் பிறகுதான் ராக்கெட் தோன்றியதாக நினைத்துவிடக் கூடாது. அவரது காலத்துக்கு முன்னரே தீபாவளி ராக்கெட் போன்ற ராக்கெட்டுகள் இருந்தன. நியூட்டன் அவற்றின் இயக்கத்துக்கு சித்தாந்த ரீதியில் விளக்கம் அளித்தார். சந்திரனுக்கு அமெரிக்க விண்வெளி வீரர்களை ஏற்றிச் சென்ற ராட்சத சாடர்ன்–5 ராக்கெட்டும், குழந்தைகள் தீபாவளியின்போது வானில் செலுத்தி மகிழும் ராக்கெட் வாணமும் ஒரே சித்தாந்த அடிப்படையில் செயல்படுபவை.

கார், பஸ், லாரி, ரயில் ஆகிய எதுவாக இருந்தாலும் அதன் எஞ்சின் செயல்பட்டு முன்னே செல்லும்போது, அந்த வாகனத்தின் மொத்த எடையையும், (அந்த வாகனத்தில் உள்ள சரக்கு அல்லது பிரயாணிகளின் எடையையும் சேர்த்து) சேர்த்து இழுத்துச் செல்கிறது. ராக்கெட் வானில் பாயும்போது இதே போல, செயற்கைக் கோளின் எடையையும், எரிபொருளின் எடையையும், எரிபொருள் இல்லாமல் இருந்தால் இருக்கக்கூடிய தனது எடையையும் தூக்கிச் செல்கிறது. ராக்கெட் ஒவ்வொரு விநாடியும் ஏராளமான எரிபொருளை எரித்துத் தீர்ப்பதால், ராக்கெட் மேலும் மேலும் உயரே செல்லச் செல்ல எரிபொருளின் அளவு பயங்கர வேகத்தில் குறைகிறது. ராக்கெட் தூக்கிச் செல்ல வேண்டிய எடையும் இதன் மூலமாக மிக வேகமாகக் குறைகிறது. இதனால் ராக்கெட்டின் வேகம் மேலும் அதிகரிக்கிறது. எந்த ஒரு ராக்கெட்டிலும் அதன் மொத்த எடையில் 80 சதவிகிதம் அளவுக்கு அதன் எரிபொருளின் எடையாக இருக்கும். பிற வாகனங்களில் எரிபொருளின் அளவு இந்த அளவுக்கு இருக்காது; குறைவாகவே இருக்கும்.

மற்ற வாகனங்களுடன் ஒப்பிடுகையில், ராக்கெட்டின் ஆரம்ப எடை அதிகம். மற்ற வாகனங்களைவிட ராக்கெட் மிக அதிக பட்ச வேகத்தை எட்டக்

கூடியது. பல அடுக்கு ராக்கெட்டின் இறுதிக்கட்ட வேகம், மணிக்கு 40,000 கிலோமீட்டர் அளவிலும் இருக்கலாம். ராக்கெட்டைப் போல, விமானமும் பூமியின் ஈர்ப்பு சக்தியை எதிர்த்துப் பறக்கிறது. என்றாலும், விமானம் பூமிக்கு இடையாகப் பறக்கிறது. ராக்கெட்டோ பூமியிலிருந்து செங்குத்தாகச் செல்கிறது.

மற்ற வாகனங்களுடன் ஒப்பிடுகையில், ராக்கெட் தனது பணியை மிக விரைவில் முடித்துவிடுகிறது. செயற்கைக் கோளை வைத்து ராக்கெட்டைச் செலுத்தினால், சில நிமிஷங்களில் அது செயற்கைக் கோளை விண்வெளியில் செலுத்திவிடுகிறது. பிற வாகனங்களை நாம் திரும்பத் திரும்பப் பயன் படுத்தலாம். ஆனால் பொதுவாக, ஒரு செயற்கைக் கோளை செலுத்த ராக் கெட்டைப் பயன்படுத்தும்போது, அந்த ஒரு முறையுடன் ராக்கெட் அழிந்து விடுகிறது. ஒரே தடவையில், அதுவும் சில நிமிஷங்களில், ஒரு ராக்கெட்டின் ஆயுள் முடிந்துவிடுகிறது. அமெரிக்கா மட்டும்தான் மீண்டும் மீண்டும் பயன்படுத்தக்கூடிய வகையிலான ஷட்டிலை உருவாக்கியுள்ளது.

ராக்கெட்டுக்கான எரிபொருள்களை திரவ எரிபொருள், திட எரிபொருள் என இரண்டு வகையாகப் பிரிக்கலாம், எரிபொருளைப் பொறுத்து ராக்கெட்டின் உள்ளமைப்பும், ராக்கெட் எஞ்சின் வடிவமைப்பும் வித்தியாசப்படுகின்றன.

திட எரிபொருள் ராக்கெட், திரவ எரிபொருள் ராக்கெட் ஆகிய இரண்டிலும் சாதக அம்சங்களும் உள்ளன. பாதக அம்சங்களும் உள்ளன.

திட எரிபொருள் ராக்கெட்டுக்கு ஆகக்கூடிய செலவு குறைவு. இந்த வகை ராக்கெட்டின் உள் அமைப்பு எளிதானது. எரிபொருளும், அது எரிவதற்குத் தேவையான ஆக்ஸிஜன் அடங்கிய பொருளும் ஒன்றுசேர்க்கப்பட்டு கூழ்போலக் கலக்கப்பட்டு உள்ளே வைக்கப்படுகின்றன. ஆக்ஸிஜனை அளிக்கிற பொருளை ஆக்ஸிகரணி (Oxidiser) என்று குறிப்பிடலாம். ஆனால் திரவ எரிபொருள் ராக்கெட்டில் எரிபொருளும் ஆக்ஸிகரணியும் தனித்தனி அறைகளில் வைக்கப்படுகின்றன. ராக்கெட்டைச் செலுத்துகிற கட்டத்தில், இரண்டும் எஞ்சின் அறையில் ஒன்று சேர்ந்து எரிய ஆரம்பிக்கின்றன.

திட எரிபொருள் ராக்கெட்டில் எரிபொருளை முன்கூட்டியே நிரப்பி வைத்து விடலாம். எனவே, எந்த நேரத்திலும் ராக்கெட்டைப் பயன்படுத்த முடியும். இதனால்தான் ஏவுகணைகளாகப் பயன்படுத்தும் ராக்கெட்டுகள் பலவற்றிலும் திட எரிபொருள் பயன்படுத்தப்படுகிறது. திரவ எரிபொருள் ராக்கெட் விஷயத் தில், ராக்கெட்டைச் செலுத்துவதற்கு நேரம் நிர்ணயித்து, கடைசி நேரத்தில்தான் திரவ எரிபொருளை நிரப்ப முடியும். ராக்கெட்டை ஏவுவதை ரத்து செய்தால், திரவ எரிபொருளை அதிலிருந்து வெளியே எடுத்தாக வேண்டும்.

திரவ எரிபொருள் ராக்கெட்டில், எரிபொருளும் ஆக்ஸிகரணியும் அடங்கிய அறைகளிலிருந்து அவற்றை ராக்கெட்டின் அடிப்புறத்தில் உள்ள எஞ்சின் அறைக்குக் கொண்டுவர, நீளமான குழாய்கள்தேவை. மிகுந்த அழுத்தத்தில் உள்ள எரிபொருள்களை எஞ்சின் அறைக்கு அனுப்புவதற்கு பம்புகள்

தேவை. பம்புகளை இயக்க மோட்டார்கள் தேவை. இந்த மோட்டார்கள் இயங்குவதற்கு எரிபொருள் தேவை. திட எரிபொருள் ராக்கெட்டில், பம்புகளோ மோட்டார்களோ தேவையில்லை.

எனினும் திரவ எரிபொருள் ராக்கெட்டைத் தயாரிக்கப் பயன்படுத்தப்படும் தகடு, மெல்லியதாக இருந்தால் பாதகமில்லை. அட்லாஸ் ராக்கெட் மெல்லிய எவர்சில்வர் தகட்டினால் ஆனது. இது திரவப் பொருள் நிறைந்த பலூன் என்று வருணிக்கப்பட்டது. திட எரிபொருள் ராக்கெட்டில் அதன் உடல் பகுதியே எஞ்சின் அறையாக இருக்கிறது. அதன் சுவர்களை உறுதியான, கனத்த உலோகத்தால் செய்ய வேண்டியிருக்கிறது.

திரவ எரிபொருள் ராக்கெட்டில் எஞ்சினை நொடிப்பொழுதில் நிறுத்தி மறுபடி இயங்கச்செய்யலாம். திட எரிபொருள் ராக்கெட் விஷயத்தில் இது அநேகமாகச் சாத்தியமில்லை.

திட எரிபொருள் ராக்கெட் உயரே பாய்ந்து செல்லும்போது ராக்கெட்டின் உள்ளே இருக்கும் எரிபொருள் தளும்பும் பிரச்னை கிடையாது. திரவ எரிபொருள் ராக்கெட்டுக்குள் இருக்கும் திரவப் பொருள்கள் தளும்பும்.

தீபாவளி ராக்கெட் வாணம் உள்பட நெடுங்காலமாக ராக்கெட்டுகளில் பொடி வடிவிலான திட எரிபொருள் பயன்படுத்தப்பட்டு வந்த வரையில் ராக்கெட் தொழில்நுட்பம் வளர்ச்சி பெறவில்லை. பின்னர்தான் ஏற்கெனவே கூறியபடி ராக்கெட் பற்றி சியோல்கோவ்ஸ்கி, கொதார்ட், ஓபெர்த் ஆகிய மேதைகள் ஆராய்ந்தனர். ராக்கெட்டுகளில் திரவ எரிபொருளைப் பயன்படுத்தும் முயற்சிகள் மேற்கொள்ளப்பட்டன. திரவ எரிபொருளைப் பயன்படுத்தி உருவாக்கப்பட்ட முதலாவது ராட்சத ராக்கெட், ஜெர்மன் வி–2 ராக்கெட் தான்.

சமீப காலத்தில் திட எரிபொருள் விஷயத்தில் புதிய ஆராய்ச்சி மேற் கொள்ளப்பட்டு புதிய கலப்பு திட எரிபொருள்கள் உருவாக்கப்பட்டன. இதைத் தொடர்ந்து திட எரிபொருளைப் பயன்படுத்துகின்ற பெரிய ராக் கெட்டுகள் உருவாக்கப்பட்டன. இவற்றில் சில ராக்கெட்டுகள், முற்றிலும் திட எரிபொருளைப் பயன்படுத்துகின்றன. பல அடுக்கு ராக்கெட்டுகளில் ஒரு சில அடுக்குகளில் திட எரிபொருளைப் பயன்படுத்தும் ஏற்பாடும் பின்பற்றப்படுகிறது. இந்தியாவின் எஸ். எல். வி–3 ராக்கெட், திட எரிபொருளைப் பயன்படுத்தியது. அமெரிக்க விண்வெளி ஷட்டிலின் (Space Shuttle) துணை ராக்கெட்டுகளில் திட எரிபொருள் பயன்படுத்தப் படுகிறது. அமெரிக்காவின் 3 அடுக்கு டெல்டா ராக்கெட்டில் மூன்றாவது அடுக்கில் திட எரிபொருள் பயன்படுத்தப்படுகிறது. அமெரிக்க டைட்டான் – 2 ராக்கெட்டிலும் இவ்வித ஏற்பாடு பின்பற்றப்படுகிறது. இந்தியாவில் பி.எஸ்.எல்.வி. (PSLV) மற்றும் ஜி.எஸ்.எல்.வி. (GSLV) ராக்கெட்டுகளில் திட எரிபொருளும் திரவ எரிபொருளும் பயன்படுத்தப்படுகின்றன.

பல வேதிப்பொருள்களின் கலவையே திட எரிபொருளாகப் பயன்படுத்தப்படுகிறது. இப்பொருள்களில் ஒன்று ஆக்ஸிகரணியாகச்

செயல்படுகிறது. அமோனியம் பெர்க்ளோரைடை இதற்கு உதாரணமாகக் கூறலாம். பாலியூரிதேன் எரிபொருள் கலவையின் எரிதிறனை அதிகரிக்க, அலுமினிய உலோகப் பொடியைச் சேர்க்கிறார்கள். எரிபொருளாகவும் ஆக்ஸிகரணியாகவும் செயல்படக்கூடிய பொருள்களும் பயன்படுத்தப் படுகின்றன. நைட்ரோ செலுலோஸ், நைட்ரோ கிளிசரின் ஆகியவற்றை இதற்கு உதாரணமாகக் குறிப்பிடலாம்.

அமெரிக்க விண்வெளி ஷட்டில் வாகனத்தின் திட எரிபொருள் ராக்கெட்டில் அமோனியம் பெர்க்ளோரேட், எச். பி. பாலிமர், அலுமினியப் பொடி, திரவ எபோக்ஸி பிசின் முதலியவை எரிபொருள் கலவையாகப் பயன்படுத்தப் படுகின்றன.

ராக்கெட்டில் கெரஸின் எரிபொருளாகப் பயன்படுத்தப்படுகிறது என்பது வியப்பை அளிக்கலாம். திரவ எரி பொருள்களில் கெரஸினும் ஒன்றாகும்.

உதாரணமாக, சந்திர மண்டலப் பயணத்துக்குப் பயன்படுத்தப்பட்ட சாடர்ன் – 5 ராக்கெட்டின் முதல்கட்டத்தில் கெரஸின் எரிபொருளாகப் பயன் படுத்தப்பட்டது.

திரவ எரிபொருள் எரிவதற்கு, பெரும்பாலும் திரவ ஆக்ஸிஜனே ஆக்ஸி கரணியாகப் பயன்படுத்தப்படுகிறது. சாதாரணக் காற்றில் ஆக்ஸிஜன் வாயு அடங்கியிருக்கிறது. இந்த ஆக்ஸிஜன் வாயுவை மைனஸ் 183 டிகிரி சென்டிகிரேட் அளவுக்குப் படிப்படியாகக் குளிர்வித்து மிகுந்த அழுத்தத்துக்கு உள்ளாக்கினால், அது திரவமாகிவிடும். இதை ஃபிளாஸ்க்குகளில் வைத்திருந்து ராக்கெட்டின் திரவ ஆக்ஸிஜன் தொட்டிகளில் நிரப்புவார்கள். நைட்ரிக் அமிலம், ஹைட்ரஜன் பெராக்சைட் ஆகியவையும் ஆக்ஸீகரணி யாகப் பயன்படுத்தப்படுவது உண்டு.

கெரஸின் மட்டுமின்றி, ஹைட்ரஜன், திரவ ஹைட்ரஜன் ஆகியவையும் எரிபொருளாகப் பயன்படுத்தப்படுகின்றன. ஹைட்ரஜன் என்பது ஒரு வாயு. இதை எளிதாகப் பெற முடியும். நீரை மின்சாரத்தைக்கொண்டு உடைத்தால், அது ஹைட்ரஜனாகவும் ஆக்ஸிஜனாகவும் பிரியும். ஹைட்ரஜன் வாயுவை மைனஸ் 252 டிகிரி சென்டிகிரேட் அளவுக்குப் படிப்படியாகக் குளிர்வித்தால் அது திரவமாகி விடும்.

திரவ ஹைட்ரஜனை எரி பொருளாகவும், திரவ ஆக்ஸிஜனை ஆக்ஸீ கரணியாகவும் பயன்படுத்தினால், ராக்கெட்டின் திறனை நன்கு அதிகரிக்க முடியும் என்று கண்டறியப்பட்டிருக்கிறது. அமெரிக்க சாடர்ன் – 2 ராக்கெட்டின் இரண்டாவது, மூன்றாவது அடுக்குகளில் இவை இரண்டும் பயன்படுத்தப்பட்டன.

ஜெர்மனி உருவாக்கிய வி – 2 ராக்கெட் குண்டுகளில் திரவ ஆக்ஸிஜனும் ஆல்கஹாலும் பயன்படுத்தப்பட்டன. ரஷ்ய காஸ்மாஸ் செயற்கைக் கோள்களை விண்ணில் செலுத்துவதற்குப் பயன்படுத்தப்பட்ட இரண்டு

அடுக்கு ராக்கெட்டில் முதல் அடுக்கில் நைட்ரிக் அமிலமும், சுத்திகரிக்கப்பட்ட கெரஸினும் பயன்படுத்தப்பட்டன.

திரவ ஆக்ஸிஜனையும் திரவ ஹைட்ரஜனையும் தயாரிப்பது பெரிய பிரச்னையல்ல. இவற்றைச் சேமித்து வைப்பதுதான் பிரச்னை . எனினும் இந்த இரண்டுக்கும் ஆகிற செலவு அதிகமில்லை. இந்த இரண்டையும் பயன்படுத்துகிற என்ஜினை உருவாக்குவது எளிதல்ல.

திரவ எரிபொருளைப் பயன்படுத்துகிற பெரிய ராக்கெட்டுகளின் அடிப் புறத்தில் ஒரே ஒரு எஞ்சின் மட்டும் இருப்பதாக எண்ணிவிடக் கூடாது. பல அடுக்கு ராக்கெட் ஒன்றின் அடிப்புறத்தில் அமைந்த முதல் அடுக்கில் ஒன்றுக்கும் மேற்பட்ட ராக்கெட் எஞ்சின்கள் இடம்பெற்றிருக்கும். அமெரிக்க சாடர்ன் – 5 ராக்கெட்டின் முதல் அடுக்கில் 5 எஞ்சின்கள் இடம் பெற்றிருந்தன. இதேபோல, இரண்டாவது அடுக்கில் (வேறு ரகத்தைச் சேர்ந்த) எஞ்சின்கள் இடம் பெற்றிருந்தன. மூன்றாவது அடுக்கில் இரு எஞ்சின்கள் இடம் பெற்றிருந்தன.

ராக்கெட் எஞ்சின் அறையில் எரிபொருளும் ஆக்ஸீகரணியும் சேர்ந்து எரியும்போது, சக்தி வெளிப்படுகிறது. எரிபொருள் எந்த அளவுக்குச் சக்தியை வெளிப்படுத்துகிறதோ, அந்த அளவுக்கு எரிந்து உருவாகும் வாயுக்களின் வெப்பம் அதிகரிக்கிறது. பெரும்பாலான ராக்கெட் எஞ்சின்களில் இந்த வெப்பம் 3000 முதல் 4000 டிகிரி சென்டிகிரேட்வரை இருக்கிறது. இயற்பியல் விதிகளின்படி வெப்பம் அதிகரிக்க அதிகரிக்க வாயு அந்த அளவுக்கு விரிவடைகிறது. ராக்கெட் எஞ்சினின் சிறு அறைக்குள் இந்த வாயு மேலும் மேலும் விரிவடைவதற்கு இடம் கிடையாது. எனவே வாயு அந்த சிறு இடத்துக்குள் மிகுந்த அழுத்தத்துக்கு உள்ளாகிறது. இந்த அழுத்தம் காரணமாக வாயுக்கள் ராக்கெட் எஞ்சினின் அடிப்புறத்தில் இருக்கும் திறப்பு வழியே பீச்சப்படுகிறது.

ராக்கெட்டின் உந்து விசைத்திறன், வாயுக்களின் வெளிப்பாடு வேகத்தைப் பொருத்தது. பொதுவில் ஒரு ராக்கெட்டின் உந்து விசைத்திறன், கிலோகிராம் கணக்கில் குறிப்பிடப்படுகிறது. இரண்டாவது உலகப்போரில் ஜெர்மனி பயன்படுத்திய ராக்கெட்டின் உந்து விசைத்திறன், 11,250 கிலோகிராம். சந்திரனுக்கு அமெரிக்க விண்வெளி வீரர்களை அனுப்புவதற்குப் பயன் படுத்தப்பட்ட சாடர்ன் – 5 ராக்கெட்டின் மொத்த உந்து விசைத்திறன் 35 லட்சம் கிலோகிராம்.

ஒரு ராக்கெட்டின் திறனைக் குறிக்க வேறு அளவுகோலும் பயன்படுத் தப்படுகிறது. அதாவது அதில் உள்ள எரிபொருளில் ஒரு கிலோகிராம் எரிபொருள் ஒரு விநாடி எரிந்தால் கிடைக்கும் உந்து விசை என்ன என்ற அடிப்படையிலும் குறிப்பிடப்படுகிறது. இந்தத்திறன் ஒரு ராக்கெட் எஞ்சினில் பயன்படுத்தப்படுகிற எரிபொருளின் தன்மையைப் பொருத்தது.

எஞ்சின் அறையில் எரிபொருளும் ஆக்ஸிகரணியும் சரியான விகிதத்தில் கலந்து எரியாமல் போனால், ராக்கெட்டால் முழுத்திறனைப் பெற முடியாமல் போய் விடும். எனவே, உள்ளே ஒரு சிறு கம்ப்யூட்டர் வைக்கப் பட்டு, அதன்மூலம் எரிபொருள்கள் சப்ளையை விநாடிக்கு விநாடி கவனித்து, ரெகுலேட்டர் வால்வுகளுக்கு உத்தரவுகளை அனுப்பி, சப்ளை சீராக இருக்கும்படி பார்த்துக் கொள்கிறது.

தரையிலிருந்து கிளம்புகிற ராக்கெட் திட்டமிட்ட பாதையில் செல்ல வேண்டும். இதையும் ஒரு கம்ப்யூட்டர் கவனித்துக் கொள்கிறது. ராக்கெட் தனது பாதையிலிருந்து ஒரு டிகிரி விலகினாலும் அது திட்டமிட்ட பாதையை அடைய முடியாமல் போய்விடும். ராக்கெட்டின் இயக்கத்தை அவ்வப்போது விண்வெளி மையத்துக்குத் தெரிவிக்க ராக்கெட்டில் தகவல் தொடர்பு சாத னங்கள் இடம் பெறுகின்றன. ராக்கெட் சீராகச் செயல்பட அதில் எவ்வளவோ கருவிகளும் சாதனங்களும் வைக்கப்பட்டிருந்தாலும் சில சமயங்களில் எதிர்பாராத கோளாறு ஏற்பட்டு, ராக்கெட் தரையில் அல்லது நடுவானில் வெடிப்பது உண்டு. அல்லது வேகத்தை எட்டாமல் போவதும் உண்டு.

ராக்கெட் தயாரிப்பில் வேதியியல் விஞ்ஞானிகள், வேதியியல் எஞ்சினியர்கள், உலோகவியல் நிபுணர்கள், மின்னணு நிபுணர்கள், மின்சார எஞ்சினியர்கள், விண்வெளி நிபுணர்கள் - இப்படியாகப் பல்வேறு துறையினரும் சம்பந்தப்பட்டிருக்கிறார்கள்.

செயற்கைக் கோள் ஒன்று விண்வெளியில் பூமியைச் சுற்றுகிற பாதையில் செலுத்தப்பட வேண்டுமானால், அது குறைந்தபட்சம் மணிக்கு 29,000 கிலோமீட்டர் வேகத்தில் செலுத்தப்பட்டாக வேண்டும். இந்த வேகத்தை சுற்றுப் பாதை வேகம் (Orbital Velocity) என்று சொல்கிறோம். செயற்கைக் கோள் இந்த வேகத்தில் செலுத்தப்பட்டால்தான், பூமியின்மீது விழாமல் தொடர்ந்து பூமியைச் சுற்றி வரும். பூமியின் ஈர்ப்பு சக்தியிலிருந்து விடுபட்டு சந்திரனுக்கு அல்லது வியாழன், சனி போன்ற கோள்களுக்கு ஒரு விண்கலம் செலுத்தப்பட வேண்டுமானால், அது குறைந்தபட்சம் மணிக்கு 38,500 கிலோமீட்டர் வேகத்தில் செலுத்தப்பட்டாக வேண்டும். இந்த வேகமானது, விடுபடு வேகம் (Escape Velocity) என்று குறிப்பிடப்படுகிறது. ஒரு விண்கலம் சூரிய மண்டலத்திலிருந்தே விடுபட்டுச் செல்ல வேண்டு மானால், அது மணிக்கு 59,700 கிலோமீட்டர் வேகத்தில் செலுத்தப்பட்டாக வேண்டும். இந்த வேகம், அண்ட வெளி வேகம் (Cosmic Velocity) என்று குறிப்பிடப்படுகிறது.

செயற்கைக் கோளைச் செலுத்துவதற்கு ஒற்றை அடுக்கு ராக்கெட் பயன்படுத்தப்படுவதில்லை. ஒற்றை ராக்கெட்டால் மணிக்கு 29,000 கிலோமீட்டர் வேகத்தை எட்ட முடியாது. எனவே, பல அடுக்கு ராக்கெட்டுகள் பயன்படுத்தப்படுகின்றன. குறைந்தபட்சம் இரு அடுக்கு ராக்கெட்டுகளாவது தேவை. இப்போதுள்ள எரிபொருள்களைவிட மிகுந்த உந்து விசையை அளிக்கக்கூடிய எரிபொருள் உருவாக்கப்படுமேயானால்

ஒற்றை அடுக்கு ராக்கெட்டைப் பயன்படுத்த முடியும். அதுவரை ஒற்றை ராக்கெட்டால் இது சாத்தியமில்லை.

பல அடுக்கு ராக்கெட்டுகளைப் பயன்படுத்துவதில் பல சாதகங்கள் இருக்கின்றன.

ஒருவர் முதுகில் மணல் மூட்டையைச் சுமந்துகொண்டு மேடான இடத்தை நோக்கி ஓடுவதாக வைத்துக் கொள்வோம். சற்று தூரம் ஓடுவதற்குள் ஓய்ந்து விடுவார். காரணம் முதுகில் சுமை. மேடு வேறு. ஆனால் அந்த மணல் மூட்டையில் ஒரு பெரிய ஓட்டையைப் போட்டுவிட்டு சரிவான பள்ளத்தில் ஓடச் சொல்வோம். சற்று தூரம் போவதற்குள் மணல் மூட்டை பெரிதும் காலியாகிவிடும். பள்ளத்தில் இறங்கி ஓடுவதால் சிரமம் இராது. மூட்டை முற்றிலும் காலியான பிறகு, அவரால் நன்றாகவே ஓட முடியும். பல அடுக்கு ராக்கெட்டுகளைப் பயன்படுத்தும்போது, இதுபோன்ற சாதக நிலை ஏற்படுகிறது.

பல அடுக்கு ராக்கெட்டில் முதல் கட்ட ராக்கெட் சில விநாடிகளில் முற்றிலுமாக எரிந்து தீர்ந்து கழன்றுவிடும்போது, ராக்கெட்டின் எடை பெரிதும் குறைகிறது. சாடர்ன் – 5 ராக்கெட் ஒவ்வொரு விநாடியும் 13,600 கிலோ குறைந்தது. இதிலிருந்து ராக்கெட்டின் மொத்த எடை அளவு, எந்த அளவு வேகத்தில் குறையும் என்பதைப் புரிந்து கொள்ளலாம். முதல்கட்ட ராக்கெட் கழன்று, இரண்டாவது கட்ட ராக்கெட் செயல்பட ஆரம்பிக்கும்

நாசா கண்ட்ரோல் ரூம்

போது, ராக்கெட்டின் வேகம் மேலும் அதிகரிக்கிறது. கடைசி கட்ட ராக்கெட்டின் வேகம் இறுதியில் 29,000 கிலோமீட்டர் வேகத்தைப் பெறுகிறது.

ராக்கெட் தரையிலிருந்து கிளம்பிய சில நிமிடங்களில் சுற்றுப்பாதையை அடைந்துவிடுகிறது. ராக்கெட் உயரே செல்ல நிதானமாகச் சில மணி நேரம் எடுத்துக்கொண்டு, பிறகு குறிப்பிட்ட வேகத்தை எட்டி செயற்கைக்கோளைச் செலுத்தலாமே? ஏன் எடுத்த எடுப்பிலேயே அசுரவேகப் பாய்ச்சலில் உயரே செல்கிறது என்ற ஐயம் ஏற்படலாம்.

நாம் சைக்கிளில் சென்று கொண்டிருக்கிறோம். பெரிய மேடு வருகிறது. மேடு தொடங்குவதற்கு முன்பாகவே சைக்கிளை வேக வேகமாகப் பெடல் செய்கிறோம்.அப்படிச் செய்தால், மேட்டைத் தாண்டி மறுபுறத்தை எளிதில் அடைந்துவிடலாம். அப்படியில்லாமல் மேட்டில் ஏற ஆரம்பித்த பிறகு எவ்வளவுதான் அழுத்தி மிதித்தாலும் சைக்கிள் அநேகமாக நகர மறுக்கும். பூமியின் ஈர்ப்பு சக்தியை இப்படி ஒரு மேட்டுடன் ஒப்பிடலாம். மெதுவாகக் கிளம்பிச் செல்கிற ராக்கெட்டால் உயரே போய்ச் சேர முடியாது. உங்கள் கையை நண்பர் கெட்டியாகப் பிடித்துக்கொண்டிருக்கிறார். வெடுக்கென்று கையை உதறினால் பிடியிலிருந்து விடுபடலாம். அப்படியில்லாமல் மெதுவாகக் கையை விடுவித்துக்கொள்ள முயன்றால், உங்கள் நண்பர் பிடியை மேலும் இறுக்கவில்லை என்றாலும் கையை விடுவித்துக் கொள்வது சிரமம். அதுபோல, பூமியின் ஈர்ப்புப் பிடியிலிருந்து விடுபடுவதற்கு வேகம் தேவை.

பூமியைச் சுற்றி வருமாறு செய்வதற்கு ஒரு செயற்கைக் கோளை குறைந்த பட்சம் மணிக்கு 29,000 கிலோமீட்டர் வேகத்தில் செலுத்துகிறோம். நாம் சந்திரனில் இருப்பதாக வைத்துக் கொள்வோம். ஒரு செயற்கைக் கோளை சந்திரனைச் சுற்றி வரும்படிச் செய்ய இதே வேகத்தில் அதைச் செலுத்த வேண்டியதில்லை. பூமியின் ஈர்ப்பு சக்தியிலிருந்து விடுபட்டு சந்திரனுக்குப் போக மணிக்கு 40,000 கிலோமீட்டர் வேகம் தேவை. சந்திரனின் ஈர்ப்பு சக்தியிலிருந்து விடுபட்டு பூமியை நோக்கி வருவதற்கு இந்த வேகம் தேவையில்லை.

சந்திரனில் உள்ள ஈர்ப்பு சக்தி, பூமியின் ஈர்ப்பு சக்தியில் ஆறில் ஒரு பங்கு அளவுக்குத்தான் இருக்கிறது. எனவே சந்திரனை ஒரு செயற்கைக் கோள் சுற்றும்படிச் செய்யவோ, சந்திரனின் ஈர்ப்புப் பிடியிலிருந்து விடுபடவோ குறைவான வேகம் இருந்தால் போதும். நாம் வியாழனுக்குப் போக முடியு மானால், அங்கு இறங்கவும் முடியுமானால் அங்கிருந்து கிளம்புவதற்கு மிகச் சக்தி வாய்ந்த பிரும்மாண்டமான ராக்கெட் தேவைப்படும். வியாழனின் ஈர்ப்பு சக்தி பூமியின் ஈர்ப்பு சக்தியைவிட அதிகம்.

சூரிய மண்டலத்தில் உள்ள புதன், வெள்ளி, செவ்வாய், வியாழன், சனி முதலான கோள்கள் ஒவ்வொன்றும் வெவ்வேறான சுற்றுப்பாதை வேகமும், விடுபடும் வேகமும் கொண்டவை.

மறுபடியும் பூமிக்கே வருவோம். 90 கிலோகிராம் எடை கொண்ட செயற்கைக் கோளை நாம் செலுத்த வேண்டியிருக்கிறது. பிறகு, அடுத்து 4 டன் எடை கொண்ட ஒரு விண்கப்பலையும் செலுத்த வேண்டியிருக்கிறது. விண் கப்பலின் எடை அதிகம் என்பதால் அதை அதிக வேகத்தில் செலுத்த

வேண்டிய அவசியமில்லை. இரண்டுக்குமே மணிக்கு 29,000 கிலோமீட்டர் வேகம் போதும். 4 டன் விண்கப்பலைச் சுமந்து சென்று செலுத்த, அதிக சக்தி கொண்ட ராக்கெட் தேவையே தவிர, மற்றபடி அதை அதிக வேகத்தில் செலுத்தத் தேவையில்லை. குறிப்பிட்ட உயரத்தில் 90 கிலோ செயற்கைக் கோளையும், 4 டன் விண்கப்பலையும் செலுத்திய பிறகு இரண்டுமே (ஒரே சுற்றுப் பாதையைக் கொண்டதாக இருந்தால்) பூமியை ஒரே வேகத்தில் சுற்றி வந்து கொண்டிருக்கும். இந்த விஷயத்தில், எடை வித்தியாசம் பொருட் படுத்தவேண்டிய அம்சமே இல்லை.

சுமார் 200 கிலோ எடை கொண்ட செயற்கைக் கோளும், 3300 கிலோமீட்டர் குறுக்களவு கொண்ட சந்திரனும் பூமியைச் சுற்றுகின்றன. செயற்கைக் கோள் பல ஆயிரம் மைல் வேகத்தில் சுற்றுகிறது. இதைவிடப் பலநூறு மடங்கு பெரிதான சந்திரன் மெதுவாகத்தான் சுற்றி வருகிறது.

செயற்கைக்கோளை பூமியிலிருந்து எந்த அளவுக்குத் தொலைவில் செலுத்து கிறோமோ அந்த அளவுக்கு அதன் சுற்றுபாதையின் வேகம் குறைவாக இருக்கும்.

பெரும்பாலான ராக்கெட்டுகள், பூமியைச் சுற்றுகிற செயற்கைக் கோளைப் பறக்கவிடுவதற்கு மட்டுமே திறன் படைத்தவை. சக்தி மிக்க அமெரிக்க சாடர்ன்–5 ராக்கெட், டைட்டான் 3–சி ராக்கெட், தோர்–டெல்ட்டா போன்ற வற்றை செயற்கைக் கோள்களைச் செலுத்துவதற்கும் பயன்படுத்தலாம். சந்திரனுக்கு அல்லது பிற கோள்களுக்கு விண்கலகங்களை செலுத்தவும் பயன்படுத்தலாம். உதாரணமாக அமெரிக்க டைட்டான் 3–சி ராக்கெட் மூலம் 11,500 கிலோகிராம் எடை கொண்ட செயற்கைக் கோளைச் செலுத்த முடியும். ஆனால், இந்த ராக்கெட்டைப் பயன்படுத்தி புதனுக்கு ஒரு விண்கலத்தைச் செலுத்தவேண்டுமென்றால், 1,350 கிலோகிராம் எடை கொண்ட விண் கலத்தைத்தான் செலுத்தமுடியும். இந்த இரு வெவ்வேறான பணிகளுக்குத் தேவைப்படும் வேகத்தில் உள்ள வித்தியாசம் காரணமாக, ராக்கெட் சுமந்து செல்லக்கூடிய எடையிலும் வித்தியாசம் ஏற்படுகிறது.

ஒரு செயற்கைக்கோளை பூமியைச் சுற்றும் பாதையில் செலுத்தியபிறகு ராக்கெட்டின் பணி முடிந்துவிடுகிறது. அதற்குப் பிறகு ராக்கெட்டுக்கும் செயற்கைக் கோளுக்கும் சம்பந்தமில்லை. செயற்கைக் கோள் பிறகு இயற்கையின் விதிகளுக்கு உட்பட்டு பூமியைச் சுற்ற ஆரம்பிக்கிறது. இது எப்படி என்பதைப் பின்னர் கவனிப்போம்.

ராக்கெட் என்பது 100 அல்லது 200 அடி உயரம் கொண்டதாக, வானை நோக்கி நிற்கிற ராட்சத வாகனமாகத்தான் இருக்க வேண்டும் என்பதில்லை. ராக்கெட் சில அங்குல நீளம் கொண்டதாகவும் இருக்கலாம். அல்லது நுண்ணிய திறப்பு கொண்டதாகச் சிறிய பானை வடிவிலும் இருக்கலாம். சிறு துப்பாக்கி வடிவில் உள்ள ராக்கெட்டாகவும் இருக்கலாம். ராக்கெட் இயக்கத் தத்து வத்தில் செயல்படுகின்ற எதுவும் ஒரு ராக்கெட்தான்.

செயற்கைக் கோள் அல்லது விண் கப்பல் விண் வெளியில் பறந்து கொண்டிருக்கும்போது, அதன் போக்கை, அல்லது சுற்றுப் பாதையை சிறு அளவுக்கு மாற்றுவதற்காக அவற்றில் சிறு சிறு ராக்கெட்டுகள் வைக்கப் படுகின்றன. இவை உந்திகள் (Thrusters) என்றும் குறிப்பிடப்படுகின்றன. இப்படிப்பட்ட ராக்கெட்டுகள் அல்லது உந்திகளின் திறன் மிகக் குறைவு. எனினும் விண்வெளியில் எடையற்ற நிலையில் ஒரு செயற்கைக் கோளின் பாதையை மாற்றுவதற்கு சிறு அளவிலான சக்தி இருந்தாலும் போதும். இவ்வித சிறு ராக்கெட்டுகளில் பெரிதும் திட எரிபொருள்கள் வைக்கப் படுகின்றன. இந்தச் சிறு ராக்கெட்டுகள் ஒரு சில விநாடிகளே இயக்குவிக்கப்படும்.

5

செயற்கைக் கோள் எப்படிப் பறக்கிறது?

விமானம் நமக்கு மிகவும் பழக்கப்பட்ட வாகனம். ஓரிடத்திலிருந்து புறப்பட்டு வேறு இடத்துக்குப் போய் சேருகிற வரைக்கும் அதற்கு எரிபொருள் (ஏவியேஷன் பெட்ரோல்) தேவை.

தரையிலிருந்து கிளம்பி வானில் குறிப்பிட்ட உயரத்தை அடைந்துவிட்டபிறகு, மேற்கொண்டு பறந்துகொண்டே இருக்க, விமானத்துக்கு எரிபொருளே தேவையில்லை என்றால் எவ்வளவு நன்றாக இருக்கும்?

சொல்லப்போனால், செயற்கைக் கோள் அப்படித் தான் பறக்கிறது. செயற்கைக்கோளை எடுத்துக் கொண்டுபோய், அதனது பாதையில் கொண்டு போய்ச் சேர்த்து, அதற்கு ஒரு குறிப்பிட்ட வேகத்தைப் பக்கவாட்டில் கொடுத்துவிட்டால் போதும். அதற்குப்பிறகு அந்தச் செயற்கைக் கோள் பூமியைச் சுற்றிச் சுற்றி வந்து கொண்டிருக்க, அதற்கு எவ்வித எரிபொருளும் தேவையில்லை.

பூமியைத் தொடர்ந்து பல நாள்கள், பல மாதங்கள், ஏன், பல ஆண்டுகள் சுற்றி வந்து கொண்டிருக்கும் செயற்கைக் கோளில், எஞ்சின் எதுவும் வைக்கப்படுவது கிடையாது. எஞ்சினும் தேவையில்லை. எரிபொருளும் தேவையில்லை. ஒரு ராக்கெட்டில் உங்கள் வீட்டு நாற்காலியை, மேஜையை அல்லது வெந்நீர்

அண்டாவை வைத்து விண்வெளிப் பாதையில் செலுத்தினால் அப்பொழுது அதுவுமே ஒரு செயற்கைக் கோளாகி, பூமியைத் தொடர்ந்து சுற்றிக் கொண்டிருக்கும். இது எப்படிச் சாத்தியம் என்று கேட்கத் தோன்றும்.

சந்திரனை எடுத்துக்கொள்ளுங்கள். அது, நமது பூமியைப் பல கோடி ஆண்டுகளாகச் சுற்றிக் கொண்டிருக்கிறது. சந்திரனில் எஞ்சின் இருக்கிறதா? அல்லது எரிபொருள் எதையும் சந்திரன் பயன்படுத்துகிறதா? இல்லை.

பூமியை எடுத்துக் கொள்ளுங்கள். அதுவும், சூரியனைப் பல கோடி ஆண்டுகளாகச் சுற்றி வந்து கொண்டிருக்கிறது. சூரியனை பூமி ஒருமுறை சுற்றி வர ஆகும் தூரம் சுமார் 94 கோடி கிலோமீட்டர். பூமி என்னும் வாகனம், கோடானு கோடி மக்களை சுமந்து கொண்டு சூரியனை, அதுவும் மணிக்கு சராசரியாகச் சுமார் ஒரு லட்சம் கிலோமீட்டர் வேகத்தில் பல கோடி ஆண்டுகளாகச் சுற்றி வந்து கொண்டிருக்கிறது. அப்படிச் சுற்றி வரும்படிச் செய்ய பூமியில் எந்த எஞ்சின் இருக்கிறது? பூமி தனது பயணத்துக்கு மர்மமான எரிபொருள் எதையாவது பயன்படுத்துகிறதா? இல்லை.

சூரியனைச் சுற்றி வர பூமிக்கோ, புதன், வெள்ளி, செவ்வாய் போன்ற இதர கோள்களுக்கோ எவ்வித எஞ்சினும், எரிபொருளும் தேவையில்லையோ அதேபோல, மனிதன் விண்வெளியில் ஏவும் செயற்கைக் கோளுக்கும் பூமியைச் சுற்றிவர எரிபொருளும் எஞ்சினும் தேவையில்லை.

எந்த இயற்கை விதியின் கீழ் பூமியைச் சந்திரன் சுற்றுகிறதோ, சூரியனை பூமியும் மற்ற கோள்களும் சுற்றுகின்றனவோ அதே இயற்கை விதியின் கீழ்தான், செயற்கைக் கோள்களும் பூமியைச் சுற்றி வருகின்றன. இந்த விஷயத்தில் பூமி, வெள்ளி, செவ்வாய், வியாழன் முதலான கோள்களைப் போலவே மனிதன் விண்வெளியில் செலுத்தும் கலங்களும் செயல்படுவதன் காரணமாகவே இக்கலங்களை செயற்கைக் கோள்கள் (Artificial Satellites) என்று குறிப்பிடுகிறோம்.

ஒரு மைதானத்தில் நின்றுகொண்டு தரைக்கு இணையாக, கிடைமட்டமாக ஒரு கல்லை வீசி எறியுங்கள். அந்தக் கல் பறந்து சென்று பல அடி தூரத்துக்கு அப்பால் கீழே விழுகிறது. அதாவது அந்தக் கல், பக்கவாட்டில் செல்வதைப் போலவே கீழ்நோக்கியும் செல்கிறது. ஒரு கட்டத்தில் தரையில் மோதிவிடு கிறது. உயரச் சென்ற கல் ஏன் கீழே விழுகிறது? இதற்கு, பூமியின் ஈர்ப்பு சக்தியே காரணம். பூமியின் ஈர்ப்பு சக்தி நாம் அறிந்த விஷயம். அந்தக் கல்லை இன்னும் வேகமாக வீசினால், முன்பைவிட அதிக தூரம் சென்றபிறகு கீழே விழுகிறது.

கல்லின் வேகத்தை அதிகரிப்பதைப்போல, வீசும் உயரத்தை அதிகரிக்க, அதிகரிக்க, கல் தரையில் விழும் தூரமும் அதிகரிக்கிறது. கல் செல்லும் பாதையை பரவளையம் - பராபோலா (Parabola) என்கிறோம். கல் செல்லும் தூரத்தை மற்றுமொரு விஷயமும் பாதிக்கும். அதுதான் காற்றின் அழுத்தம் கொடுக்கும் உராய்வு எதிர்விசை. ஆனால் இதைப்பற்றி இப்போதைக்குக்

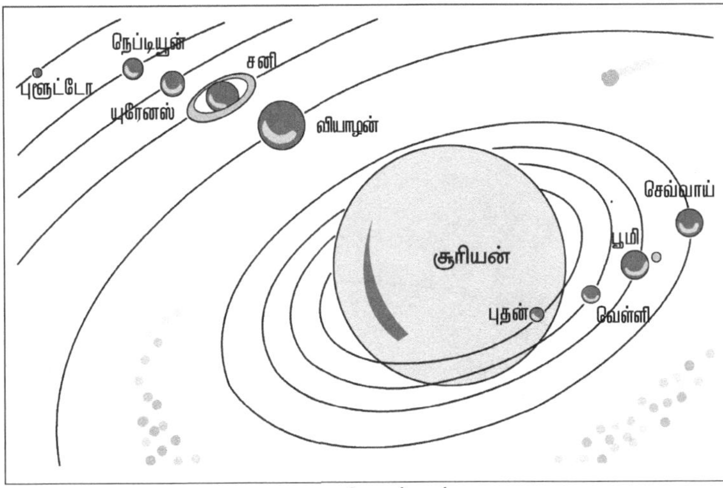

சூரிய மண்டலம்

கவலைப்பட வேண்டாம். உயரம் அதிகமாக அதிகமாகக் காற்றின் அழுத்தம் குறைந்து அதன் பாதிப்பு முற்றிலுமாகக் காணாமல் போய்விடும்.

மீண்டும் கல் எறிதலுக்கு வருவோம். கல் எறியும் உயரத்தைக் கொஞ்சம் கொஞ்சமாக அதிகரித்துக்கொண்டே வருவோம். அத்துடன் கல்லைப் பக்கவாட்டில் எறியும் வேகத்தையும் கொஞ்சம் கொஞ்சமாக அதிகரித்துக் கொண்டே போவோம். ஒவ்வொரு முறையும் கல் பூமியைச் சுற்றிச் சுற்றி வந்து இறுதியில் பூமியின் மேல் விழும். ஆனால் ஒரு குறிப்பிட்ட உயரம் சென்றதும், ஒரு குறிப்பிட்ட வேகத்தை அடைந்ததும் கல் திடீரென பூமியைச் சுற்றிச் சுற்றி வர ஆரம்பிக்கும். பூமியின் எடை, பூமியின் ஈர்ப்பு விசை, சில அறிவியல் விதிகள் ஆகியவற்றைக் கொண்டு, ஒவ்வோர் உயரத்துக்கும் இந்தப் பக்கவாட்டு விசை எவ்வளவாக இருக்கவேண்டும் என்பதைத் துல்லியமாகக் கணிக்கலாம்.

சுமார் 160 கிலோமீட்டர் உயரத்துக்குச் சென்று ஒரு கல்லை மணிக்கு சுமார் 29 ஆயிரம் கிலோமீட்டர் வேகத்தில் பக்கவாட்டில் வீசினால் போதும். அந்தக் கல் தொடர்ந்து பூமியைச் சுற்றிக் கொண்டிருக்கும். அக்கல் பூமியின் ஈர்ப்பு சக்தியிலிருந்து விடுபட்டு விடவில்லை. ஈர்ப்பு சக்திக்கு உட்பட்டதாகத்தான் இருக்கிறது. பூமியின் ஈர்ப்பு சக்தியால் கவரப்பட்டு, அக்கல் பூமியில் விழாததற்குக் காரணம் கல்லின் வேகமாகும்.

160 கிலோமீட்டர் அல்லது அதற்கும் மேலான உயரத்துக்கு செயற்கைக் கோளை கொண்டு செல்வதற்குத்தான் ராக்கெட்டைப் பயன்படுத்துகிறோம். பக்கவாட்டு வேகத்தை வேண்டிய அளவுக்குப் பெற ராக்கெட்டின் திசையைக் கட்டுப்படுத்துவதோடு, செயற்கைக்கோளில் உள்ள மோட்டார்களையும் பயன்படுத்துகிறோம்.

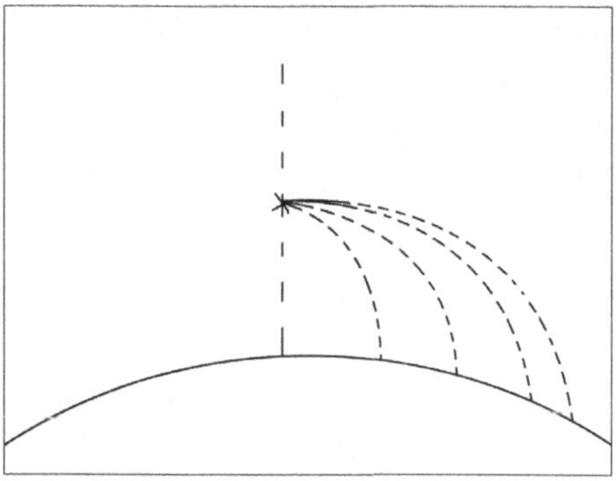

ஒரே இடத்திலிருந்து வெவ்வேறு வேகத்தில் வீசப்படும் கல்

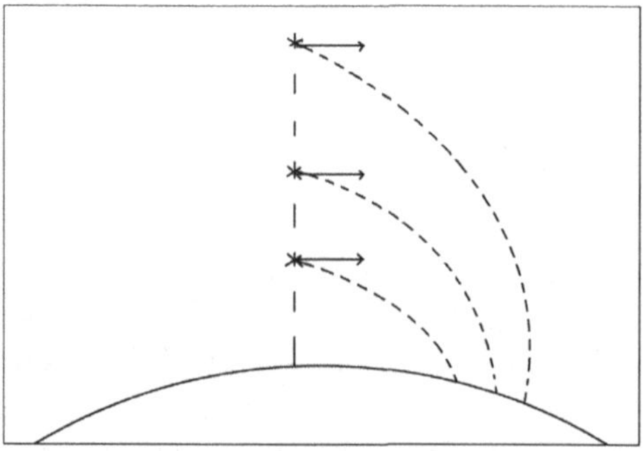

வெவ்வேறு உயரங்களில் இருந்து ஒரே வேகத்தில் வீசப்படும் கல்

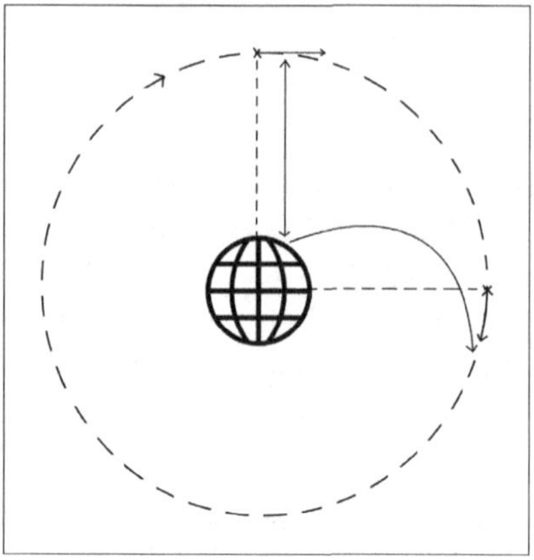

சரியான வேகம், உயரத்திலிருந்து வீசப்படும் கல்
பூமியைச் சுற்றும்

ஒரு செயற்கைக் கோள் பூமியை எப்படியெல்லாம் சுற்றி வரமுடியும்? அது கிழக்கு – மேற்காகச் சுற்றி வரலாம். அல்லது மேற்கு – கிழக்காகச் சுற்றி வரலாம். பொதுவில் பெரும்பாலான செயற்கைக் கோள்கள் கிழக்கு நோக்கிச் செலுத்தப்பட்டு கிழக்கு – மேற்காகச் சுற்றி வருகின்றன. இதற்குக் காரணம் உள்ளது.

பூமி மேற்கிலிருந்து கிழக்காகச் சுற்றுகிறது. (இதன் காரணமாகவே சூரியன் கிழக்கே உதித்து மேற்கே மறைவது போலத் தோன்றுகிறது. சூரியன் பூமியைச் சுற்றவில்லை.) எனவே, கிழக்கு நோக்கிச் செலுத்தினால் செயற்கைக் கோளுக்கு பூமியின் சுழற்சி வேகமும் கிடைக்கிறது.

நீங்கள் வேகமாக சைக்கிளை ஓட்டிச் சென்றபடி மெதுவாகக் குனிந்து ஓர் இரும்புக் குண்டை சைக்கிள் செல்லும் திசையில் உருட்டி விடுங்கள். அது அதிக தூரம் செல்லும். சைக்கிளில் நீங்கள் செல்கிற வேகமும் அந்த இரும்புக் குண்டுக்குக் கிடைக்கிறது. பின்னர் அதே இரும்புக் குண்டை உங்கள் சைக்கிள் செல்லும் திசைக்கு நேர் எதிர்த் திசையில் உருட்டி விடுங்கள். அது அதிக தூரம் செல்லாது.

ஆகவே பூமியின் சுழற்சி வேகமும் சேர்ந்து கிடைத்தால் ஆதாயம் என்று கருதி பெரும்பாலான செயற்கைக் கோள்கள், கிழக்கு – மேற்காகச் சுற்றி வரும்படிப் பறக்கவிடப்படுகின்றன. எனினும் மேற்கு – கிழக்காகச் சுற்றி வரும் வகையிலும் செயற்கைக் கோள்கள் செலுத்தப்படுவது உண்டு.

கிழக்கு நோக்கிப் பறக்கவிடும்போது, நேர் கிழக்காகத்தான் இருக்க வேண்டும் என்பதில்லை. வட கிழக்குத் திசையை அல்லது தென்கிழக்குத் திசையை நோக்கியும் பறக்க விடலாம். தவிர வடதென் துருவங்களுக்கு மேலாக பூமியை வடக்கு – தெற்காகச் சுற்றி வரும் வகையிலும் பறக்க விட முடியும்.

பூமியைச் சுற்றுகிற செயற்கைக் கோள்கள், எப்போதும் பூமியிலிருந்து ஒரே உயரத்தில் அமைந்தபடி வட்ட வடிவப்பாதையில் வருவதாகக் கூற முடியாது. பெரும்பாலான செயற்கைக் கோள்கள், பூமியை நீள் வட்டப் பாதையில் சுற்றுகின்றன. பூமியிலிருந்து எப்போதும் ஒரே உயரத்தில் இருந்தபடி, அதாவது வட்ட வடிவப் பாதையில், பூமியைச் சுற்றுகிற செயற்கைக் கோள்களின் எண்ணிக்கை மிகவும் குறைவு.

நீள்வட்டமாகச் சுற்றுகிற ஒரு செயற்கைக்கோளின் சுற்றுப்பாதை, கோழி முட்டை வடிவில் இருக்கும். இந்தியாவிலிருந்து செலுத்தப்படுகிற ஒரு செயற்கைக் கோள், பூமியை நீள்வட்டப் பாதையில் சுற்றுவதாக வைத்துக் கொள்வோம். அது தனது சுற்றுப்பாதையில் இந்தியாவுக்கு மேலாக வரும் போது, பூமியிலிருந்து 280 கிலோமீட்டர் உயரத்தில் இருப்பதாக வைத்துக் கொள்வோம். அது பூமியின் மறு பக்கத்துக்குச் செல்லும்போது, பூமியிலிருந்து 490 கிலோமீட்டர் உயரத்தில் இருப்பதாகவும் வைத்துக் கொள்வோம். இந்தச் சுற்றுப் பாதையின்,அதாவது இந்த நீள்வட்டத்தின் ஒரு முனை, 280 கிலோமீட்டர் உயரத்தில் அமைந்துள்ளது. பூமிக்கு அருகில் உள்ள

முனை, அண்மை நிலை (Perigee) என்றும், தொலைவில் உள்ள முனை, தொலைவு நிலை (Apogee) என்றும் குறிப்பிடப்படுகிறது.

ரஷ்யா முதன் முதலில் பறக்கவிட்ட ஸ்புட்னிக்-1 (Sputnik) செயற்கைக் கோள் நீள்வட்டப் பாதையில் பூமியைச் சுற்றியது. அதன் அண்மை நிலை 230 கிலோமீட்டர். தொலைவு நிலை 890 கிலோமீட்டர். இத்துடன் ஒப்பிட்டால் அமெரிக்கா செலுத்திய எக்ஸ்புளோரர்-12 (Explorer – 12) செயற்கைக் கோளின் அண்மைநிலை 265 கிலோமீட்டர். தொலைவு நிலை 76,600 கிலோமீட்டர்.

அண்மை நிலை குறைவாகவும், தொலைவு நிலை மிக அதிகமாகவும் இருக்கும்படிச் செலுத்துவதில் ஒரு சாதகம் இருக்கிறது.

நீங்கள் ஒரு கல்லை எடுத்து உங்கள் தலைக்கு மேலே கிட்டத்தட்ட செங்குத்தாகச் செல்லும் வகையில் உயரே வீசுங்கள். மேலே சென்றபிறகு அந்தக்கல் கீழ் நோக்கி இறங்கும். இறங்குகிற கல் உங்கள் காலடிக்கு அருகில் வந்ததும் மறுபடி உயரே கிளம்பி பழைய உயரத்துக்குச் செல்வதாகக் கற்பனை செய்து கொள்ளுங்கள். அந்தக் கல் இப்படியே மேலும் கீழுமாகச் சுற்றி வந்து கொண்டிருந்தால், அது உங்கள் தலைக்கு மேலே அதிக நேரம் இருக்கும். உங்கள் கால் பகுதிக்கு அருகில் குறைவான நேரம்தான் இருக்கும்.

இப்படி மிக நீள்வட்டப் பாதையைக் கொண்ட செயற்கைக் கோள் ஒன்று, பூமியின் ஒருபுறத்தில் மிக அதிக நேரமும், மறுபுறத்தில் குறைவான நேரமும் இருக்கும். பூமியின் எந்தப் பக்கத்தில் அதிக நேரம் அந்த செயற்கைக் கோள் இருக்கிறதோ, அந்தப் பகுதியில் உள்ள தொடர்பு மையம் வழியாக, செயற்கைக் கோளுடன் அதிக நேரம் தொடர்பு கொள்ளலாம்.

ஒரு செயற்கைக்கோளை, எப்போதும் பூமத்திய ரேகைக்கு மேலே இருந்தபடி சுற்றும் வகையிலும் பறக்கவிட முடியும். பூமத்திய ரேகை என்பது பூமியைச் சுற்றி அதன் நடு வயிற்றில் உள்ளதாக நாம் கற்பனை செய்துகொண்டுள்ள ஒரு கோடு. இதற்கு வடக்கிலும் தெற்கிலும் பூமத்திய ரேகைக்கு இணையாக அட்சரேகைகள் (Latitudes) உள்ளன. இவையும் கற்பனைக் கோடுகளே.

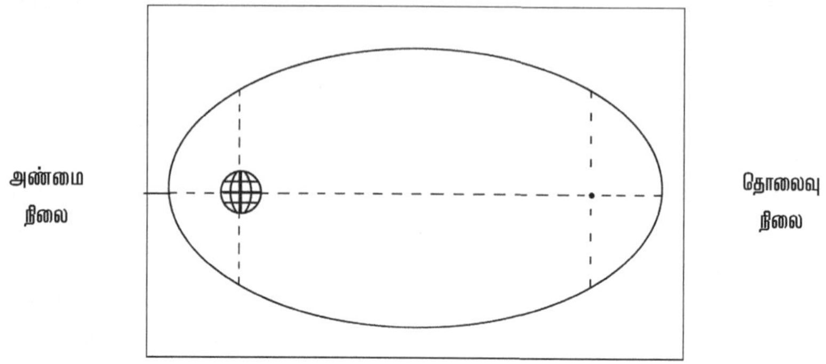

ஒரு செயற்கைக் கோளை, உதாரணமாக 30 டிகிரி வடக்கு அட்சரேகைக்கு மேலே எப்போதும் அமைந்தபடி பூமியைச் சுற்றி வரும் வகையில் செலுத்த முடியாது. ஒரு செயற்கைக் கோளை அப்படிச் செலுத்த முயன்றால், அது முழுதாக ஒரு சுற்றுக்கூட சுற்றாமல் தரைமீது விழுந்துவிடும்.

ஒரு செயற்கைக் கோளின் சுற்றுப்பாதை வட்ட வடிவமாக இருந்தால், அதன் விட்டம் பூமியின் மையம் வழியாக ஊடுருவிச் செல்வது போல இருக்க வேண்டும். சுற்றுப்பாதை நீள்வட்டமாக இருந்தால் அதன் இரு முனை களையும் இணைக்கிற கோடு பூமியின் மையம் வழியாக ஊடுருவிச் செல்வதாக இருக்க வேண்டும். அப்படி இல்லாவிட்டால் அந்தச் செயற்கைக் கோள் பூமியைச் சுற்றாமல் கீழே விழுந்துவிடும்.

நீள்வட்டப் பாதையில் செல்லும் ஒரு செயற்கைக்கோள் பூமியைச் சுற்றும் போது, ஒரே வேகத்தில் பறந்து செல்லமுடியாது. அது 240 கிலோமீட்டர் அண்மை நிலையையும், 3200 கிலோமீட்டர் தொலைவு நிலையையும் கொண்ட நீள் வட்டப் பாதையில் பூமியைச் சுற்றி வருவதாக வைத்துக் கொள்வோம். அது பூமிக்கு அருகில் 240 கிலோமீட்டரில் வந்து விட்டு விலகி தொலைவு நிலையை நோக்கிச் செல்லும்போது அதன் வேகம் குறையும். 3200 கிலோமீட்டர் தூரத்தில் இருக்கும்போது அதன் வேகம் மிகவும் குறைவாக இருக்கும். பிறகு பூமியை நெருங்க நெருங்க அதன் வேகம் அதிகரிக்கும். பிறகு தனது பாதையில் மறுமுனைக்குச் சென்று விட்டுத் திரும்பி அண்மை நிலைக்கு வரும்போது அதாவது 240 கிலோமீட்டர்தூரத்தில் இருக்கும்போது அதன் வேகம் மிக அதிகமாக இருக்கும்.

ஓடிப்பிடித்து விளையாடும்போது பிடிப்பவர் தூரத்தில் இருக்கும்போது ஆட்டக்காரர்கள் மெதுவாக ஓடிக்கொண்டிருப்பார்கள். பிடிப்பவர் மிக அருகில் வந்துவிட்டால் ஆட்டக்காரர்கள் வேகமாக ஓடித் தப்பிக்க முயற்சி செய்வார்கள். அதுபோல செயற்கைக்கோள் பூமிக்கு அருகில் வரும்போது பூமியின் பிடியில் சிக்கிவிடாமல் இருக்க வேகமாகச் செல்கிறது என்று சொல்லலாம்.

சூரியனைச் சுற்றிவரும் பூமிகூட சூரியனை ஒரே வேகத்தில் சுற்றுவதில்லை. குறிப்பிட்ட சமயங்களில் பூமி சூரியனுக்கு அருகில் செல்கிறது. அப்போது பூமியின் வேகம் அதிகரிக்கிறது. செயற்கைக் கோளும் இயற்கையான இந்த நியதியைத்தான் பின்பற்றுகிறது.

தவிர, பூமியைச் சுற்றுகிற எல்லாச் செயற்கைக் கோள்களும் பூமியை ஒரே வேகத்தில் சுற்றுவதாகக் கூறமுடியாது.

பூமியிலிருந்து எப்போதும் சுமார் 1,000 கிலோமீட்டர் உயரத்தில் அமைந்த படி வட்டவடிவப் பாதையில் சுற்றி வருகிற செயற்கைக்கோளின் வேகம் மணிக்கு சுமார் 26,489 கிலோமீட்டர்களாக இருக்கும். சுமார் 5,000 கிலோ மீட்டர் உயரத்தில் அமைந்தபடி வட்டவடிவப் பாதையில் சுற்றி வருகிற

செயற்கைக் கோள் மணிக்கு சுமார் 21,327 கிலோமீட்டர் வேகத்தில் செல்வதாக இருக்கும். சுமார் 25,000 கிலோமீட்டர் தூரத்தில் அமைந்தபடி பூமியை வட்ட வடிவப் பாதையில் சுற்றுகிற செயற்கைக் கோள் மணிக்கு சுமார் 12,840 கிலோமீட்டர் வேகத்தில் செல்வதாக இருக்கும்.

சந்திரன் பூமியிலிருந்து சராசரியாக 3 லட்சத்து 80 ஆயிரம் கிலோமீட்டர் தூரத்தில் உள்ளது. அது தனது சுற்றுப்பாதையில் சராசரியாக மணிக்கு 3,500 கிலோமீட்டர் வேகத்தில் பூமியைச் சுற்றி வருகிறது.

பூமியிலிருந்து ஒரு செயற்கைக்கோள் எந்த அளவுக்குத் தொலைவில் இருக்கிறதோ அந்த அளவுக்கு அதன் சுற்றுப்பாதையின் வேகம் (Orbital Velocity) குறைவாக இருக்கிறது.

பூமிக்கு மேலும் மேலும் அப்பால் செல்லச் செல்ல பூமியின் ஈர்ப்பு சக்தி குறைகிறது. பூமியின் மேற்பரப்பில் உள்ள ஈர்ப்பு சக்தியின் அளவை ஒரு மடங்கு என்று வைத்துக் கொண்டால், பூமியின் ஆரத்தைப் (Radius) போல, இரண்டு மடங்கு தூரத்தில் ஈர்ப்பு சக்தி கால் பங்காகக் குறைந்துவிடும். (பூமியின் ஆரம் சுமார் 6,370 கிலோமீட்டர்.) பூமியின் ஆரத்தைப் போல மூன்று மடங்கு தூரத்தில் ஈர்ப்பு சக்தியானது ஒன்பதில் ஒரு பங்காகக் குறைந்துவிடும்.

பூமியிலிருந்து குறைவான தூரத்தில், ஈர்ப்பு சக்தி அதிகமாக இருப்பதால் செயற்கைக்கோள் ஈர்ப்புசக்தியின் பிடியில் சிக்காமல் இருக்க வேகமாக ஓடுகிறது. பூமியிலிருந்து தொலைவில் சென்றால் ஈர்ப்பு சக்தி குறைவு என்பதால் தொலைவில் அமைந்த செயற்கைக் கோள் பூமியால் பிடித்துக் கொள்ள முடியாது என்ற தைரியத்தில் மெதுவாக ஓடுகிறது.

மொத்தத்தில், செயற்கைக்கோளின் கட்டுமானத்தில் உள்ள எதுவும் அதன் வேகத்தை நிர்ணயிப்பதில்லை. செயற்கைக் கோளின் சுற்றுப் பாதையின் உயரம்தான் (அண்மை நிலை, தொலைவு நிலை - இரண்டும் சேர்ந்து) அதன் வேகத்தைத் தீர்மானிக்கிறது.

பூமிக்குமேல் ஒரு குறிப்பிட்ட இடத்தில் ஒரு செயற்கைக் கோளை அப்படியே நிலையாக இருக்குமாறு செய்யமுடியுமா? முடியும்.

இது எப்படி சாத்தியம் என்பதை இப்போது கவனிப்போம். தரையில் ஒரு பெரிய வட்டம் போடுங்கள். அதன் நட்ட நடுவில் நீங்கள் கிழக்கு முகமாகப் பார்த்து நின்று கொள்ளுங்கள். உங்கள் நண்பர் ஒருவர் வட்டத்தின் கோட்டின்மீது உங்கள் முகத்தைப் பார்த்தபடி மேற்கைப் பார்த்து நிற்கிறார். இப்போது உங்களை நீங்களே மிக மெதுவாகச் சுற்றுங்கள். உங்கள் நண்பரை எப்போதும் உங்களுக்கு நேர்முகமாக இருக்கும்படி கோட்டின் மீது பக்க வாட்டில் நகர்ந்து வரச் சொல்லுங்கள். நீங்கள் இருவரும் எவ்வளவு முறை சுற்றி வந்தாலும் சரி, ஒருவர் முகத்தை ஒருவர் பார்த்தபடி எதிரும் புதிருமாகவே இருப்பீர்கள். உங்கள் நண்பர் தொடர்ந்து நகர்ந்து கொண்டிருக்கிறார். ஆனாலும் எப்போதும் உங்களுக்கு நேராக இருந்து வருகிறார்.

நீங்கள் உங்களை ஒருமுறை சுற்றிக் கொள்வதற்கும், கோட்டின் மீது நகர்ந்தபடி உங்கள் நண்பர் உங்களை ஒருமுறை சுற்றி வருவதற்கும் ஒரே நேரம் தான் ஆகும்.

இணைந்து சுற்றும் செயற்கைக் கோள், பூமியை இப்படித்தான் சுற்றி வருகிறது. பூமி, தனது அச்சில் தன்னைத் தானே ஒரு முறை சுற்றிவர 24 மணிநேரம் - மிகச்சரியாகச் சொல்ல வேண்டுமென்றால், 23 மணி 56 நிமிஷம் 4.09 விநாடி - ஆகிறது. ஒரு செயற்கைக் கோளை பூமத்திய ரேகைக்கு மேலாக விண்வெளியில் வட்ட வடிவப் பாதையில் பூமியைச் சுற்றி வரும்படி செலுத்தலாம். அச்செயற்கைக் கோள் பூமியை ஒரு தடவை சுற்றிவர மிகச் சரியாக 23 மணி 56 நிமிஷம் 4.09 விநாடி மட்டுமே எடுத்துக்கொள்ளும் படியும் செய்யமுடியும். அப்படிப்பட்ட நிலையில் பூமி சுழல, அதற்கு இணையாக, அந்த செயற்கைக் கோளும் பூமியைச் சுற்றிவரும்.

இந்தியாவில் உள்ள ஒருவரால் இந்தச் செயற்கைக்கோளை வெறுங் கண்ணால் பார்க்க முடிவதாக வைத்துக் கொள்வோம். ஒரு நாள் இரவில் அவர் அதை வானத்தில் குறிப்பிட்ட இடத்தில் பார்க்கிறார். மறுநாள் இரவிலும் அதே இடத்தில் அது தெரியும். பகலிலும் பார்க்க முடிவதாக வைத்துக் கொண்டால், பகலிலும் வானில் அதே இடத்தில் தெரியும். அவரைப் பொறுத்தவரை அந்த செயற்கைக் கோள் வானில் கிட்டத்தட்ட ஒரே இடத்தில் நிலையாக இருக்கிறது. அது பூமியைச் சுற்றாமல், நிலையாக ஒரே இடத்தில் நிற்பதாக எண்ணிவிடக் கூடாது. உண்மையில் அது பூமியைச் சுற்றிக் கொண்டுதான் இருக்கிறது. அதே நேரத்தில் பூமியின் மேற்பரப்பில் நிற்கும் ஒருவருக்கு அது நிலையாக இருப்பதுபோன்ற ஒரு தோற்றத்தை அளிக்கிறது.

இத்தகைய செயற்கைக் கோளுக்கு இணை சுற்று செயற்கைக் கோள் (Geo-Stationary Satellite) என்று பெயர். இதன் சுற்றுப்பாதைக்கு ஜியோஸ் டேஷனரி பாதை என்று பெயர். இந்த உயரம் எவ்வளவு தெரியுமா? பூமியின் மேல்பரப்பிலிருந்து 35,786 கிலோமீட்டர்.

பொதுவாக நாம் அனுப்பும் செயற்கைக் கோள்கள் எல்லாம் இந்த உயரத்துக்குக் கீழாகவே இருக்கும். சில செயற்கைக்கோள்கள் மட்டுமே இந்த உயரத்தை அடையும். இந்த உயரத்துக்குமேல் யாரும் செயற்கைக் கோள்களை அனுப்புவதில்லை. பிற கோள்களுக்கு அல்லது சந்திரனுக்கு ஏதாவது விண்கலங்களை அனுப்பவேண்டும் என்றால்தான் இந்த உயரத்தைத் தாண்டவேண்டிய அவசியம் ஏற்படுகிறது.

ஒரு செயற்கைக் கோள், ராக்கெட் மூலம் செலுத்தப்பட்டபிறகு குறிப்பிட்ட சுற்றுப்பாதையில் சுற்றிவர ஆரம்பிக்கிறது. அதற்குப்பிறகு செயற்கைக்கோள் ஒன்று தானாகத் தனது சுற்றுப் பாதையை மாற்றிக்கொள்ள முடியாது.

எனினும் ஒரு செயற்கைக்கோளின் சுற்றுப்பாதையை வெளியிலிருந்தபடி நம்மால் மாற்ற முடியும். செயற்கைக் கோள் ஒன்று பூமியைத் தொடர்ந்து சுற்றி வரும்படிச் செய்ய அதில் எஞ்சின் எதுவும் இல்லை என்றும், எஞ்சினை

இயக்க பெட்ரோல், டீசல் போன்ற எரிபொருள் எதுவும் இல்லை என்றும் ஆரம்பத்தில் குறிப்பிட்டோம். அதற்கு இப்போது சிறு திருத்தம் தேவை.

அதாவது செயற்கைக்கோளின் சுற்றுப்பாதையைக் குறிப்பிட்ட வகையில் மாற்றுவதற்கு அநேக சமயங்களில் அதில் சிறிய ராக்கெட் வைக்கப்படுகிறது. இதனை இயக்க எரிபொருள் அதிகம் தேவையில்லை.சில கிலோகிராம் அளவு இருந்தாலே போதுமானது.

விண்வெளியில் காற்றின் அடர்த்தி மிக மிகக் குறைவு என்பதாலும், பூமியின் ஈர்ப்பு சக்தியும் மிகக் குறைவு என்பதாலும் செயற்கைக் கோளின் சுற்றுப் பாதையை மாற்றுவதற்குச் சிறிதளவு உந்துவிசை இருந்தாலே போதுமானது. எனவே, எஞ்சினை சில விநாடிகள் எரிய விடுவதன் மூலம் செயற்கைக் கோளின்வேகத்தை அதிகரிக்கலாம் அல்லது குறைக்கலாம். ராக்கெட் எஞ்சினில் எரிபொருள் எரிந்து வெளியே பீச்சப்படுகிறது. செயற்கைக்கோள் எந்தத் திசையை நோக்கிப் பறந்து கொண்டிருக்கிறதோ அந்தத் திசைக்கு நேர் எதிர்திசையில் ராக்கெட் பீச்சிடும்படி செய்தால், செயற்கைக்கோள் வேகம் பெறுகிறது. இதுவே செயற்கைக்கோள் செல்லும் திசையில் பீச்சிட்டால், செயற்கைக்கோளின் வேகம் குறையும்.

செயற்கைக் கோளால், விமானம்போல செங்குத்தாகத் தனது உயரத்தை அதிகரித்துக் கொள்ள முடியாது.

இந்தியாவுக்கு மேலாகப் பறந்து செல்லும் ஒரு விமானம், தனது உயரத்தை அதிகரித்துக் கொள்ள விரும்பினால் சில நூறு கிலோமீட்டர் தூரத்தைக் கடப்பதற்குள் அதைச் சாதிக்க முடியும், செயற்கைக்கோள் விஷயத்தில் இந்த விஷயம் சிக்கலானது. இந்தியாவுக்கு மேல் பறக்கிற செயற்கைக்கோளின் உயரத்தை அதிகரிக்க ராக்கெட் எஞ்சினை இயக்கினால் அது உலகின் மறுபுறத்துக்குச் சென்று, பிறகுதான் உயரத்தை அதிகரிக்கும். மறு புறத்தில் மறுபடி ராக்கெட் எஞ்சினை இயக்கினால்தான் அடுத்த சுற்றில் இந்தியா மீது மறுபடி பறக்கும்போது உயரம் அதிகரிக்கும்.

சரியாகச் சொல்வதென்றால், செயற்கைக்கோள் பூமிக்கு அருகாமை நிலையில் இருக்கும்போது முதல் தடவையாக ராக்கெட் எஞ்சினை சில விநாடிகளுக்கு இயக்குவார்கள். அது வேகம் பெறும். தனது சுற்றுப்பாதையில் அது பழைய தொலைவு நிலைக்குச் செல்லாமல் புதிய தொலைவு நிலைக்குச் செல்லும். பழைய தொலைவு நிலையோடு ஒப்பிடும்போது, புதிய தொலைவு நிலை பூமியிலிருந்து அதிக தூரத்தில் அமையும். அந்தக்கட்டத்தை எட்டியதும் இரண்டாவது முறை ராக்கெட் எஞ்சினை மறுபடியும் சில விநாடிகளுக்கு இயக்குவார்கள். அது வேகம் பெற்று பழைய அருகாமை நிலையை அடையாமல் புதிய அருகாமை நிலையைப் பெறும். புதிய அருகாமை நிலை, ஒப்பு நோக்குகையில் பழைய அருகாமை நிலையைவிட அதிக உயரத்தில் அமையும்.

இப்படி, செயற்கைக்கோளின் சுற்றுப்பாதை உயரத்தை அதிகரிக்கலாம். புதிய சுற்றுப்பாதையில் செயற்கைக்கோள் இயல்பாகச் சுற்றி வரும்போது அதன்

சுற்றுவேகம் முந்தைய சுற்றுப்பாதையில் இருந்த வேகத்தைக் காட்டிலும் குறைந்துவிடும். இதே பாணியில் வேகத்தைக் குறைப்பதன் மூலம் செயற்கைக் கோளின் சுற்றுப் பாதையை உயரம் குறைந்ததாகவும் ஆக்கமுடியும்.

ஒரு செயற்கைக் கோளில் ராக்கெட்டை இயக்க எஞ்சின் தவிர, செயற்கைக் கோளை நிலைப்படுத்தி வைக்கவும், அது குறிப்பிட்ட கோணத்தில் அமைந்திருக்கும்படி செய்யவும் வெர்னியர் ராக்கெட் மோட்டார்கள் (Vernier Rocket Motors) பொருத்தப்படுகின்றன.

ஆளற்ற செயற்கைக்கோள்களாக இருந்தால் விண்வெளிக் கேந்திரத்திலிருந்து தகுந்த சிக்னல் மூலம் கட்டளை அனுப்பி அதன் சுற்றுப் பாதையை மாற்று வதற்கான ராக்கெட் மோட்டார் எஞ்சினைக் குறிப்பிட்ட நேரம் இயக்கி வைக் கிறார்கள்; அல்லது வெர்னியர் ராக்கெட்டுகளை இயக்கி வைக்கிறார்கள்.

ஆள் உள்ள விண்கலங்களில், விண்வெளி வீரர்களே இந்தப்பணிகளைப் புரிகின்றனர்.

விண்வெளியில் இரு செயற்கைக் கோள்களை அல்லது விண்கலங்களை ஒன்றோடு ஒன்று இணைக்க இப்படிப்பட்ட இயக்கங்கள் கையாளப் படுகின்றன. வெவ்வேறான சுற்றுப் பாதைகளில் சுற்றும் இரு செயற்கைக் கோள்கள் ஒன்றோடு ஒன்று இணைவதால் இரண்டின் சுற்றுப்பாதைகளும் பல கட்டங்களில் அடுத்தடுத்து மாற்றப்படுகின்றன. இரண்டும் ஒரே சுற்றுப் பாதைக்கு வந்ததும், ஒவ்வொன்றின் வேகத்தையும் கட்டுப் படுத்துகின்றனர். ஒன்று மற்றொன்றை மெதுவாக நெருங்குகிறது. பிறகு இரண்டும் இணைக் கப்படுகின்றன. விண்வெளியில் செயற்கைக் கோள்களின் இணைப்பு மிகச் சிக்கலானது; அது நேரம் பிடிக்கிற ஒன்று.

செயற்கைக் கோளில் என்னதான் ராக்கெட் இயக்க மோட்டாரும், வெர்னியர் ராக்கெட்டுகளும் இருந்தாலும் செயற்கைக் கோளை அது போகிற திசையிலிருந்து நேர் எதிரான திசையில் சுற்றும்படிச் செய்ய முடியாது. கிழக்கு மேற்காகச் சுற்றுகிற செயற்கைக் கோள் அதேரீதியில் தான் சுற்றிவர வேண்டும். மேற்கு – கிழக்காக மாற்றிச் சுற்றும்படிச் செய்ய முடியாது.

பஸ்ஸும், காரும், ரயிலும் ரிவர்ஸில் செல்ல முடியும். விமானம் ரிவர்ஸில் போகாது. ஆனால் விமானத்தை வலப்புறம் அல்லது இடப்புறம் ஒடித்து, வந்த வழியே திரும்பிப் போகும்படிச் செய்ய முடியும். செயற்கைக் கோள் விஷயத்தில் இந்த எதுவும் சாத்தியமில்லை.

ஒரு செயற்கைக்கோளின் ஆயுள் எவ்வளவு? பொதுவாகச் சொல்ல வேண்டு மென்றால் ஒரு செயற்கைக் கோளின் ஆயுட்காலம் அது ஆரம்பத்தில் பூமியிலிருந்து எவ்வளவு உயரத்தில் சுற்றும்படி செலுத்தப்படுகிறது என்பதைப் பொருத்தது. உதாரணமாக 3000 கிலோமீட்டர் உயரத்தில் இருந்தபடி பூமியை வட்ட வடிவமாகச் சுற்றும்படி செலுத்தப்பட்ட செயற் கைக்கோளின் ஆயுள் பல ஆயிரம் ஆண்டுகளுக்கு நீடிக்கலாம். ஆனால் சுமார்

150 கிலோமீட்டர் உயரத்தில் வட்ட வடிவப் பாதையில் செலுத்தப்படுகிற செயற்கைக்கோளின் ஆயுட்காலம் நாள் கணக்கில் அல்லது மணிக்கணக்கில் தான் இருக்கும்.

எனினும் பெரும்பாலான செயற்கைக்கோள்கள் நீள் வட்டப் பாதையில் தான் செலுத்தப்படுகின்றன. இவற்றின் தொலைவு நிலை பல நூறு கிலோமீட்டர் இருந்தாலும் அண்மை நிலை 150 அல்லது 300 கிலோமீட்டர் அளவில்தான் உள்ளது.

ஏட்டளவில் பார்த்தால் பூமியைச் சுற்றும்படி செலுத்தப்படுகிற ஒரு செயற்கை கோளின் சுற்றுப்பாதை மாறுவதற்கு அவசியமே இல்லை. எனினும் உண்மையில் பார்க்கும்போது, இந்தச் செயற்கைக்கோள்கள் காலப் போக்கில் கொஞ்சம் கொஞ்சமாக பூமியை நோக்கி இறங்க ஆரம்பித்து, இறுதியில் பூமியின் காற்று மண்டலத்தில் பிரவேசித்து, பூமியை நோக்கி வேகமாக இறங்குகின்றன. அப்போது காற்று மண்டல உராய்வு காரணமாக பயங்கர வெப்பத்துக்குள்ளாகி தீப்பற்றி, முற்றிலும் நாசமடைந்து விடுகின்றன.

செயற்கைக் கோள் தனது சுற்றுப் பாதையிலிருந்து ஏன் கொஞ்சம் கொஞ்ச மாகக் கீழ் நோக்கி இறங்குகிறது தெரியுமா? பூமியின் வடிவ அமைப்பு.

பூமி மட்டும் கனக்கச்சிதமான உருண்டையாக அமைந்து, மலைகள், பள்ளத் தாக்குகள் இல்லாமல் வெண்கலச் சொம்பு போல மழுமழு என்று இருந்திருந் தால், செயற்கைக் கோளின் சுற்றுப் பாதையில் மாற்றம் எதுவும் ஏற்படாது. ஆனால், பூமி கனக்கச்சிதமான உருண்டை அல்ல. துருவப்பகுதிகளில் பூமி சற்று அழுந்தினாற்போல இருக்கிறது. அதாவது ஆரஞ்சுப் பழத்தில், அல்லது பறங்கிக்காயில் இரண்டு பக்கங்களும் சற்று அழுந்தியிருக்கும் அல்லவா, அதைப்போல.

அதாவது, பூமியின் மையத்திலிருந்து பூமத்திய ரேகை வரைக்குமான தூரம், பூமியின் மையத்திலிருந்து துருவப் பகுதிகள் இருக்கும் தூரத்தைவிட அதிகமாக இருக்கும். அத்துடன் பூமியின் மையத்திலிருந்து வடதுரு வத்துக்கும், மையத்திலிருந்து தென்துருவத்துக்கும் உள்ள தூரமும் வித்தியா சப்படுகிறது.

தவிர, மலைகளும், கடல்களும் கண்டங்களும் பூமியின் மேற்பரப்புக்கு ஒழுங்கற்ற வடிவமைப்பை அளிக்கின்றன. இவை அனைத்தும் சேர்ந்து விண் வெளியில் பூமியின் ஈர்ப்பு சக்தி ஒரே சீராக இல்லாதபடிச் செய்கின்றன. ஈர்ப்பு சக்தி மாறுபாட்டினால் ஒரு செயற்கைக்கோளின் சுற்றுப்பாதையில் பாதிப்பு ஏற்படுகிறது.

பூமியின் காற்று மண்டலமும் செயற்கைக் கோள்மீது பாதிப்பை உண்டாக்குகிறது. உயரே செல்லச் செல்ல காற்று மண்டல அடர்த்தி குறைந்துகொண்டே போகிறது. என்றாலும்கூட காலப்போக்கில், செயற்கைக் கோளின் வேகம் ஓரளவுக்கு பாதிக்கப்படுகிறது.

சூரிய ஒளியின் சக்தித் துணுக்குகளும் செயற்கைக் கோளின் பாதையில் பாதிப்பை உண்டாக்குகின்றன. சூரிய ஒளியின் வெளிப்பாட்டை ஒளிப் பிரவாகம் எனலாம். செயற்கைக் கோள் தனது சுற்றுப் பாதையில் சூரியன் உள்ள திசையை நோக்கி வரும்போது, இந்த ஒளிப்பிரவாகத்தில் எதிர் நீச்சல் போட வேண்டியிருக்கிறது. அப்போது சூரிய ஒளியின் துணுக்குகள் செயற்கைக் கோளின் மேற்பரப்பின் மீது மோதுகின்றன. சூரிய ஒளிப்பிரவாகம் செயற்கைக் கோளின் வேகத்தில் ஏற்படுத்தக் கூடிய விளைவு அந்த செயற்கைக்கோளின் மேற்பரப்பின் பிரதிபலிப்புத்திறன், செயற்கைக்கோளின் வடிவமைப்பு முதலான பல அம்சங்களைப் பொருத்ததாக இருக்கிறது.

இப்படிச் செயற்கைக்கோளின் வேகத்தைப் பாதிக்கக்கூடிய பல அம்சங்கள் இருக்கின்றன. பூமியை ஒரு செயற்கைக் கோள் நீள் வட்டப் பாதையில் சுற்றும் போது, அது பூமிக்கு அருகில் வருகிற போதெல்லாம் இந்த அம்சங்கள் விளைவை உண்டாக்குகின்றன. செயற்கைக் கோள் தனது சுற்றுப் பாதையின் அருகாமை நிலையில் இப்படி விளைவுக்குள்ளாவதால் அதன் வேகம் குறையும். அடுத்த சுற்றில் அது பழைய தொலைவு நிலை வரை செல்ல முடிவ தில்லை. இப்படியே ஒவ்வொரு சுற்றுக்கும் கொஞ்சம் கொஞ்சமாக பாதை மாறி, இறுதியில் செயற்கைக்கோளின் சுற்றுப்பாதை, கிட்டத்தட்ட வட்ட வடிவப்பாதை ஆகிறது.

இக்கட்டத்தில் சுற்றுப்பாதையின் இரு முனைகளிலும் வேகத்தைக் குறைக்கிற அம்சங்கள் அநேகமாகச் சம அளவில் வினைகளை உண்டாக்கு கின்றன. கடைசியில் செயற்கைக்கோள், மெல்ல மெல்ல பூமியின் காற்று மண்டலத்தை நோக்கி இறங்க ஆரம்பித்து இறுதியில் காற்று மண்டலத்தில் நுழைந்து முற்றிலுமாக எரிந்து அழிந்துவிடுகிறது.

6

விதவிதமான செயற்கைக் கோள்கள்

சூரியக் குடும்பத்தில் மிகப்பெரிய கோள் வியாழன். பூமிக்கு ஒரு துணைக்கோள்தான் உண்டு - ஒரே ஒரு சந்திரன். ஆனால் வியாழனுக்கோ 63 துணைக்கோள்கள் - அதாவது 63 குட்டியும் பெரிசுமான சந்திரன்கள் இருக்கின்றன. அவை வியாழனைச் சுற்றிவருகின்றன. இவையெல்லாம் இயற்கையில் தோன்றியவை. ஆனால் இப்போது பூமி, வியாழனை – ஏன், சொல்லப்போனால் சூரியனையும் - மிஞ்சிவிட்டது. பூமியை இப்போது நூற்றுக்கணக்கான துணைக்கோள்கள் - அதாவது செயற்கைக் கோள்கள் - சுற்றி வருகின்றன.

பூமி தோன்றியதிலிருந்து அநேகமாக சந்திரன் ஒன்றுதான் பூமியைச்சுற்றி வந்துகொண்டிருந்தது. 1957-ல் ரஷ்யா தனது ஸ்புட்னிக் - 1-ஐ (Sputnik–1) விண்வெளியில் செலுத்தியபோது, சந்திரனுக்கு முதல் சகா கிடைத்தது. அதைத் தொடர்ந்து கடந்த பல ஆண்டுகளில் பூமியின் பரிவாரங்களின் எண்ணிக்கை உயர்ந்து கொண்டே வருகிறது. முதல் சில வருடங்களில் ரஷ்யாவும் அமெரிக்காவும் ஆண்டுதோறும் நிறைய செயற்கைக்கோள்களைச் செலுத்தின. தொடர்ந்து ஐரோப்பிய நாடுகள், ஜப்பான், சீனா, இந்தியா போன்ற நாடுகள் செயற்கைக் கோள்களைச் செலுத்த ஆரம்பித்தன. மேலும் பல நாடுகளும் விண்வெளித் திட்டங்களை மேற்கொண்டு வருகின்றன.

எனவே இனிவரும் காலங்களில், பூமியைச் சுற்றுகின்ற செயற்கைக் கோள்களின் எண்ணிக்கை ஆயிரக்கணக்கில் அதிகரிக்கும்.

மனிதன் பறக்கவிடுகிற செயற்கைக்கோள்கள் என்றாவது ஒரு நாள் வானை அடைத்துக்கொண்டு விடுமோ என்று அஞ்சத் தேவையில்லை. விண்வெளியில் செலுத்தப்படுகிற செயற்கைக் கோள்கள் நிரந்தரமாக பூமியைச் சுற்றிக் கொண்டிருப்பதில்லை. குறிப்பிட்ட பணியை முடித்துவிட்டு பயனற்றுச் சுற்றுகிற செயற்கைக்கோள்கள், பணியை முடித்துவிட்டதாகக் கூறப்படுகிற செயற்கைக்கோள்கள் ஆகியவற்றில் பலவும் பல்வேறு காரணங்களால் மெதுவாக பூமியை நோக்கி இறங்க ஆரம்பித்து, இறுதியில் காற்று மண்டலத்தில் பிரவேசிக்கின்றன. அப்போது அவை பூமியை நோக்கி பயங்கர வேகத்தில் இறங்குகின்றன. காற்றின் உராய்வு காரணமாக, அவை மிகுந்த வெப்பத்துக்கு உள்ளாகி, தீப்பற்றி முற்றிலுமாக எரிந்து போய்விடுகின்றன. செயற்கைக் கோள்களுக்கு இப்படியான இயற்கை மரணம் உண்டு.

எதிர்காலத்தில், அப்படி ஒரு வேளை செயற்கைக்கோள்களின் கும்பல் பெருத்துப்போய், விண்வெளியில் போக்குவரத்து பிரச்னை ஏற்படுமானால் பணி முடிந்த செயற்கைக்கோள்களை செயற்கையாகத் தீர்த்துக் கட்ட உலகம் தழுவிய ரீதியில் ஏற்பாடு உருவாகிவிடும். 2007 ஜனவரியில் சீனா இதைச் செய்துகாட்டியது. சீனாவின் ஐ.சி.பி.எம். ஏவுகணை ஒன்று விண்வெளியில் சுமார் 860 கிலோமீட்டர் உயரத்துக்குச் சென்று அங்கிருந்த சீனாவால் ஏவப்பட்டிருந்த, இப்பொழுது உபயோகமில்லாமல் இருக்கும் செயற்கைக் கோள் ஒன்றை அழித்தது. அதற்குமுன்னால், அமெரிக்காவும் ரஷ்யாவும் இதேபோன்ற சோதனைகளில் ஈடுபட்டிருக்கின்றன.

சூரியனைச் சுற்றுகிற புதன், வெள்ளி, பூமி, செவ்வாய், வியாழன், சனி போன்றவற்றை கிரகங்கள் அல்லது கோள்கள் (Planets) என்று குறிப்பிடு கிறோம். அப்படியில்லாமல், பூமியைச் சந்திரன் சுற்றுவது போல, குறிப் பிட்ட கோளைச் சுற்றிச் சுற்றி வந்து கொண்டிருப்பவைகளை துணைக் கோள்கள் என்று குறிப்பிடுகிறோம். சந்திரன், பூமியின் துணைக்கோள். மனிதன் உருவாக்கி விண்வெளியில் செலுத்தும் கலங்களை செயற்கைத் துணைக்கோள்கள் என்று சொல்வதுதான் பொருத்தமாக இருக்கும். ஆனால் செயற்கைக்கோள்கள் என்ற பெயர் நிலைத்துவிட்டது.

ஆளில்லாத கருவிகளை 'செயற்கைக்கோள்கள்' (Unmanned Satellites) என்றும் ஆளுடன் கூடியது என்றால் அவற்றை 'விண் கப்பல்கள்' என்றும் குறிப்பிடலாம். இது குழப்பத்தைத் தவிர்க்கும்.

விண்வெளியில் 1957-லிருந்து செலுத்தப்பட்டு, இப்போது பூமியைச் சுற்றி வந்து கொண்டிருக்கிற செயற்கைக்கோள்களில் பெரும்பாலானவை ஆளில்லாத செயற்கைக்கோள்களே. ஆளுடன் கூடிய விண்கப்பல்களைவிட, ஆளில்லாத செயற்கைக்கோள்கள் அளவில் சிறியவை. செயற்கைக்கோள்கள் ஒவ்வொன்றும் அளவிலும், வடிவிலும், எடையிலும் வேறுபட்டவை.

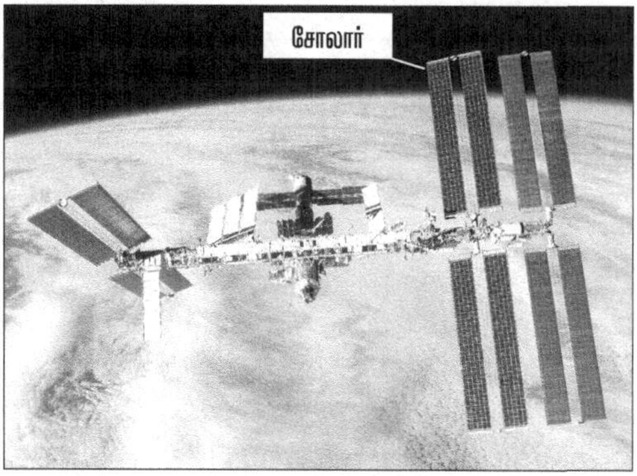

எந்த ஒரு கார் நிறுவனத்தின் தயாரிப்பாக இருந்தாலும் சரி, உலகெங்கிலும் கார்கள் கிட்டதட்ட ஒரே வடிவ அமைப்பைப் பெற்றுள்ளன. விமானங்களும் அப்படித்தான். ஆனால் செயற்கைக் கோள்கள் அனைத்துக்கும் பொது வடிவம் என்று எதுவும் கிடையாது. வேறுவிதமாகச் சொல்வதானால், ஒரு செயற்கைக்கோள் எப்படி இருக்கும் என்று பொதுப்படையாக வர்ணிக்க முடியாது. அநேகமாக ஒவ்வொன்றும் வெவ்வேறான வடிவம் கொண்டவை.

ராட்சத ஸ்குரு ஆணி போல ஒன்று; ஆணி உடைந்த பம்பரம் போல ஒன்று; ஒன்றன் மீது ஒன்று மூடப்பட்ட கிண்ணங்கள் போல ஒன்று; கதை ஆயுதம் போல ஒன்று; வட்ட வடிவ உருளை போல ஒன்று; காரின் ஸ்டியரிங் சக்கரம் போல ஒன்று; வெறும் பந்து வடிவத்தில் ஒன்று. இப்படியாக வர்ணித்துக் கொண்டே போகலாம்.

இப்போதெல்லாம் செயற்கைக்கோள்களில் பெரும்பாலானவை துடுப்பு அல்லது தட்டி போன்ற பகுதியைப் பெற்றுள்ளன. இத்தட்டிகள் அல்லது துடுப்புகள் செயற்கைக் கோளிலிருந்து நீட்டிக் கொண்டிருக்கும். சோலார் பேனல் (Solar Panels) எனப்படும் இந்தத் தட்டி போன்ற பகுதிகள் சூரிய ஒளியை கிரகித்து, அதை மின்சாரமாக மாற்றி செயற்கைக் கோளுக்கு அளிக்கின்றன.

ஒரு காரில் இப்படி நான்கு புறங்களிலும் வெளியே நீட்டிக் கொண்டிருக்கும் தட்டிகளைக் கட்டிக்கொண்டு ஓட்டினால் போக்குவரத்துக் காவலர் ஆட்சேபிப்பார் என்பது ஒரு புறமிருக்கட்டும். அதனால், காரின் வேகம் தடைப்படும்.

விண்வெளியில் காற்று கிடையாது. எனவே, இப்படி அகலமான உறுப்புகள் நீட்டிக் கொண்டிருந்தாலும் செயற்கைக் கோளின் வேகம் பாதிக்கப்படாது.

அமெரிக்காவின் எக்கோ–1 (Echo–1) செயற்கைக் கோள் உண்மையில் ஒரு பிரும்மாண்டமான பலூன். வாயு நிரப்பப்பட்ட அந்த பிளாஸ்டிக் பலூனின் குறுக்களவு 30 மீட்டர்..

ஆரம்ப நாள்களில் குறைந்த எடையுள்ள செயற்கைக்கோள்களைத்தான் செலுத்த முடிந்தது.

உதாரணமாக, உலகின் முதலாவது செயற்கைக் கோளான ரஷ்ய ஸ்புட்னிக் -1 வெறும் 83 கிலோகிராம் எடை கொண்டதாக இருந்தது. அதன் குறுக்களவு 58 சென்டிமீட்டர். அமெரிக்கா, முதன் முதலில் விண்வெளியில் செலுத்திய எக்ஸ்புளோரர்–1 (Explorer - 1) செயற்கைக் கோளின் எடை வெறும் 8.2 கிலோ கிராம்தான்.

எனினும் 1957-ல் முதல் ஸ்புட்னிக்கை செலுத்திய ஒரு மாதத்தில் ரஷ்யா செலுத்திய இரண்டாம் ஸ்புட்னிக்கின் எடை 450 கிலோகிராம். அமெரிக்காவின் இரண்டாவது செயற்கைக்கோளான வான்கார்ட்–1 (Vanguard–1) செயற்கைக் கோளின் எடை 2.25 கிலோகிராம்தான்.

ரஷ்யர்கள் மிகுந்த சக்தி கொண்ட ராட்சத ராக்கெட்டுகளை உருவாக்குவதில் ஆரம்பத்திலேயே வெற்றி கண்டார்கள். அதனால், அவர்களால் விண்வெளித் திட்டத்தில் ஈடுபட்ட உடனேயே எடை மிகுந்த செயற்கைக்கோள்களைச் செலுத்த முடிந்தது. அமெரிக்கா இந்த விஷயத்தில் ரஷ்யாவை எட்டிப் பிடிக்கச் சில காலம் ஆயிற்று. எனினும், இப்போது இரு நாடுகளுமே பல டன் எடை கொண்ட செயற்கைக்கோள்களைச் செலுத்தும் திறனைப் பெற்றிருக்கின்றன.

ஆரம்பக் கட்டத்தில் இந்தியா விண்வெளியில் செலுத்திய செயற்கைக் கோள்களின் எடை குறைவாகத்தான் இருந்தது. இந்தியா 1980 ஜூலையில் முதன் முதலாகச் செலுத்திய ஆர்.எஸ்.–1 செயற்கைக் கோளின் எடை 40 கிலோ தான். என்றாலும், இப்போது இந்தியாவாலும் சில டன் எடைகொண்ட செயற்கைக் கோள்களை அனுப்ப முடிகிறது. சீனாவும் ஐரோப்பிய விண்வெளி நிறுவனமும் இதைவிட முன்னேறிய நிலையை எட்டியிருக்கின்றன.

செயற்கைக் கோள் ஒன்றின் திறன் அதன் எடையை மட்டுமே பொருத்தது என்றும் கூறிவிட முடியாது. உதாரணமாக, அமெரிக்கா விண்வெளியில் முதன் முதலாக 1958-ல் செலுத்திய எக்ஸ்புளோரர்–1 செயற்கைக் கோளின் எடை மிக மிகக் குறைவு என்றாலும், அது பூமியிலிருந்து மிக உயரத்தில் வான் ஆலன் மண்டலம் (Van Allen Belt) என்னும் ஆபத்தான கதிர் வீச்சு மண்டலம் உள்ளதைக் கண்டுபிடித்தது. எனவே, ஒரு செயற்கைக் கோளின் எடை அம்சம் மட்டும் அதன் திறனைக் குறிப்பதாகிவிடாது. எடை அதிகமுள்ள செயற்கைக் கோள் செலுத்தப்பட்டால், அது அந்த நாடு அந்த அளவுக்குத் திறன் கொண்ட ராட்சத ராக்கெட்டுகளை உருவாக்கியிருக்கிறது என்பதைக் காட்டுவதாகக் கொள்ளலாம்.

அநேக சமயங்களில் புதிதாக உருவாக்கப்பட்ட ராக்கெட்டின் திறனைச் சோதிப்பதற்காக, அதிக எடை கொண்ட செயற்கைக் கோள்கள் செலுத்தப் படுவது உண்டு.

பூமியை இப்போது செயற்கைக்கோள்கள் உட்பட எண்ணற்ற பொருள்கள் சுற்றி கொண்டிருக்கின்றன என்று குறிப்பிட்டோம். செயற்கைக் கோள்கள்

சேயற்கைக் கோள் மூலமாகப் படம் பிடிக்கப்பட்ட வானிலை

என்ன செய்கின்றன? எதற்காக இவை சுற்றி வருகின்றன?

இந்த நவீன தொழில் நுட்ப யுகத்தில், மனிதன் தரையிலிருந்தபடி அல்லது விமானத்தைப் பயன்படுத்தி செய்யக்கூடிய காரியங்கள் எவ்வளவோ இருக்கின்றன. அப்படிப்பட்ட காரியங்களில் பலவற்றை விண்வெளிக்கு நாம் அனுப்பும் செயற்கைக் கோள் மூலம் மேலும் நல்லமுறையில் செய்ய முடியும். இப்படிப்பட்ட பணிகளில் செயற்கைக் கோள்கள் ஈடுபடுத்தப் படுகின்றன. சில காரியங்களைத் தரையில் இருந்தபடி செய்ய முடியாது. அந்த வேலைகளுக்கும் செயற்கைக்கோள்கள் ஈடுபடுத்தப்படுகின்றன.

செயற்கைக்கோள்கள் மிக உயரத்தில் இருக்கின்றன. உயரமான கோபுரத்தில் ஏறி நின்று பார்த்தால் பெரும் நிலப்பரப்பைக் காணமுடிகிறது. செயற்கைக் கோளிலிருந்து ஒரே சமயத்தில் பல நாடுகளைக் காணமுடியும். விளை நிலங்கள், மலைகள், நதிகள், கடல்கள் முதலியவை தெரியும், மேகக் கூட்டங்களைக் காணமுடியும். செயற்கைக்கோளில் கேமராக்களை வைத்து, இவற்றைப் படம் பிடித்து அனுப்பச் செய்யலாம்.

இப்படங்களை வைத்துப் பல தகவல்களைப் பெறலாம். பயிர்கள் எந்த நிலையில் இருக்கின்றன என்பதை அறியலாம். பனி மூடிய மலைகளாக இருந்தால் பனி உருகும் அளவை அறியலாம். கடலின் அமைதியான நீர்ப்பரப்புக்கு அடி ஆழத்தில் இருப்பதை அறியலாம். நிலத்துக்கு அடியில் உள்ள கனி வளங்களை அறியலாம்.

மேகக் கூட்டங்களின் போக்கை வைத்து வானிலை பற்றியத் தகவல்களைப் பெறலாம். செயற்கைக்கோள் புகைப்படங்களைக் கொண்டுதான் எங்கே, எப்போது புயல் வீசப்போகிறது, காற்றழுத்தத் தாழ்வு மண்டலம் எங்கே மையம் கொண்டுள்ளது போன்றவற்றை அறிய முடியும். காற்று மண்டலத்தின் தன்மையை அறியலாம். பூமியைச் சுற்றி உள்ள காந்த மண்டலம் பற்றி அறியமுடியும். நடுக்கடலில் உள்ள கப்பல்கள் வழி அறிந்து செல்ல உதவலாம்.

வானொலி, தொலைக்காட்சி நிகழ்ச்சிகளை, விண்வெளியில் உள்ள செயற்கைக் கோள் வழியாக நாடு முழுவதற்கும் ஒலி, ஒளி பரப்பலாம்.

விண்வெளியில் செடி வளர்ப்பது, உலோகங்களை உருவாக்கிப் பார்ப்பது, தீயைப் பற்ற வைத்துப் பார்ப்பது போன்ற சோதனைகளைச் செய்து பார்க்க, செயற்கைக்கோள்கள் உதவுகின்றன.

செயற்கைக்கோள் பூமியைக் கீழ்நோக்கிப் பார்த்தபடி பூமியில் உள்ளதைத் தான் ஆராயவேண்டும் என்பதில்லை. பிற கோள்களை, சூரியனை, இன்னும் பல நட்சத்திரங்களை கவனித்து நமக்குத் தேவையான தகவல்களை செயற்கைக்கோளால் அளிக்க முடியும்.

ஜி.பி.எஸ். (Global Positioning Satellite) வழியாக ஒருவர் இருக்கும் இடத்தைத் துல்லியமாக அறியமுடியும். அத்துடன் டிஜிட்டல் வரைபடங்களின் உதவி யோடு கார்கள், பஸ்களுக்குத் தெருவில் வழிகாட்டும் கருவி இப்பொழுது வந்துள்ளது. இந்தக் கருவியைப் பொருத்தினால், அது இதற்கெனவே வானில் உள்ள ஒரு செயற்கைக்கோளுடன் தொடர்புகொண்டு நாம் போகவேண்டிய இடத்துக்கான வழியைத் துல்லியமாகக் காட்டுகிறது.

உதாரணத்துக்கு, நீங்கள் சென்னையில் இருக்கிறீர்கள் என்று வைத்துக் கொள்வோம். கோபாலபுரம், அவ்வை சண்முகம் சாலையிலிருந்து குரோம் பேட்டை ஜெகத் அவென்யூவுக்குச் செல்ல விரும்புகிறீர்கள். உங்களது ஜி.பி.எஸ். கருவி எந்தத் தெருவில் நீங்கள் இடதுபக்கம் திரும்ப வேண்டும், எங்கு வலது பக்கம் செல்லவேண்டும், எந்தக் குறுக்குவழியைத் தேர்ந்தெடுக்க லாம் என்று ஒரு திரையில் காண்பித்துக்கொண்டே வரும். வழிமாறிப் போய்விடுவீர்கள் என்ற கவலையே கிடையாது. இன்று அமெரிக்காவிலும் ஐரோப்பிய நாடுகள் பலவற்றிலும் இது நடைமுறையில் இருக்கிறது. இந்தியாவின் பல பெரு நகரங்களுக்கும் வரத் தொடங்கிவிட்டது.

ராணுவ மற்றும் பாதுகாப்புக் காரியங்களுக்குச் செயற்கைக் கோள் பெரிதும் துணை நிற்கிறது. எதிரி நாட்டு ரகசியங்களை உளவு பார்க்கப் பெரிதும் உதவுகிறது. செயற்கைக்கோள் தரும் கேமரா படங்களைக்கொண்டு, எங்கெல்லாம் எதிரி நாட்டின் படைத்தளவாடங்கள் இருக்கின்றன என்பதைத் தெரிந்துகொள்ள முடியும். அதைக்கொண்டு, போர்த் திட்டத்தைத் தயார் செய்யமுடியும். செயற்கைக்கோள்கள், ஏவுகணைகள் சரியான இடத்துக்குச் சென்று சேர வழிகாட்டுகின்றன. எதிரி நாட்டு ஏவுகணைகள் வருவதைக் கண்டுபிடித்து இந்த விநாடியில் அந்த ஏவுகணை எங்கிருக்கிறது என்பதை நமக்குச் சொல்கின்றன.

குறிப்பிட்ட செயற்கைக்கோள் ஒரேயொரு குறிப்பிட்ட பணியில் மட்டும் ஈடுபட்டதாக இருக்கலாம். அல்லது ஒரே செயற்கைக் கோள் ஒன்றுக்கும் மேற்பட்ட பல காரியங்களைச் செய்வதாகவும் இருக்கலாம்.

செயற்கைக் கோளைப் பறக்க விடுவது வெறுமனே ஒரு நாட்டின் பெருமையை உயர்த்துகிற காரியம் மட்டும் அல்ல. செயற்கைக் கோள்கள் நேரடியாகவோ மறைமுகமாகவோ மனித வாழ்க்கையை வளப்படுத்தி வருகின்றன.

7

விண்வெளியில் மிதக்கும் டி.வி. கோபுரம்

நீங்கள் எல்லோரும் கேபிள் மற்றும் செயற்கைக் கோள் ஒளிபரப்பு மூலம் தொலைக்காட்சி பார்த்துப் பழகியவர்கள். அதனால் 1990-க்கு முன்பு தொலைக்காட்சி மற்றும் வானொலி எப்படி இயங்கிவந்தது என்பதைச் சற்றே விளக்கவேண்டும்

முதலில் வானொலியை எடுத்துக்கொள்வோம். நாம் பேசும் பேச்சு, இசை போன்ற ஒலியை மின்காந்த அலைகளாக மாற்றி அவற்றை வான் வெளியில் செலுத்துவதுதான், வானொலி நிலையத்தின் வேலை. அப்படி வான்வெளியில் செலுத்தப்படும் மின்காந்த அலைகள் ஒரு குறிப்பிட்ட அதிர்வெண் (Frequency) உடைய தாக இருக்கும்.

ஒரு குறிப்பிட்ட மின்காந்த அலை, ஒரு விநாடியில் எத்தனை முறை 'ஆடுகிறது' (Oscillation) என்பதுதான் அதிர்வெண். ஓர் அலையின் அதிர்வெண் 100 என்றால் ஒரு விநாடியில் அந்த அலை 100 முறை அதிர்ந் துள்ளது அல்லது ஆடியுள்ளது. இந்த எண்ணை ஹெர்ட்ஸ் என்ற அலகால் குறிப்பிடுகிறோம். இன்று வானொலியைத் திருகி பாடல் கேட்கும் போது, 104.8 மெகாஹெர்ட்ஸ் அலைவரிசையில்' என்று சொல்வதைக் கேட்டிருப்பீர்கள். கிலோ ஹெர்ட்ஸ் என்றால் 1000 ஹெர்ட்ஸ். மெகா

ஹெர்ட்ஸ் என்றால் 1000 கிலோஹெர்ட்ஸ் அல்லது 10,00,000 (பத்து லட்சம்) ஹெர்ட்ஸ். 104.8 மெகாஹெர்ட்ஸ் அலைவரிசை (அல்லது அதிர்வெண்) என்றால் 10,48,00,000 அந்த வானொலி நிலையம் அனுப்பும் மின்காந்த அலைகள், விநாடிக்கு 10 கோடியே 48 லட்சம் முறை அதிர்கிறது என்று பொருள்.

உங்களது வானொலிப் பெட்டியில் உள்ள டயலை இந்தக் குறிப்பிட்ட அதிர்வெண்ணில் வைத்தால், வானில் இந்த அதிர்வெண்ணில் வரும் மின்காந்த அலைகளைப் பெற்று, அவற்றை மீண்டும் ஒலி அலைகளாக மாற்றித் தருகிறது உங்களது வானொலிப் பெட்டி.

எல்லாவித மின்காந்த அலைகளுக்கும் இரண்டு பண்புகள் உண்டு. ஒன்று அதிர்வெண் (அல்லது அலைவரிசை) எனப்படும் எண். அடுத்தது அந்த அலையின் வீச்சு (Amplitude). கீழே உள்ள படத்தில் அலையின் வீச்சு எது, அதிர்வெண் எது என்பதைப் பார்க்கலாம்.

ஒவ்வொரு வானொலி நிலையத்துக்குமான அந்தக் குறிப்பிட்ட அதிர்வெண் இருக்குமாறு உருவாக்கப்பட்ட மின்காந்த அலையின் மேல், ஒலியை மின்காந்த அலையாக மாற்றி இரண்டையும் ஒன்றுசேர்த்து வான்வழியே அனுப்புவார்கள். இவ்வாறு செய்வதை மாடுலேஷன் (பண்பேற்றம்) என்று அழைக்கிறார்கள். இவ்வாறு பண்பேற்றம் செய்யும்போது, இரண்டு முறைகள் கையாளப்படுகின்றன. ஒன்று அதிர்வெண் பண்பேற்றம் - Frequency Modulation - அதாவது FM. மற்றொன்று வீச்சுப் பண்பேற்றம் - Amplitude Modulation - அதாவது AM.

இந்த FM என்பதைத்தான் பண்பலை வானொலி என்று அழைக்கிறார்கள். இன்று சென்னை நகரில் திரைப்படப் பாடல்களை நாள் முழுதும் ஒலிபரப்பும் தனியார் வானொலி நிலையங்கள் அனைத்தும் இந்த வகையைச்

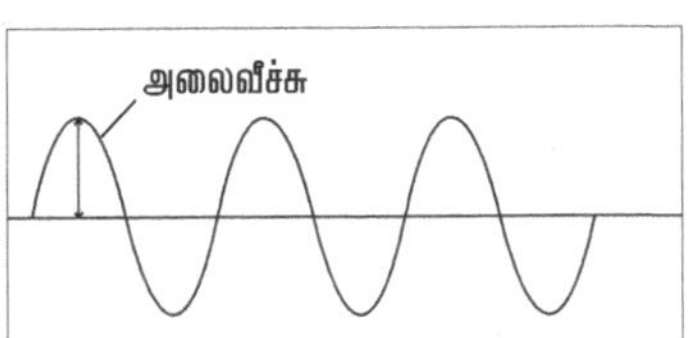

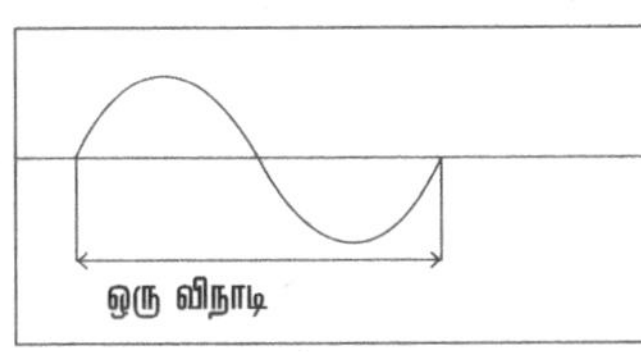

f = 1

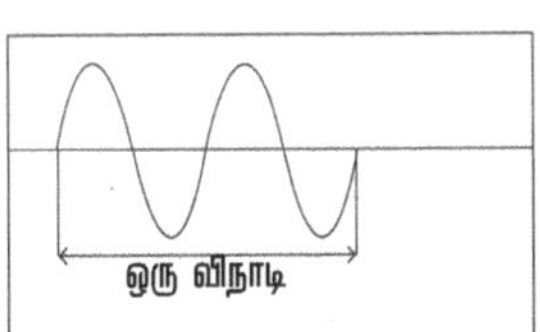

f = 2

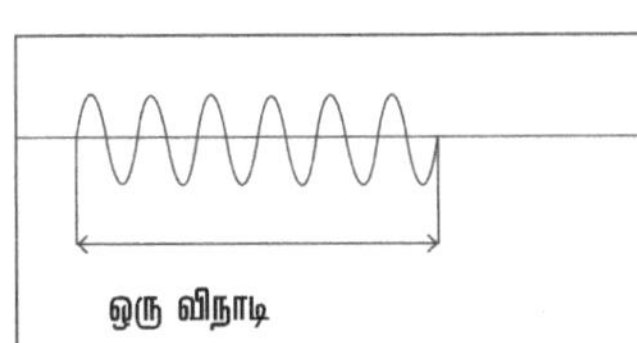

f = 6

சார்ந்தவை. எஃப்.எம். ரேடியோ அதிர்வெண் 76-108 மெகாஹெர்ட்ஸுக்குள் இருக்கும். ஒரு நிலையத்துக்கும் அடுத்ததற்குமான இடைவெளி பொதுவாக 0.8 மெகாஹெர்ட்ஸ் ஆக இருக்கும்.

AM என்பது அதிர்வெண்ணைப் பொறுத்து நெடிய அலைநீளம் (லாங்க் வேவ்), நடுத்தர அலைநீளம் (மீடியம் வேவ்), குறைந்த அலைநீளம் (ஷார்ட் வேவ்) என்று மூன்றாகக் கருதப்படும். அதிர்வெண் 3-30 மெகாஹெர்ட்ஸுக்குள் இருந்தால் அது ஷார்ட் வேவ். 520 - 1700 கிலோஹெர்ட்ஸுக்குள் இருந்தால் மீடியம் வேவ். 148.5 - 283.5 கிலோஹெர்ட்ஸுக்குள் இருந்தால் லாங்க் வேவ்.

எஃப்.எம். வானொலி சில கிலோமீட்டர்களுக்குள் மட்டுமே இயங்கக் கூடியது. ஒரு நகரத்துக்கு மட்டும்தான் ஒலிபரப்ப முடியும். லாங்க் வேவ் ஏ.எம். வானொலியும் இப்படித்தான். மீடியம் வேவ் என்பது ஒரு மாநிலத்தின் எல்லைகள்வரை செல்லக்கூடியது. பல நேரங்களில் ஒரு பெரிய நாட்டின் மூலை வரை செல்லக்கூடியது. ஷார்ட் வேவ்தான் பல நாடுகளையும் தாண்டிச் சென்று ஒலிபரப்பக்கூடியது.

செயற்கைக் கோள் காலத்துக்கு முன்னாலேயே வானொலியின் அனைத்து வகைகளும் பயன்பாட்டில் இருந்தன. செயற்கைக் கோளின் உதவி இல்லாமலேயே இன்றும் வானொலியால் இயங்க முடியும். ஆனால் இன்று செயற்கைக்கோள்களின் உதவியுடன் டிஜிட்டல் வானொலி நிலையங்கள் இயங்குகின்றன.

தொலைக்காட்சிக்கு இப்பொழுது வருவோம். ஒலியுடன் ஒளியையும் அனுப்பவேண்டும் என்கிறநிலை வந்தபோது வானொலிக்கான அலை வரிசைகள் உபயோகமாக இல்லை. ஷார்ட் வேவ் அதிர்வெண்ணைவிட அதிகமான அதிர்வெண்கள் தேவைப்பட்டன. அப்பொழுதுதான் அந்த அலையால் ஒலி, ஒளி இரண்டையும் கோளாறுகள் இல்லாமல் சுமந்து செல்ல முடிந்தது. இந்த அலைகளின் அதிர்வெண் 40-230 மெகாஹெர்ட்ஸ் ஆக இருந்தது.

வானொலி அலைகளைப்போல் இல்லாமல், வானில் செல்லும்போது, இந்த அலைகள் சீக்கிரமே தமது சக்தியை இழந்தன. வானொலியை - முக்கியமாக ஷார்ட் வேவ் வானொலியை - பல நூறு கிலோமீட்டர்கள் தாண்டிக் கேட்க முடிந்தது. ஆனால் மேற்சொன்னதுபோன்ற தரைவழியாக அனுப்பப்படும் தொலைக்காட்சி சிக்னல்கள் 100 கிலோமீட்டர்களுக்கு உள்ளாகவே தெரிந்தன. அதுவும் தொலைக்காட்சி நிலையத்துக்குப் பக்கத்தில் என்றால் நன்றாகவும், தூரம் செல்லச் செல்ல, தரம் குறைவாகவும் தெரியும். தள்ளிப் போனால் மிகப்பெரிய ஆன்டெனா தேவையாக இருந்தது.

குறைந்த அலைநீளங்களில் ஒலிபரப்பும்போது அந்த ரேடியோ அலைகள், வானை நோக்கிச் செலுத்தப்படுகின்றன. காற்று மண்டலத்தில் மிக உயரத்தில் அமைந்த அயன மண்டலத்தை (Ionosphere) இந்த ரேடியோ அலைகள்

எட்டியதும் மறுபடி பூமியை நோக்கிக் குறிப்பிட்ட கோணத்தில் அவை திருப்பிவிடப்படுகின்றன.

அறையில் ஒரு மூலையிலிருந்து கொண்டு பந்தைச் சாய்வாகக் கூரையை நோக்கி வீசினால் பந்து கூரையில் மோதி கீழ் நோக்கித் திரும்பி அப்பால் போய் விழுகிறது.

அயன மண்டலம், குறைந்த அலைநீளம் கொண்ட அலைகளுக்கு, கிட்டத் தட்ட இம்மாதிரியான கூரைபோலச் செயல்படுகிறது. எனவே, இந்த அலைவரிசைகளில் ஒலி பரப்பப்படுகிற வெளிநாட்டு நிகழ்ச்சிகளையும் நம்மால் கேட்க முடிகிறது.

ஆனால் தொலைக்காட்சி ஒளிபரப்புக்கு மிகவும் குறுகிய அலைநீளங்களை (அதாவது மிகவும் அதிகமான அதிர்வெண்களை) மட்டுமே பயன்படுத்த முடியும். மிகக் குறுகிய அலைநீளங்களைக் கொண்ட மின்காந்த அலைகள் அயன மண்டலத்தில் பிரதிபலித்துத் திரும்பாமல் அயன மண்டலத்தை ஊடுருவிக்கடந்து விண்வெளிக்குச் சென்று விடும். அதனால், அயன மண்டலத்தை நம்பிப் பயன் இல்லை. எனவே, தொலக்காட்சிக்குப் பயன்படுத் தப்படும் அலைகள் தரையையொட்டிச் செல்லும் வகையில் செலுத்தப் படுகின்றன. பூமி உருண்டையாக இருப்பதால், பூமியின் வளைவு வந்ததும் இந்த அலைகள் பூமியின் வளைவுக்கு ஏற்ப வளைந்து செல்வதில்லை. இந்த அலைகள் நேர் கோட்டில் செல்பவை.

அதிக இடங்களில் தொலைக்காட்சி சிக்னல்கள் தெரிவதற்காக பல இடங்களில் ரிபீட்டர் கோபுரங்கள் அமைக்கப்படுகின்றன. இவை முந்தைய ஒளிபரப்புக் கோபுரத்திலிருந்து பெற்ற ஒளிபரப்பை, தங்களது சுற்றுவட்டா ரத்துக்கு அனுப்புகின்றன. இவற்றை Low Power Transmitters (LPT) என்கிறோம்.

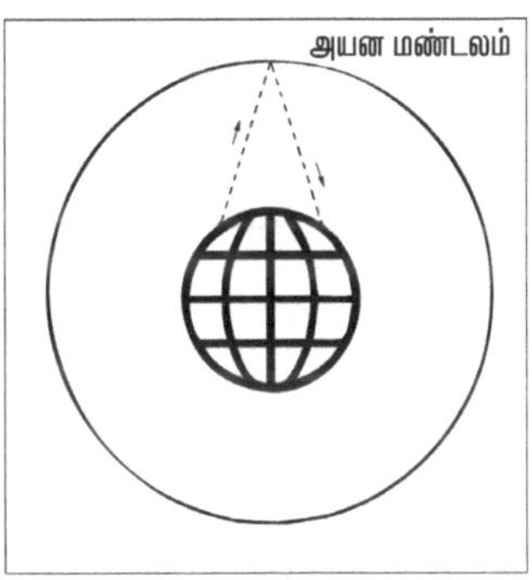

அயன மண்டலம் வரை போய் திரும்பி வரும் ரேடியோ அலைகள்

தொலைக்காட்சி ஒளிபரப்புக் கோபுரத்தை அல்லது LPT-க்களை ஒரு குன்றின் மீது அல்லது உயரமான மலைமீது அமைத்து இன்னும் அதிக தூரத்தில் உள்ள இடங்களிலும் நிகழ்ச்சிகள் தெரியும்படிச் செய்யலாம். ஆனாலும் எக்கச்சக்கமான கோபுரங்களை நாடெங்கிலும் அமைக்க வேண்டி யிருக்கும்.

ஓரிடத்திலிருந்து ஒளிபரப்பப்படுகிற நிகழ்ச்சிகள் இந்தியா முழுவதும் தெரிய வேண்டும். அதற்கு என்ன செய்வது? 700 அல்லது 800 கிலோமீட்டர் உயரம் கொண்ட மிக மிக உயரமான கோபுரம்

ஒன்றை நிறுவி, அதன் உச்சியில் ஒளிபரப்புக் கருவியை வைத்தால்தான் அது சாத்தியமாகும். 700-800 கிலோமீட்டர் உயரத்துக்குக் கோபுரம் நிறுவுவது என்பது அபத்தமான யோசனை.

அதற்குப் பதில் விண்வெளியில் செயற்கைக் கோள் ஒன்றைச் செலுத்தி, தொலைக்காட்சி அலைகளை அது பிரதிபலிக்கும்படி செய்யலாம். அது ஒரு நல்ல யோசனைதான். சுமார் 800 கிலோமீட்டர் உயரத்தில் செயற்கைக் கோளை (வட்ட வடிவப் பாதையில் சுற்றுவதாக வைத்துக் கொண்டாலும்) செலுத்தினால் அநேகமாக அது பூமியை சுமார் 100 நிமிஷத்துக்கு ஒரு தடவை சுற்றிவரும். இந்தியாவுக்கு மேல் பறந்து கொண்டிருக்கிற வரையில் அது தொலைக்காட்சி அலைகளைப் பிரதிபலிக்கலாம். பூமியின் மறு புறத்துக்குச் சென்றுவிட்டபிறகு, இந்த அலைகளை பிரதிபலிக்கச் செய்ய முடியாதே? அதற்கு என்ன செய்வது?

விண்வெளியில் அந்தச் செயற்கைக் கோள்கள் எப்போதும் ஒரே இடத்தில் நிலையாக இருக்கும்படிச் செய்துவிட்டால், அது இரவு பகல் 24 மணி நேரமும் தொலைக்காட்சி அலைகளை பிரதிபலித்துக் கொண்டிருக்கும். இதைத்தான் நாம் ஏற்கெனவே பார்த்த இணை சுற்று செயற்கைக் கோள் (Geo–Stationary Satellite) சாத்தியமாக்கியிருக்கிறது.

★

தொலைக்காட்சி மற்றும் வானொலி நிகழ்ச்சிகளை அஞ்சல் செய்வது போன்ற பணிகளுக்குப் பயன்படுகிற செயற்கைக் கோள்கள், தகவல் தொடர்பு செயற்கைக் கோள் (Communication Satellites) என்று குறிப்பிடப்படுகின்றன.

அமெரிக்காவில் இந்த வகை செயற்கைக்கோள்களை உருவாக்குவதற்கு முன்னர் பல்வேறு முயற்சிகள் செய்து பார்க்கப்பட்டன.

1960-ம் ஆண்டு ஆகஸ்டில் விண்வெளியில் சில விஞ்ஞான ஆராய்ச்சிகளை மேற்கொள்வதற்காக, 100 அடி குறுக்களவு கொண்ட ஒரு ராட்சத பிளாஸ்டிக் பலூனை செயற்கைக் கோளாகப் பறக்கவிட்டனர். அது எக்கோ-1 (Echo–1) என்று குறிப்பிடப்பட்டது. வாயு நிரப்பப்பட்ட அந்த பலூன், பூமியை நீள்வட்டப் பாதையில் சுற்றி வந்தது. அதன் அண்மை நிலை பூமியிலிருந்து 1465 கிலோமீட்டர் உயரத்தில் இருந்தது. தொலைவு நிலை 1680 கிலோமீட்டர் உயரத்தில் இருந்தது. இந்த பலூன் மீது மெல்லிய அலுமினியப் பூச்சு கொடுக்கப்பட்டிருந்தது.

மின்காந்த அலைகளைப் பிரதிபலிக்க, விண்வெளியில் செயற்கையாக ஏதாவது வேண்டும். இந்தச் செயற்கைக் கோளைப் பயன்படுத்தி தகவல் தொடர்புப் பரிசோதனைகளை நடத்திப்பார்த்தால் என்ன என்று யோசனை கூறப்பட்டது. மணிக்கு சுமார் 25 ஆயிரம் மைல் வேகத்தில் பூமியை 121.6 நிமிடங்களுக்கு ஒருமுறை சுற்றி வந்த அந்த பலூன், அமெரிக்காவுக்கு மேலாக, சுமார் 1600 கிலோமீட்டர் உயரத்தில் பறந்து கொண்டிருந்தபோது, அமெரிக்காவின் மேற்குக்கரையில் உள்ள ஓரிடத்திலிருந்து அப்போதைய

அமெரிக்க ஜனாதிபதி ஐசனோவரின் பதிவு செய்யப்பட்ட செய்தி ஒன்று அந்த பலூனை நோக்கி ரேடியோ சிக்னல் வடிவில் அனுப்பப்பட்டது. அந்த சிக்னல்களை எக்கோ–1 செயற்கைக்கோள் பிரதிபலித்தபோது, அமெரிக்காவின் கிழக்குக் கரையில் இருந்த ஒரு பெரிய ஆன்டெனா அந்த சிக்னல்களைப் பெற்றுக்கொண்டது. ஜனாதிபதி ஐசனோவரின் படம் சிக்னல்கள் வடிவில் ஓரிடத்திலிருந்து பரிசோதனையாக அனுப்பப்பட்டபோது, அவை தொலைவில் உள்ள மற்றோர் இடத்தில் கிடைத்தது.

அடுத்து 1962 ஏப்ரலில் அமெரிக்காவின் மேற்குக் கரையில் உள்ள கலிபோர்னியாவிலிருந்து எக்கோ–1 செயற்கைக்கோளை நோக்கி தொலைக்காட்சிப் படங்கள் அனுப்பப்பட்டன. அப்படங்கள், 4300 கிலோமீட்டர் கிழக்கே இருந்த வேறொரு இடத்தில் கிடைத்தன. படங்கள் அவ்வளவு தெளிவாக இருக்கவில்லை. எனினும் உலகில் முதன்முதலில் ஒரு செயற்கைக் கோள் மூலம் தொலைக்காட்சிப் படங்கள் அனுப்பப்பட்டது அதுவே முதல்முறை.

அமெரிக்கா தனது முதலாவது தகவல் தொடர்பு செயற்கைக் கோளாக 1962 ஜூலை 10–ம் தேதி டெல்ஸ்டார்–1 (Telstar–1) என்ற செயற்கைக் கோளைப் பறக்கவிட்டது. இதன் உதவியால் தொலைக்காட்சி வரலாறில் முதல்முறையாக ஐரோப்பிய மக்கள் அமெரிக்கத் தொலைக்காட்சி நிகழ்ச்சிகளைக் கண்டார்கள். அமெரிக்க மக்கள் மூன்று ஐரோப்பிய நிகழ்ச்சிகளைப் பார்த்தார்கள். டெல்ஸ்டார் ஒரு விந்தையாகக் கருதப்பட்டது. பத்திரிகைகளில் கொட்டை எழுத்துகளில் டெல்ஸ்டாரின் சாதனை பற்றியச் செய்திகள் வெளியாகின. தலையங்கங்கள் எழுதப்பட்டன. ‘உலகம் தழுவிய ரீதியிலான தகவல் தொடர்புக்கு இது ஓர் ஆரம்பம்’ என்று அமெரிக்க ஜனாதிபதி கென்னடி வர்ணித்தார்.

டெல்ஸ்டாரின் சாதனை தொலைக்காட்சி நிகழ்ச்சிகளைப் பரிமாறிக் கொள்வதுடன் நின்றுவிடவில்லை. இந்த அதிசய செயற்கைக் கோள்வழியாக, அமெரிக்கா-பிரிட்டன் இடையே தொலைபேசிச் சேவை நடைபெற்றது.

அமெரிக்க நியூ யார்க் டைம்ஸ் பத்திரிகையின் பாரிஸ் நகரப் பதிப்புக்கு டெல்ஸ்டார் வழியே கட்டுரைகளும், செய்திகளும் அனுப்பப்பட்டன. நியூ யார்க் பத்திரிகைகளின் சில பக்கங்கள் அதே அச்சாக வேறிடங்களுக்கு டெல்ஸ்டார் வழியே அனுப்பப்பட்டன. 1962 அக்டோபரில் அமெரிக்க மெர்க்குரி விண்கலத்தில் யு. எஸ். விண்வெளி வீரர் வால்டர் எம். ஷிர்ரா விண்வெளிப் பயணத்தை மேற்கொண்ட காட்சியை டெல்ஸ்டார் மூலம் ஐரோப்பிய மக்களும் கண்டனர்.

‘மின்னணு யுகத்தின் அற்புதப் படைப்பு’ என்று வர்ணிக்கப்பட்ட டெல்ஸ்டார் தகவல் தொடர்பு செயற்கைக்கோளின் குறுக்களவு, 87.6 சென்டிமீட்டர்தான். அதன் எடை 76.5 கிலோகிராம். பூமியை அது நீள் வட்டப்பாதையில் சுற்றியது. தொலைவு நிலை 5650 கிலோமீட்டர்; அண்மை நிலை 950 கிலோமீட்டர்.

உருண்டை வடிவில் இருந்த டெல்ஸ்டார்–1 செயற்கைக்கோளின் மேற்பரப்பு, 72 பட்டை முகப்புகளைப் பெற்றிருந்தது. அவற்றில் 62-முகப்புகளில் சூரிய மின்விசை செல்கள் பொருத்தப்பட்டிருந்தன. சூரிய ஒளி இவற்றின் மீது படும்போது, இந்தச் செல்கள் சூரிய ஒளியை மின்சாரமாக மாற்றும் திறன் பெற்றவை. விண்வெளியில் உள்ள கதிர் வீச்சினால் சூரிய மின்விசைச் செல்கள் சேதமடையாமல் இருப்பதற்காக, ஓர் ஏற்பாடு செய்யப் பட்டிருந்தது. ஒளி ஊடுருவுகின்ற அளவுக்கு, செயற்கை நீலக்கற்களை மிக மிக மெல்லியதாக வெட்டி அவற்றை சூரிய மின்விசைச் செல்கள் மீது பொருத்தியிருந்தனர்.

டெல்ஸ்டார்–1 செயற்கைக்கோளில் பூமியிலிருந்து அனுப்பப்படுகின்ற சிக்னல்களைப் பெறவும், பிறகு அந்த சிக்னல்களின் சக்தியைப் பெருக்கி மீண்டும் பூமிக்குத் திருப்பி அனுப்பவும் கருவிகள் வைக்கப்பட்டிருந்தன.

டெல்ஸ்டார்–1 தரையிலிருந்து பெற்ற சிக்னல்களை, பல நூறு மடங்கு பெருக்கி வேறு அலை வரிசையில் திரும்ப அனுப்பியது. உதாரணமாக, அது 6390 மெகாஹெர்ட்ஸ் சிக்னல்களை 4170 மெகாஹெர்ட்ஸில் திரும்ப அனுப்பியது. இச்செயற்கைக்கோளில் சிறிய வடிவிலான 15 ஆயிரம் மின்னணு உறுப்புகள் இருந்தன.

தகவல்தொடர்பு செயற்கைக் கோளுக்கு சிக்னல்களை அனுப்பவும், திரும்பப் பெறவும் தரை நிலையங்கள் (Earth Stations) எனப்படும் நிலையங்கள் தேவை. அமெரிக்காவிலும் ஐரோப்பாவிலும் இவ்வித நிலையங்கள் அமைக்கப்பட்டிருந்தன.

அட்லாண்டிக் பெருங்கடலின் நடுவே 760 கிலோமீட்டர் உயரத்துக்குத் தொலைக்காட்சி கோபுரத்தை அமைத்தால், அக்கோபுரம் என்ன செய்திருக்குமோ அதை டெல்ஸ்டார்–1 செயற்கைக் கோள் செய்து, அமெரிக்கா–ஐரோப்பா இடையே தொலைக்காட்சி உட்பட தகவல் தொடர்புக்கு உதவியது.

ஏதோ கோளாறு ஏற்பட்டு 1962 நவம்பரில் டெல்ஸ்டார்–1 செயல்படுவது நின்றது. பிறகு திடீரென 1963 ஜனவரி 3–ம் தேதி டெல்ஸ்டார்–1 மீண்டும் உயிர் பெற்றது. இறுதியில் 1963 பிப்ரவரி 21–ம் தேதி டெல்ஸ்டார்–1 முற்றிலுமாகச் செயலற்றுப் போனாது. அது நிரந்தர மௌனமாகி விட்ட போதிலும் 200 ஆண்டுக்காலம் பூமியைச்சுற்றி வந்து கொண்டிருக்கும் என்று கூறப்பட்டது.

இதற்கிடையே 1962 டிசம்பரில் ரிலே–1 (Relay–1) என்ற தகவல் தொடர்பு செயற்கைக்கோள் அமெரிக்காவால் செலுத்தப்பட்டது. இச்செயற்கைக்கோள் மூலம் தென் அமெரிக்கா, வட அமெரிக்கா இடையே தகவல் தொடர்பு வசதி ஏற்படுத்தப்பட்டது. ஜப்பான்–அமெரிக்கா இடையில் முதல்முறையாக, தொலைக்காட்சி நிகழ்ச்சிகள் பரிமாறிக் கொள்ளப்பட்டன. தகவல் தொடர்பு செயற்கைக்கோள் ஒன்றை எப்படியெல்லாம் பயன்படுத்த முடியும் என்பதை

நிரூபிக்கும் வகையில் இங்கிலாந்தில் ஓர் ஆஸ்பத்திரியில் சிகிச்சை பெற்று வந்த ஒரு நோயாளியின் மூளை நிலைமை பற்றி ரிலே–1 மூலம் அமெரிக்காவுக்குத் தகவல் அனுப்ப, அமெரிக்காவில் உள்ள நிபுணர்கள் அத்தகவல்களை வைத்து அவருக்கு எந்தவிதமான சிகிச்சை தேவை எனச் சில நிமிஷங்களில் ரிலே–1 மூலம் ஆலோசனை தெரிவித்தனர்.

டெல்ஸ்டார்–2 தகவல் தொடர்பு செயற்கைக்கோள் 1963 மே மாதமும், ரிலே–2 தகவல் தொடர்பு செயற்கைக்கோள் 1964 ஜனவரியிலும் விண்வெளியில் அமெரிக்காவால் செலுத்தப்பட்டன.

இவற்றின் பலனாக, பல நாடுகளுக்கு இடையே தகவல் தொடர்பு சர்வ சாதாரணமாகியது, இரண்டாம் உலகப் போரில் பிரிட்டனுக்கு வெற்றியைத் தேடிக்கொடுத்த பிரதமர் வின்ஸ்டன் சர்ச்சிலுக்கு அமெரிக்க அரசு கௌரவக் குடியுரிமை வழங்கிய நிகழ்ச்சி; ஜனாதிபதி கென்னடியின் ஐரோப்பிய விஜயம்; போப்பாண்டவர் 23-வது ஜான் மறைவு: போப்பாண்டவர் 4-வது பால் முடிசூட்டு விழா முதலான நிகழ்ச்சிகளைப் பல நாடுகளிலும் மக்கள் தமது வீட்டில் உட்கார்ந்தபடி பார்த்தார்கள்.

எனினும் டெல்ஸ்டார்–1, ரிலே–1, டெல்ஸ்டார்–2 ஆகியவற்றில் இருந்த ஒரு குறைபாட்டைக் கவனிக்க வேண்டும். டெல்ஸ்டார்–1 பூமியை 157 நிமிடங்களுக்கு ஒருமுறை சுற்றி வந்தது. ரிலே–1 செயற்கைக் கோள் 185 நிமிடங்களுக்கு ஒருமுறை சுற்றி வந்தது. டெல்ஸ்டார்–2 சற்று அதிக நேரம் எடுத்துக்கொண்டு 225 நிமிடங்களுக்கு ஒருமுறை சுற்றி வந்தது. இந்தச் செயற்கைக் கோள்கள் பூமியைச் சுற்றுகையில் அமெரிக்கக் கண்டம், ஐரோப்பா ஆகியவற்றுக்கு மேலாகப் பறந்துவிட்டு ஒவ்வொரு முறையும் பூமியின் மறுபுறத்துக்குச் சென்றன. இந்த செயற்கைக் கோள்கள் விண்வெளியில் அமெரிக்கா, ஐரோப்பா மேலாக அதிக நேரம் இருக்கின்ற வகையில் இவற்றின் சுற்றுப் பாதை நீள்வட்டமாக அமைக்கப்பட்டிருந்தன. எனினும், இவை பூமியின் மறுபுறம் இருக்கின்ற காலத்தில் தகவல் தொடர்பு மேற்கொள்ள இயலவில்லை.

இந்தக் குறையைப் போக்க, விண்வெளியில் எப்போதும் குறிப்பிட்ட பிரதேசத்துக்கு மேலாக இருக்கின்ற செயற்கைக் கோளை அதாவது இணைச் சுற்று செயற்கைக்கோளை செலுத்தும் முயற்சி மேற்கொள்ளப்பட்டது.

உலகின் முதலாவது இணைச் சுற்று செயற்கைக் கோள் சின்காம்–1 (Syncom - 1). Synchronous Communications Satellite என்ற ஆங்கிலச் சொற்றொடரின் சுருக்கமே சின்காம் ஆகும்.

1963–ம் ஆண்டு பிப்ரவரி 14–ம்தேதி சின்காம்–1 விண்வெளியில் செலுத்தப் பட்டது. இதன் எடை 38.7 கிலோகிராம் ஆகும்.

டெல்ஸ்டார்–1, ரிலே–1 செயற்கைக்கோள்களைப் போலவே இதுவும் தோர்–டெல்டா (Thor – Delta) ராக்கெட் மூலம் விண்வெளியில் செலுத்தப்பட்டது. மற்ற செயற்கைக் கோள்களைப் போலவே இது முதலில் நீள்வட்ட

சுற்றுப்பாதையில் செலுத்தப்பட்டது. பின்னர் இதன் சுற்றுப்பாதை, பூமத்திய ரேகைக்கு மேலாக வட்ட வடிவமாக அமையும் வகையில் திருத்தி அமைக்கப்பட்டது. இப்படிச் சுற்றுப்பாதையை வட்ட வடிவமாக மாற்றியமைப்பது மிகவும் நுட்பமான காரியம். இப்பணியில் வெற்றி கிடைத்தது என்றாலும், சின்காம் – செயற்கைக் கோளில் உள்ள மின்னணுச் சாதனங்கள் செயல்படவில்லை. எனவே, ஆவலாக எதிர்பார்க்கப்பட்ட சின்காம்–1 செயற்கைக் கோள் திட்டம் தோல்வியில் முடிந்தது. இத்திட்டத்துக்கு ஆன செலவோ ஒரு கோடியே 10 லட்சம் டாலர். இதில் என்ன கோளாறு ஏற்பட்டது என்று கண்டறிய முடியவில்லை.

எனினும் சில மாதங்களில் சின்காம்–2 இணைச் சுற்று செயற்கைக் கோள் 1963 ஜூலை 26-ம் தேதி விண்வெளியில் செலுத்தப்பட்டது. இதன் எடை 35.6 கிலோகிராம். இதன் சுற்றுப் பாதையைத் திருத்தி அமைத்து, இதைத் தென் அமெரிக்க அமேஸான் (Amazon) நதி முகத்துக்கு மேலாகக் கொண்டு வந்து நிலையாக நிறுத்தச் செய்வதற்கு 3 வாரங்கள் பிடித்தன. சின்காம்–2 செயற்கைக்கோள் மூலமான தகவல் தொடர்புச் சோதனைகள் வெற்றியாக அமைந்தன. 1963 ஆகஸ்ட் 23-ம் தேதி அமெரிக்க ஜனாதிபதி கென்னடியும், நைஜீரிய பிரதமர் சர் அபுபக்கர் தபாவா பலேவாவும் இச்செயற்கைக் கோள் மூலம் தொலைப்பேசியில் பேசினார்கள்.

இந்தச் செயற்கைக்கோள் திட்டத்துக்கு ஜனாதிபதி கென்னடி ஆக்கபூர்வ ஆதரவை அளித்து விசேஷ அக்கறை காட்டினார். இதை கென்னடி தொடங்கி வைத்த 3 மாதங்களுக்குப் பிறகு, அதாவது நவம்பர் 22–ம் தேதியன்று இதே செயற்கைக்கோள் கென்னடி சுட்டுக் கொல்லப்பட்ட துயரம் தரும் செய்தியை ஒளிபரப்புச் செய்தது. கென்னடி உயிரிழந்ததிலிருந்து அவரது சடலம் நல்லடக்கம் செய்யப்பட்டது வரையிலான நிகழ்ச்சிகளை, தகவல் தொடர்பு செயற்கைக்கோள்கள் உலகின் பல நாடுகளுக்கு அஞ்சல் செய்தன. குறைந்த பட்சம் 23 நாடுகளைச் சேர்ந்த கோடானு கோடி மக்கள் நேரில் காண்பது போலத் தங்கள் வீட்டுத் தொலைக்காட்சிப் பெட்டிகளில் இக்காட்சிகளைக் கண்டார்கள்; கண்ணீர் சிந்தினார்கள்.

சின்காம்–3 செயற்கைக்கோளும் வெற்றிகரமாக அமைந்தது. இது 1964 ஆகஸ்டில் செலுத்தப்பட்டது. ஜப்பானின் தலைநகரமான டோக்கியோவில், அந்த ஆண்டில் நடந்த ஒலிம்பிக் விளையாட்டு விழா நிகழ்ச்சிகளை, அவை நடைபெறும்போதே உலகின் பல நாடுகளிலும் உள்ள மக்கள் தொலைக்காட்சியில் காணச் செய்ய சின்காம்–3 செயற்கைக்கோள் பயன்படுத்தப்பட்டது. ஒலிம்பிக் விளையாட்டு விழாவை உலகின் பல நாட்டு மக்களும் இப்படித் தொலைக்காட்சியில் பார்த்தது அதுவே முதல்முறை.

கென்னடியின் மறைவால் ஏற்பட்ட துக்கத்தை, செயற்கைக் கோளின் மூலம் பகிர்ந்துக் கொண்ட உலக மக்கள், இப்போது ஒலிம்பிக் விளையாட்டு விழா மகிழ்ச்சியை செயற்கைக் கோள் மூலம் பகிர்ந்துக் கொண்டார்கள். தகவல் தொடர்பு செயற்கைக் கோள்களால், உலகம் சுருங்கத் தொடங்கியது.

அடுத்து 1965 ஏப்ரலில் ஏர்லி பேர்ட் (Early Bird) என்னும் கவர்ச்சியான பெயரைக் கொண்ட தகவல் தொடர்பு செயற்கைக்கோள் செலுத்தப்பட்டது. இதுவும் இணைச்சுற்றுச் செயற்கைக் கோளே. உலகின் வர்த்தக ரீதியிலான முதல் தகவல் தொடர்பு செயற்கைக்கோள் இதுதான். அதாவது யார் வேண்டுமானாலும் கட்டணம் செலுத்தி இதனைப் பயன்படுத்தலாம் என்ற ஏற்பாடு இருந்தது. தகவல் தொடர்பு செயற்கைக்கோள் கார்ப்பரேஷன் (Communications Satellite Corporation) என்னும் அமெரிக்க நிறுவனம் இந்த செயற்கைக்கோளின் உரிமையாளர். இந்த நிறுவனம் சுருக்கமாக காம்சாட் (Comsat) என்று அழைக்கப்பட்டது. தொலைக்காட்சி நிகழ்ச்சிகள் மட்டு மில்லாமல் தொலைபேசி, டெலிபிரிண்டர் போன்ற தகவல் தொடர்பு களையும் இது வழங்கியது.

சுமார் 18 மாத காலம்தான் செயல்படும் என்று எதிர்பார்க்கப்பட்ட இந்தச் செயற்கைக்கோள் 4 ஆண்டுகள் தாண்டிச் செயல்பட்டது.

1968-ம் ஆண்டில் மெக்சிகோ சிட்டியில் நடந்த ஒலிம்பிக் விளையாட்டு விழா நிகழ்ச்சிகள் ஏர்லி பேர்ட் , சின்காம்-3, இன்டெல்சாட்–2 ஆகிய மூன்று செயற்கைக்கோள்கள் மூலம் ஐரோப்பிய நாடுகளுக்கும் ஜப்பானுக்கும் அனுப்பப்பட்டன.

1982 ஏப்ரலில் தொடங்கி இந்தியாவின் உபயோகத்துக்கென விண்வெளியில் செலுத்தப்பட்ட இன்சாட்–1 வகை செயற்கைக் கோள்கள் இணை சுற்றுச் செயற்கைக்கோள் ரகத்தைச் சேர்ந்தவையே. இவை இந்தியா அளித்த ஆர்டரின் பேரில் அமெரிக்க நிறுவனம் ஒன்றால் தயாரிக்கப்பட்டவை.

இன்சாட் வரிசையில் விண்வெளியில் செலுத்தப்பட்ட செயற்கைக்கோள்கள் பற்றித் தனியே பின்னர் கவனிப்போம்.

பரப்பளவில் இந்தியா பெரிய நாடு. எனவே, இந்தியாவின் சொந்த உபயோகத்துக்கெனதனித் தகவல் தொடர்பு செயற்கைக் கோள் தேவை. ஆனால் ஆசிய, ஆப்பிரிக்க, தென் அமெரிக்கக் கண்டங்களில் எவ்வளவோ சிறிய நாடுகள் இருக்கின்றன. தனி செயற்கைக்கோள் தேவைப்படாத அளவுக்கு அவை சிறியவை. இப்படிப்பட்ட நாடுகளின் பொது உபயோகத்துக்காக, இன்டெல்சாட் எனப்படும் செயற்கைக் கோள்களைக் கடந்த பல ஆண்டுகளாக அமெரிக்கவின் நாசா அமைப்பு தனது ராக்கெட்டுகள் மூலம் டஜன் கணக்கில் அனுப்பி வைத்திருக்கிறது. இந்தோனேஷியா, கனடா மற்றும் ஐரோப்பிய நாடுகளுக்கான இணைச் சுற்றுச் செயற்கைக் கோள்களும்இப்படித்தான் அனுப்பி வைக்கப்பட்டன. பிரான்ஸூம் தனது ஏரியேன் ராக்கெட் மூலம் பல இணைச்சுற்று செயற்கைக்கோள்களை அனுப்பியிருக்கிறது.

தற்போது, நிறைய இணைச் சுற்றுச் செயற்கைக்கோள்கள் பூமியைச் சுற்றி வருகின்றன.

எனவே, அரசியல், கலை, விளையாட்டு, போர் - இப்படி எந்த நிகழ்ச்சியாக இருந்தாலும், அது உலகின் எந்த மூலையில் நடந்தாலும், இணைச் சுற்றுச்

செயற்கைக்கோள்கள் மூலம் அந்த நிகழ்ச்சி உலகின் அனைத்து பாகங்களுக்கும் ஒளிபரப்பாகிறது. முக்கியமான நிகழ்ச்சிகளை அவை நடக்கும் போதே நேரடியாக ஒளிபரப்ப முடிகிறது.

சர்வதேச விளையாட்டுப் போட்டிகளை ஒரே நேரத்தில் உலகின் பல நாடுகளுக்கும் காட்டமுடிகிறது என்பதால் இவற்றைத் தொலைக்காட்சியில் காட்டுவதற்கான உரிமையை விற்று நல்ல வருமானம் பெறமுடிகிறது. உலகின் எந்தப் பகுதியில் நிறையப் பேர் பார்ப்பார்கள், எங்கு அதிக வருமானம் கிடைக்கும் என்பதைப் பொறுத்துப் போட்டியின் நேரம்கூட மாற்றியமைக்கப்படுகிறது.

இணைச்சுற்றுச் செயற்கைக்கோள்கள், தொலைக்காட்சித் துறையில் பெரும் புரட்சியை ஏற்படுத்தியுள்ளதாகக் கூறலாம்.

உலகைச் சுற்றும் கேமரா

8

மேகமூட்டமாக இருக்குமா, மழை பெய்யுமா அல்லது வெயில் அடிக்குமா என 5 நாள்கள் முன்கூட்டி நிச்சயமாகத் தகவல் தெரிகிற அளவுக்கு வானிலை விஞ்ஞானத்தை செம்மைப் படுத்தினால், உலகில் ஆண்டுதோறும் பல்லாயிரம் கோடி ரூபாய் அளவிலான இழப்பைத் தவிர்க்க முடியும் என்று சொல்லப் படுகிறது. அப்படி முன் கூட்டி அறிய முடியு மானால் விவசாயிகள் முதிர்ந்த பயிர்களை மழை வெள்ளம் அடித்துச் செல்வதற்கு முன்னால் அறுவடை செய்துவிடுவார்கள். விதைப்பு சீசனாக இருந்தால், மழை வருவது உறுதி என்பதை முன் கூட்டியே அறிந்து விதைப்பில் ஈடுபட ஆரம்பிப்பார்கள்.

அதேபோல சாலை நிர்மாணம், பெரிய கட்டடங் களைக் கட்டுதல், அணைகளைக் கட்டுதல் போன்ற பெரிய திட்டங்களில் கட்டுமானப் பணியைத் தகுந்தபடி மாற்றி அமைத்துக் கொண்டு, பொருள்களும் வேலை நேரமும் வீணாவதைத் தவிர்க்க முடியும்.

துறைமுகங்களில் சரக்கு ஏற்றி இறக்குவதில் தகுந்த கால அட்டவணையை வகுத்துக்கொள்ள முடியும். அடுத்த சில நாள்களில் வானிலை இப்படித்தான் இருக்கும் என்பதை அறிந்து

போக்குவரத்து சர்வீஸுகளை அதற்கேற்ப இயக்க முடியும். இதனால் வருமான இழப்பைத் தவிர்க்க முடியும்.

பெருமழை, புயல் ஆகியவற்றை மனிதனால் தடுக்க இயலாது. குறைந்தபட்சம் இவை பற்றி முன்கூட்டியே திட்ட வட்டமாக அறிய முடிந்தால் உயிர்ச் சேதத்தைத் தவிர்க்க இயலும். பொருள்சேதத்தைக் குறைத்துக் கொள்ள முடியும்.

வானிலையை முன் கூட்டி அறிய இத்தனைக் காலமும் ஏற்பாடுகள் இல்லாமல் இல்லை. உலகெங்கிலும், அந்தந்த நாடுகளில் வானிலை பற்றியத் தகவல் சேகரிப்புக்கு பல முன்னேறிய முறைகள் கையாளப்பட்டு வருகின்றன. புயல்கள் பற்றி அறிய ராடார் (Radar) சாதனங்கள் நிறுவப் பட்டிருக்கின்றன. ஆனால், ராடார் சாதனங்கள் தொலைவில் உள்ள புயலின் நடமாட்டம் பற்றி மட்டுமே நமக்குக் காட்டுகின்றன. புயல் எங்கெல்லாம் உருவாகிறது என்பதை ராடார் தேடிப்போய்க் கண்டுபிடிப்பதில்லை.

ஆனால், வானத்தில் மிக உயரத்துக்குப் போய் அங்கிருந்து பூமியைப் பார்த்தால் எங்கெல்லாம் புயல் உருவாகிறது என்பதை அறியலாம். நிலப் பகுதியிலிருந்து வெகு தொலைவில், கடலில் புயல் உருவாகும்போதே அதைப்பற்றி அறிந்துகொண்டு விடலாம். தொடர்ந்து அதன் போக்கைப் படமாகவும் பிடிக்கலாம்.

செயற்கைக்கோள் இப்பணியைச் செய்கிறது. இந்த வகை செயற்கைக் கோள் வானிலை செயற்கைக்கோள் (Weather Satellite) என்று குறிப்பிடப்படுகிறது. வானிலை செயற்கைக்கோள்களில் படமெடுக்கும் கேமராக்கள் இருக் கின்றன. இவை பூமியைப் போர்த்தியுள்ள மேகக் கூட்டங்களைப் படம் பிடித்து அனுப்புகின்றன. புயலின் மையம் எங்கு நிலை பெற்றுள்ளது, எப்படியெல்லாம் நகருகிறது என்பதை அறிய செயற்கைக் கோளிலிருந்து அனுப்பப்படும் படங்கள் உதவுகின்றன.

அமெரிக்கா, *1960*-ம் ஆண்டு ஏப்ரலில் செலுத்திய டைரோஸ்-*1* (Tiros-1) செயற்கைக் கோள்தான் உலகின் முதலாவது வானிலை செயற்கைக் கோள். Television Infra-Red Observation Satellite என்னும் நீண்ட பெயருக்குப் பதில் இந்தச் செயற்கைக் கோள் சுருக்கமாக டைரோஸ் (Tiros) என்று குறிப்பிடப் பட்டது. உருளை வடிவிலான இந்தச் செயற்கைக்கோளின் குறுக்களவு, *107* சென்டிமீட்டர், உயரம் *48* சென்டிமீட்டர். இதில் இரு சிறிய அசையும் படம் எடுக்கும் கேமராக்களும், வீடியோ டேப்ரெகார்டர்களும், மேகக் கூட்டங் களைக் கண்டு உணர அகச் சிவப்புக் கதிர்களால் இயங்கும் நுண்கருவிகளும், ரேடியோ டிரான்ஸ்மீட்டர் கருவிகளும் இடம் பெற்றிருந்தன.

பூமியில் ஆங்காங்கு உள்ள தரை நிலையங்கள் மூலம் இந்தச் செயற்கைக் கோள் அனுப்பும் தகவல்கள் பெறப்பட்டு, ஒன்று தொகுக்கப்பட்டன.

டைரோஸ்-*1* செயற்கைக்கோளைத் தொடர்ந்து டைரோஸ் வரிசையில் பல வானிலை செயற்கைக் கோள்கள் பறக்கவிடப்பட்டன. இந்த வரிசையில் டைரோஸ்-*10* செயற்கைக் கோள் *1965* ஜூலையில் பறக்க விடப்பட்டது.

இரவு நேரங்களில் மேகக்கூட்டங்களை எப்படிக் கண்டறிவது? இதற்கென அமெரிக்கா 1964-ல் நிம்பஸ்-1 (Nimbus -1) செயற்கைக் கோளைச் செலுத்தியது. விசேஷ அகச் சிவப்பு கேமராக்கள் மூலம் இந்தச் செயற்கைக் கோள் இரவிலும் மேகக் கூட்டங்களைப் படம்பிடித்து அனுப்பியது. நிம்பஸ்–1 திட்டமிட்ட உயரத்தை எட்டவில்லை என்றாலும் இது இரவு நேரத்தில் மேகக் கூட்டங்களைத் தெளிவாகப் படம் பிடித்து அனுப்பியது. சுமார் 960 முதல் 1130 கிலோமீட்டர் உயரத்தில் பறக்கும் வகையில் நிம்பஸ்–2 செயற்கைக் கோள் 1968-ல் செலுத்தப்பட்டது.

நிம்பஸ் ரக செயற்கைக்கோள், பூமியைப் போர்த்தியுள்ள மேகக் கூட்டங்களை ஒரு அடிகூட விடாமல் தினமும் கவனித்துப் படம் பிடிக்கும் திறன் கொண்டது என வர்ணிக்கப்பட்டது.

ஒரு தடவை நிம்பஸ் செயற்கைக்கோளிலிருந்து கிடைத்த ஒரு படத்தை அமெரிக்கக் கடற்படை அதிகாரி ஆராய்ந்தபோது, அசாதாரண அம்சம் ஒன்றைக் கவனித்தார். பயங்கரப் புயல் ஒன்று உருவாவதை அது காட்டுவதாக அவருக்குச் சந்தேகம் ஏற்பட்டது. உடனே அவர் கடற்படைத் தளத்தை உஷார்ப்படுத்தினார். அவர் சந்தேகித்தது போலவே ஆறு மணி நேரத்துக்குப் பிறகு புயல் தாக்கியது. அதற்குள்ளாக விமானங்களும் ஹெலிகாப்டர்களும் கடற்படைத் தளத்திலிருந்து பாதுகாப்பான இடத்துக்கு அனுப்பப்பட்டு விட்டன. இதர முன்னெச்சரிக்கை நடவடிக்கைகளும் மேற்கொள்ளப் பட்டன. புயல் பற்றி அறிவதில் செயற்கைக்கோள் ஆற்றும் பங்கை இதிலிருந்து அறியலாம்.

டைரோஸ் வரிசைக்குப் பிறகு, அமெரிக்கா எஸ்ஸா (Essa) வரிசை செயற்கைக்கோள்களைச் செலுத்தியது. இவை டைரோஸ் ரக செயற்கைக் கோள்களைவிட மேலும் முன்னேறியவை. எஸ்ஸா செயற்கைக்கோள் இரவு, பகல் 24 மணி நேரமும் உலகின் வானிலை நிலைமையைப் படம் பிடித்து அனுப்பிக் கொண்டிருக்கும்.

வானிலை செயற்கைக்கோளை உருவாக்குவதில் ரஷ்யா சில ஆண்டுகள் பின் தங்கியது. 1966-ல் ரஷ்யா செலுத்திய காஸ்மாஸ்–122 செயற்கைக் கோளை ரஷ்யாவின் முதல் வானிலை செயற்கைக்கோள் என்று சொல்லலாம்.

ரஷ்யாவும் சரி, அமெரிக்காவும் சரி, வானிலை செயற்கைக்கோள் மூலம் பெறப்பட்ட படங்களைப் பல நாடுகளுடன் பகிர்ந்து கொள்கின்றன.

உலக வானியல் நிறுவனம் (Meterological Organization) என்னும் ஐக்கிய நாடுகள் துணை அமைப்பின் ஏற்பாட்டின்கீழ், உலகம் தழுவிய ரீதியில் செயற்கைக்கோள் மூலமாக வானிலைத் தகவல்களை உலக நாடுகள் பகிர்ந்து கொள்கின்றன.

உலகில் குறிப்பிட்ட இடத்தில் உள்ள புயலை ஆராய வேண்டும் என்றால் அந்தப் புயலைப் படம் பிடித்து அனுப்பும்படி வானிலை செயற்கைக் கோள்களுக்குக் கட்டளையிட முடியும்.

பூமியை ஒரு நாளில் பல தடவை சுற்றி வந்து உலகின் எல்லாப்பகுதிகளையும் பற்றிய வானிலை நிலைமையைப் படம்பிடித்து அனுப்புகிற ஏற்பாட்டுக்குப் பதிலாக, இரவு பகல் 24 மணி நேர மும் உலகிலுள்ள குறிப்பிட்ட ஒரு பிரதேசத்தை மட்டும் படம் பிடித்து வானிலைத் தகவல்களை அனுப்பும்படிச் செய்கிற ஏற்பாடும் சாத்தியம்தான். எப்போதும் ஒரு பிரதேசத்துக்கு மேல் நிலையாக இருக்கிற இணைச்சுற்றுச் செயற்கைக் கோள்களை இந்த வகையில் பயன்படுத்த முடியும்.

★

பூமியின் நடுமையத்திலிருந்து வடதுருவத்தின் ஆரம் என்ன? இதை எப்படி மிகத் துல்லியமாக அளப்பது? வடதுருவத்திலிருந்து மிக மிக மிக நீளமான கம்பியைவிட்டு அளக்க இயலுமா என்றால் அது சாத்தியப்படாது.

பூமியின் மையத்திலிருந்து வடதுருவம், தென்துருவத்தைவிட வெறும் 15.25 மீட்டர்தான் அதிகம் என்று கண்டறியப்பட்டுள்ளது. இதைக் கண்டறியவும் ஒரு செயற்கைக்கோள்தான் உதவி செய்தது.

அமெரிக்கா 1958 மார்ச் மாதம் செலுத்திய வான்கார்ட் -1 (Vanguard - 1) செயற்கைக்கோளின் சுற்றுப்பாதையில் தொடர்ந்து ஏற்பட்ட சிறு மாறுதல்களை வைத்துக் கணித நிபுணர்கள் கணக்கிட்டதில் மேற்படித் தகவல் தெரிய வந்தது.

பூமி, டேபிள் டென்னிஸ் பந்துபோல கச்சிதமான உருண்டை அல்ல. பித்தளைச் சொம்பின் அடிப்பகுதி தட்டையாக இருப்பது போல, பூமியின் வடதுருவப் பகுதியும் இருக்கிறது. துருவப் பகுதிகளில் உள்ள இந்த அதுங்கல் அதுவரை கருதப்பட்டு வந்ததைவிட 76.2 மீட்டர் குறைவு என்பதும் வான்கார்ட்–1 செயற்கைக்கோளின் சுற்றுப் பாதைகளை ஆராய்ந்து கணக்கிட்டதில் தெரிய வந்தது.

பூமியின் திட்டவட்டமான வடிவத்தை அறிய செயற்கைக் கோள்கள் உதவியிருக்கின்றன. அதுமட்டுமல்ல; துல்லியமான தேசப்படங்களைத் தயாரிக்கவும் நில அளவைச் செயற்கைக் கோள்கள் (Geodetic Satellites) உதவி வருகின்றன.

ஜப்பானில் டோக்கியோவுக்குத் தெற்கே சுமார் 480 கிலோமீட்டரில் ஒரு சிறிய தீவு. இந்தத்தீவானது தேசப்படங்களில் இதுவரை குறிக்கப்பட்டு வந்ததை விட உண்மையில் சுமார் 1500 மீட்டர் கிழக்கே தள்ளி அமைந்துள்ளதாகச் செயற்கைக்கோளின் உதவியுடன் கண்டுபிடிக்கப்பட்டது.

அமெரிக்காவின் எக்கோ–1, எக்கோ–2 செயற்கைக்கோள்கள் மூலம் எடுக்கப்பட்ட படங்களை வைத்து, ஜப்பானிய நீரியல் அமைப்பு, பல சிறு தீவுகளின் நிலைகளை மிகத் துல்லியமாகக் கணக்கிட்டு, அந்த அடிப் படையில் படங்களைத் தயாரித்தது.

ஜியோஸ் (Geos) வரிசையிலான செயற்கைக்கோள்களில், பளிச்சிட்டு மறையும் ஒளி விளக்குகள் அல்லது பூமியிலிருந்து அனுப்பப்படும் லேசர்

ஒளிக்கற்றைகள் அல்லது ரேடியோ சமிக்ஞைகளைப் பிரதிபலிக்கும் விசேஷ கண்ணாடிகள் அமைக்கப்பட்டிருந்தன.

அமெரிக்காவின் செகோர் ரக செயற்கைக்கோளும் இந்த வகைப் பணிக்கு பயன்படுத்தப்பட்டது. Sequential Collation of Range என்னும் ஆங்கிலச் சொற்றொடரின் முதல் எழுத்துக்களைச் சேர்த்து, இந்த ரக செயற்கைக்கோள் சுருக்கமாக Secor என்று குறிப்பிடப்படுகிறது. இவை அளவில் சிறியவை. எடை சுமார் 20 கிலோகிராம்தான். எனவே, அமெரிக்கா விண்வெளியில் வேறு செயற்கைக்கோளைச் செலுத்தும்போது, பின் சீட்டில் செகோர் ரக செயற்கைக்கோளையும் உட்கார வைத்து அனுப்பி விடுகிறது.

9

விண்வெளியில் ஒற்றன்

எதிரிப்படைகள் படையெடுத்து வந்து தாக்கக் கூடிய ஆபத்து இருந்தால், அந்த நாள்களில் கோட்டை கொத்தளத்தின் மீது நிறுத்தப் பட்டிருக்கும் போர் வீரர்கள் கண்ணைத் தீட்டிக் கொண்டு கண்ணுக்கெட்டிய தூரம்வரை உன்னிப்பாகப் பார்த்துக் கொண்டிருப்பார்கள். எதிரிப்படை வருவது தென்பட்டால், உடனே தகவல் பறக்கும். எதிரி படையெடுத்து வருகிற வரை காத்திருக்காமல் எதிரியின் உத்தேசம் என்ன என்பதை அறிய ஒற்றர்களை அனுப்புவதும் உண்டு. இப்படி, எதிரியை வேவு பார்ப்பது என்பது நெடுங்காலமாக இருந்து வருகிற ஒன்று.

இந் நாள்களிலோ எதிரி, நண்பன் என்ற பாகுபாடுகூட இல்லாமல் பல நாடுகளும் ஒன்றை ஒன்று வேவு பார்ப்பது சகஜமாகி விட்டது. ஒற்றர்களை அனுப்பினால் அவர்களால் கட்டுக்காவல் நிறைய உள்ள இடங்களில் புகுந்து வேவு பார்க்க முடியாது. ஒட்டு கேட்க முடியாது. மிக, மிக உயரத்தில் பறக்கும் விமானங்களை அனுப்பி வேவு பார்க்கலாம். இதிலும் ஆபத்து இருக்கிறது. அப்படி ஒரு விமானம் அத்துமீறி நுழைந்தால் சுட்டு வீழ்த்தப் படலாம். வேவு விமானங்கள் இப்படி சுட்டு வீழ்த்தப்பட்ட சம்பவங்கள் நிறைய நடந்திருக்கின்றன. வல்லரசுகளிடையே இதனால் பிரச்னைகள் ஏற்பட்டதும் உண்டு.

சுட்டு வீழ்த்தப்பட முடியாத அளவுக்கு வானில் மிக உயரத்தில் இருந்து கொண்டு வேவு பார்க்கலாம். இதற்கும் செயற்கைக் கோள் உதவுகிறது. இவை வேவு பார்க்கும் செயற்கைக் கோள்கள் (Spy Satellites) என்று குறிப்பிடப்படுகின்றன.

இந்த வகை செயற்கைக் கோள்கள், பிற நாட்டுக்குக் கேடு செய்யும் நோக்கம் கொண்டவையல்ல. பிற நாட்டைப்பற்றி வெளியே தெரியாத, தெரிவிக்கப் படாத தகவல்களை அறியும் நோக்கம் கொண்டவை.

வானத்தில் பல நூறு கிலோமீட்டர்கள் தொலைவிலிருந்து படம் எடுத்தால் என்ன தெரிந்துவிடப் போகிறது என்று நினைக்கிறீர்களா? நம் ஊரில் சுவர்களில் ஒட்டப்படுகிற ஆள் உயர அரசியல் பிரசார போஸ்டர்களை தரையில் விரித்து வைத்தால், வேவு செயற்கைக்கோளில் உள்ள கேமரா, இந்த போஸ்டர்களில் உள்ள எழுத்துக்களைக்கூட துல்லியமாகப் படம் எடுத்துவிடும். அந்த அளவுக்கு நுட்பமான கேமராக்கள் இருக்கின்றன.

வேவு செயற்கைக்கோளில் உள்ள கேமரா, விண்வெளியில் பறந்தபடி படம் எடுத்ததும் அந்தப் படங்களை தரைக் கேந்திரத்துக்கு சிக்னல் மூலம் அனுப்பிவிடும்.

பனிப்போர் உச்சகட்டத்தில் ரஷ்யா, அமெரிக்கா ஆகிய இரு நாடுகளுமே அவ்வப்போது விண்வெளிக்கு வேவு செயற்கைக் கோளைச் செலுத்தி வந்தன.

அமெரிக்காவின் மைடாஸ் (Midas), சாமோஸ் (Samos) ரக செயற்கைக் கோள்கள் வேவு செயற்கைக்கோள்கள் என்று பொதுவில் கருதப்படுகின்றன. ஏவுகணைகள் செலுத்தப்படுவதைக் கண்டறிய அமெரிக்கா 1960-ல் அனுப்பிய மைடாஸ்–2 செயற்கைக்கோளை இதற்கு உதாரணமாகக் குறிப் பிடலாம். அதே ஆண்டு அக்டோபரில் சாமோஸ் செலுத்தப்பட்டது. ஆரம்ப நாள்களில் அமெரிக்கா இந்த ரக செயற்கைக்கோள்களைச் செலுத்தியபோது, இவற்றின் நோக்கத்தைத் தெரிவிக்காவிட்டாலும் இப்படிச் செயற்கைக்கோள் செலுத்தப்பட்ட தகவல்களை தெரிவித்து வந்தது. ரஷ்யாவின் காஸ்மாஸ் வரிசையிலான பல செயற்கைக்கோள்கள்; இந்த ரகத்தைச் சேர்ந்தவை என்று கருதப்படுகிறது.

பொதுவில் வேவு செயற்கைக்கோள்கள் அதிக நாள் விண்வெளியில் இருப்ப தில்லை. ரஷ்ய வேவு செயற்கைக் கோள்கள் 8 முதல் 13 நாள்கள் தங்கியிருப் பதாகவும், அமெரிக்க வேவு செயற்கைக் கோள்கள் 7 முதல் 28 நாள்கள் வரையிலும் தங்கியிருப்பதாவும் சொல்லப்படுகிறது.

பொதுவாக, இந்தச் செயற்கைக்கோள்கள் தெற்கு, வடக்காக சுமார் 320 கிலோமீட்டர் உயரத்தில் பறக்கும்படிச் செலுத்தப்படுகின்றன. பணி முடிந்ததும், அவை குறிப்பிட்ட பிராந்தியத்தில் வந்து இறங்கும்படி செய்யப்பட்டு, படங்கள் சேகரிக்கப்படுகின்றன. மேலிருந்தபடியே படங்களை டிஜிட்டல் வடிவில் கீழே அனுப்பும் முறையும் உள்ளது.

பிற நாடுகளில் படை நடமாட்டத்தை அறிதல்; ஏவுகணைச் சோதனைகள் நடத்தப்படுகிறதா என்று கவனித்தல்; காற்று மண்டலத்துக்கு மேல் ஒரு நாடு ரகசியமாக அணுகுண்டை வெடித்துச் சோதனை நடத்துகிறதா என்று அறிதல்; பிற நாட்டின் நிலப்பகுதி, கடலோரப் பகுதி ஆகியவற்றைப் படம் பிடித்தல் போன்ற பல தகவல்களைப் பெற வேவு செயற்கைக்கோள்கள் பயன்படுத்தப்படுகின்றன.

எதிராளி நாட்டின் படை நடமாட்டத்தைத்தான் கண்காணிக்க வேண்டும் என்பதில்லை. உலகில் எங்கேனும் போர் மூண்டால் அப்போரில் ஈடுபட்ட நாடுகளின் படை நடமாட்டங்களை, படை பலத்தை இதன் மூலம் மதிப்பிடுவதும் உண்டு. இப்படிப் பெறப்படும் தகவல்களை, போரில் ஈடுபட்டுள்ள நாடு தோழமை நாடாக இருந்தால், அதற்கு அளிப்பார்கள். 1982 மே மாதம் பிரிட்டன்–அர்ஜென்டினா இடையே ஃபாக்லேண்ட் தீவுகள் தொடர்பாகப் போர் நடந்தபோது, அமெரிக்கா தனது வேவு செயற்கைக்கோள் மூலம் சேகரித்த தகவல்களை பிரிட்டனுக்கு அளித்து உதவியதாகக் கூறப்படுகிறது.

1991 தொடக்கத்தில் நடந்த வளைகுடாப் போரில் செயற்கைக் கோள்கள் முக்கியப் பங்கு வகித்தன. குவைத் நாட்டை இராக் நாட்டின் ஆக்கிரமிப்பிலிருந்து விடுவிப்பதற்காக, அமெரிக்கா தலைமையில் பல நாடுகளைச் சேர்ந்த படைகள் இராக் மீது போர் தொடுத்தன. அப்போரின் போது, இராக் தன் வசமிருந்த ரஷ்யத் தயாரிப்பான ஸ்கட் (Scud) எனப்படும் ஏவுகணைகளை இஸ்ரேல் மீதும், சவூதி அரேபியா மீதும் செலுத்தியது. இந்த ஸ்கட் ஏவுகணைகள் சில நூறு கிலோமீட்டர் தூரம் சென்று தாக்கக்கூடியவை.

இராக்கின் இந்த ஏவுகணைகளை முறியடிக்க அமெரிக்கா பேட்ரியட் (Patriot) எனப்படும் எதிர்கணைகளைப் பயன்படுத்தியது. ஸ்கட் ஏவுகணை வானில் இருக்கும்போதே பேட்ரியட் எதிர்கொண்டு அதைத் தாக்கி அழிக்கும் சக்தி படைத்தது. வேகமாகப் பறந்து வந்த ஸ்கட் ஏவுகணைகளை நடுவானில் அழிக்க செயற்கைக்கோள்கள் உதவின. இது எப்படிச் சாத்தியமாயிற்று?

இராக்கில் ஏவுகணைத் தளத்திலிருந்து ஸ்கட் கிளம்பியதும் வேவு செயற்கைக்கோள் அதைக் கண்டறிந்து அமெரிக்காவிலும், ஆஸ்திரேலியாவிலும் உள்ள தொடர்பு நிலையங்களுக்கு சிக்னல்கள் வடிவில் தகவல் அனுப்பியது. ஸ்கட் எந்தத் திசையை நோக்கி எவ்வளவு வேகத்தில் வருகிறது என்பதை இந்த சிக்னல்கள் மூலம் அறிய முடிந்தது. பிறகு சவூதி அரேபியாவில் அல்லது இஸ்ரேலில் உள்ள பேட்ரியட் யூனிட்டுகளுக்கு இதுபற்றித் தகவல் அனுப்பப்பட்டது. தக்க சமயத்தில் பேட்ரியட் செயல்பட்டு எதிரே சென்று ஸ்கட் ஏவுகணையைத் தாக்கி அழித்தது. பேட்ரியட் எப்போது எந்தத் திசையில் பாயவேண்டும் என்பதை நுண்ணிய கம்ப்யூட்டர்கள் தீர்மானித்துக் கூறின.

இராக்கியப் படைகளின் நடமாட்டத்தை அறியவும் வேவு செயற்கைக் கோள்கள் அமெரிக்கா தலைமையிலான பன்னாட்டுப் படைகளுக்கு உதவின.

சமீப ஆண்டுகளில், மேலும் அதிநுட்பமான வேவு செயற்கைக் கோள்கள் உருவாக்கப்பட்டிருக்கின்றன. அமெரிக்காவின் KH–11 செயற்கைக்கோள் இவற்றில் ஒன்று. இந்த ரக செயற்கைக் கோள்களில் அடங்கிய கேமராக்களில் ஃபிலிம் பயன்படுத்தப்படுவதில்லை. மாறாக இன்றைய டிஜிட்டல் கேமராக்களில் பயன்படுத்தப்படுகிற Charge-Coupled Device (CCD) எனப்படும் சாதனம் பயன்படுத்தப்படுகிறது.

Charge&Coupled Device என்பது ஒரு சிலிக்கான் சில்லு (Silicon Chip) ஆகும். இந்தச் சிறிய சில்லில் பல்லாயிரக்கணக்கான துணுக்குகள் இருக்கும். இவை ஒளி பட்டால் விளைவு காட்டுபவை. கேமராவின் லென்ஸ் வழியே வரும் ஒளி, இந்தச் சில்லு மீது படும்போது, கேமராவின் லென்ஸ் காணும் காட்சிக்கு ஏற்ப மின் துடிப்புகள் தோன்றுகின்றன. இவை கம்ப்யூட்டர் மூலம் எண் களாக மாற்றப்படுகின்றன. இந்த டிஜிட்டல் படங்கள், தரையில் உள்ள தொடர்பு நிலையங்களுக்குக் கிடைக்கின்றன.

இந்த முறையில் துல்லியமான படங்கள் கிடைக்கின்றன. செயற்கைக் கோளின் கேமரா படம் எடுக்க எடுக்க, கீழே தொடர்பு நிலையங்களில் தொடர்ந்தாற்போல படங்கள் கிடைத்துக் கொண்டிருக்கும்.

ஆரம்பத்தில் அமெரிக்காவும் ரஷ்யாவும் மட்டுமே வேவு செயற்கைக் கோள்களை வைத்திருந்தன. இப்போது மேலும் சில நாடுகள் இந்தப் பட்டியலில் இடம் பெற்றிருக்கலாம். நுட்பமான செயற்கைக் கோள்களையும் அத்துடன் அவற்றைச் செலுத்துவதற்கான ராக்கெட்டுகளையும் தயாரிப் பதற்குத் திறன் படைத்த எந்த ஒரு நாட்டாலும் இப்படி வேவு செயற்கைக் கோள்களைச் செலுத்த முடியும். உலகில் இப்போதைக்கு இப்படிப்பட்ட திறன் படைத்தவையாக ஆறு நாடுகள் அல்லது அமைப்புகள்தாம் (அமெரிக்க, ரஷ்யா, ஐரோப்பிய கூட்டமைப்பு நிறுவனம், ஜப்பான், சீனா, இந்தியா) இருக்கின்றன.

வேவு செயற்கைக் கோளுக்கு கண் மட்டுமல்ல. காதும் உண்டு.

சுமார் 400-500 கிலோமீட்டர் உயரத்தில் பறந்தபடி கீழே பேசுவதை ஒட்டுகேட்கக் காதைத் தீட்டிக் கொண்டு, பறக்கிற வேவு செயற்கைக் கோள்களும் இருக்கின்றன. இப்படி ஒட்டு கேட்கும் செயற்கைக் கோள்களை ரஷ்யா, அமெரிக்கா ஆகிய இரு நாடுகளும் பயன்படுத்துகின்றன. இவற்றைப் பற்றி அவ்வளவாக விவரம் தெரியவில்லை.

ஒவ்வொரு நாட்டிலும் ராணுவத் துறையினர் உள்பட பல்வேறு துறையினரும் பல பணிகளுக்காக வயர்லெஸ் மூலம் தகவல்களை அனுப்பு கிறார்கள். விண்வெளியில் இருந்தபடி இந்தத் தகவல்களைச் சேகரிப்பது ஒட்டுகேட்கும் செயற்கைக் கோளின் வேலை.

இப்படிப்பட்ட வேவு செயற்கைக் கோள்கள் பற்றி சில சமயங்களில் ஏதோ ஓரிரு தகவல்கள் வெளிவருவதோடு சரி. அமெரிக்கா 1963–ல் வேலா

ஹோட்டல்-1 என்னும் விசித்திரப் பெயரில் 220 கிலோகிராம் எடை கொண்ட செயற்கைக்கோள் ஒன்றைச் செலுத்தியது. அது விண்வெளியில் 96 ஆயிரம் கிலோமீட்டர் உயரத்தில் செலுத்தப்பட்டது. விண்வெளியில் ரகசியமாக அணுகுண்டுச் சோதனைகள் நடத்தப்படுகின்றனவா என்று கண்காணிப்பதற்காக இது செலுத்தப்பட்டது. இதன் சுற்றுப்பாதை பற்றிய விவரங்கள் வெளியிடப்படவில்லை. எக்ஸ் கதிர், காமா கதிர் ஆகியவற்றையும் நியூட்ரான்களையும் கண்டறிந்து கூறும் கருவிகள் இந்தச் செயற்கைக் கோளில் வைக்கப்பட்டிருந்ததாகச் சில தகவல்கள் கூறுகின்றன.

செயற்கைக்கோளில் அணுகுண்டு அல்லது வேறு குண்டுகளை வைத்து அனுப்பி, போர் மூளும்போது எதிரிநாட்டின் மீது அதைப் போடும்படி செய்யலாமே என்று தோன்றக்கூடும். இந்த வகையில் போர்க்காரியங்களுக்கு விண்வெளியை யாரும் பயன்படுத்தாதபடி தடுக்க ஐ.நா. அமைப்பின் ஆதரவின் கீழ் சர்வதேச ஒப்பந்தம் ஒன்று உருவாக்கப்பட்டிருக்கிறது. விண்வெளியில் செயற்கைக்கோளைச் செலுத்துகிற நாடுகள், அது பற்றி ஐ.நா.வுக்குத் தகவல் தெரிவிக்க வேண்டும் என்று கூறுகிற சர்வதேச ஒப்பந்தமும் நடைமுறையில் இருக்கிறது. இந்த ஒப்பந்தங்களில் அமெரிக்கா, ரஷ்யா, இந்தியா போன்ற நாடுகள் கையெழுத்திட்டிருக்கின்றன.

எனவேதான், எந்த நாடும் அணு குண்டுகளை அல்லது வேறு குண்டுகளைக் கொண்ட செயற்கைக்கோள்களைப் பறக்க விடுவதில்லை.

இருந்தாலும் ரஷ்யா, பூமியை முழுதாகச் சுற்றாமல் கிட்டத்தட்ட அரைச்சுற்று சுற்றிவிட்டுத் தரையில் உள்ள இலக்கைத் தாக்கும் திறன் கொண்ட செயற்கைக் கோள் போன்ற ஒரு தாக்குதல் முறையை உருவாக்கிச் சோதித்ததாக 1967–ல் அமெரிக்கா புகார் கூறியது. ரஷ்யர்கள் செயற்கைக்கோள் போன்ற இந்த விண் வாகனத்தைச் சில தடவை செலுத்திப் பரிசோதித்ததாகவும் கூறப்பட்டது. இது பூமியை முழுதாக ஒரு தடவை சுற்றுவதில்லை என்பதால், செயற்கைக் கோளில் அணு ஆயுதம் உட்பட ஆயுதங்களை வைக்கக் கூடாது என்று கூறும் ஐ.நா., ஒப்பந்தத்தை மீறியதாகக் கருதக் கூடாது என்றும் வாதிடும் நோக்கத்துடன் ரஷ்யா இதை உருவாக்கியதாகவும் கூறப்பட்டது.

செயற்கைக்கோள் தயாரிப்பில் ஏற்பட்டுவரும் முன்னேற்றத்தைக் காணும் போது, விண்வெளியில் சுற்றுகிற எதிரி நாட்டின் செயற்கைக்கோளை விண்வெளியிலேயே அழித்து விடுகிற திறன் கொண்ட செயற்கைக்கோள்கள் அல்லது ஏவுகணைகள் உருவாக்கப்பட்டாலும் வியப்பில்லை. சீனா, தனது செயற்கைக்கோள் ஒன்றைத்தானே ஓர் ஏவுகணையை அனுப்பி அழித்ததை முன்னமே குறிப்பிட்டிருக்கிறோம். விண்வெளியில் பழுதடைந்த சில செயற்கைக்கோள்கள் மீட்கப்பட்டு கீழே கொண்டு வரப்பட்டுள்ளன என்பதும் இங்கு குறிப்பிடத்தக்கது.

பல்வேறு காரணங்களை உத்தேசித்து ஒரு நாடு தனது விவசாய உற்பத்தி அளவை வெளியே பகிரங்கமாக அறிவிக்க விரும்பாமல் இருக்கலாம்.

ஆனால் செயற்கைக் கோள் மூலம் பிற நாட்டின் பயிர் நிலைமை பற்றி அறிந்து கொண்டுவிட முடியும். செயற்கைக் கோளில் அமைக்கப்பட்ட கேமராக் களைக் கொண்டு விசேஷக் கதிர்களைப் பயன்படுத்திப் படம் எடுத்தால் வளரும் பயிர்கள் ஆரோக்கியமான நிலையில் உள்ளனவா, அவை நல்ல மகசூல் அளிக்குமா போன்ற விவரங்களைப் பெற்றுவிட முடியும்.

மண்ணுக்கு அடியில் எங்கெங்கே எந்தெந்த உலோகக் கனிப்பொருள்கள் இருக்கின்றன என்பதையும் விசேஷ நுட்ப முறைகள் மூலம் செயற்கைக் கோளிலிருந்து கண்டறிய முடியும்.

கடலில் எங்கெங்கு மீன் கூட்டம் அதிகமாக இருக்கின்றன என்பதையும் செயற்கைக் கோள் மூலம் கண்டறிய முடியும்.

இப்படி செயற்கைக் கோள்கள் மூலம் பெறப்படுகிற தகவல்கள் ஒரு நாட்டின் பொருளாதார மேம்பாட்டுக்கு மிகவும் பயனளிக்கும்.

ஆரம்ப நாள்களில் செயற்கைக்கோள்கள் பெரும்பாலும் பூமியைச்சுற்றியுள்ள விண்வெளிப் பிரதேசத்தை ஆராய்பவையாக இருந்தன. அத்தோடு ஒப்பிட்டால் இப்போது செயற்கைக் கோள் துறையிலான தொழில்நுட்பம் மிகவும் முன்னேறியிருக்கிறது. செயற்கைக்கோள்கள் மனித குல முன்னேற்றத்துக்கு மேலும் பல வாய்ப்புகளை ஏற்படுத்தக்கூடும்.

10

விண்வெளியில் போட்டா போட்டி

இரண்டாம் உலகப்போருக்குச் சில ஆண்டுகளுக்குப்பிறகு கம்யூனிஸ்ட் சோவியத் ரஷ்யாவும், முதலாளித்துவ அமெரிக்காவும் இரு பெரும் வல்லரசு நாடுகளாக இருந்தன. ஆனால், இரண்டாம் உலகப்போரின் முடிவில் ரஷ்யாவைப் பற்றிய கருத்து வேறு விதமாக இருந்தது. விஞ்ஞானத் தொழில்நுட்பத்துறையில் அவ்வளவாக முன்னேற்றத்தைப் பெற்றிராத நாடு என்பதே ரஷ்யாவைப் பற்றிய கருத்தாக இருந்தது. அதே நேரத்தில் விஞ்ஞானத் தொழில் நுட்ப முன்னேற்றத்துக்கு எப்போதுமே பெயர் பெற்று விளங்கிய அமெரிக்கா, இரண்டாம் உலகப் போருக்குப் பிறகு மேற்கத்திய நாடுகளின் தலைவன் என்ற நிலைக்குப்படிப்படியாக உயர்ந்து கொண்டிருந்தது. இரண்டாம் உலகப் போரைத் தொடர்ந்து இருந்த நிலைமைகள் இதற்கு உதவின.

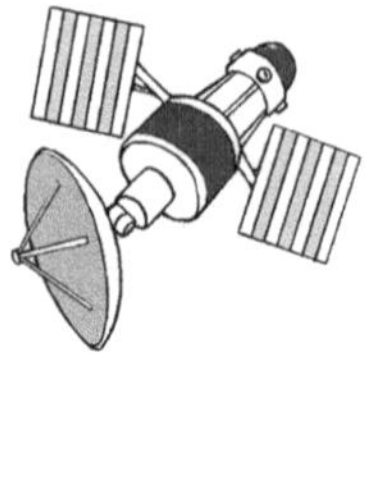

பிற நாடுகளுடன் ஒப்பிடுகையில், அமெரிக்கா இரண்டாம் உலகப் போரில் கடுமையாகப் பாதிக்கப்படவில்லை என்ற காரணத்தால், அது விரைவில் போர் விளைவுகளிலிருந்து மீண்டு ஐரோப்பிய நாடுகளுக்கும் ஜப்பானுக்கும் உதவுகிற நிலையைப் பெற்றது. அதே நேரத்தில் இப்போரில் கடும் பாதிப்புக்குள்ளாகி ஒன்றன் பின் ஒன்றாகத் தனது காலனி நாடுகளை இழக்க ஆரம்பித்திருந்த பிரிட்டன், உலகில் தனது

முந்தைய மேலோங்கிய நிலையை இழக்க ஆரம்பித்தது. பிரான்ஸின் நிலையும் இதேபோலத்தான் இருந்தது.

போரில் தோற்ற ஹிட்லரின் ஜெர்மனி, போருக்குப் பிறகு இரண்டு பகுதிகளாகக் கூறு போடப்பட்டுப் பிரிந்து கிடந்தது. உலகில் அணு குண்டுகள் வீசப்பட்ட ஒரே நாடான ஜப்பான், போரின் முடிவில் துவண்டு கிடந்தது. இப்படிப்பட்ட நிலைமையில் உலகில் அமெரிக்கா முதன்மை நிலையைப் பெற்றதில் வியப்பில்லை.

இரண்டாம் உலகப் போர் நடந்து கொண்டிருக்கும்போது, வெற்றிகரமாக அணுகுண்டைத் தயாரித்த அமெரிக்காவைப் பின்பற்றி ரஷ்யாவும் அணுகுண்டையும் பிறகு ஹைட்ரஜன் குண்டையும் தயாரிப்பதில் வெற்றி கண்டது. ஹைட்ரஜன் குண்டு, ராக்கெட்டுகளுக்குப் புதிய முக்கியத்துவத்தை அளித்தது. ஜெர்மன் வி-2 ராக்கெட் வெறும் ஒற்றை அடுக்கு ராக்கெட். அது சில நூறு கிலோமீட்டர்தான் பறந்து செல்லும் திறன் கொண்டது. சில ஆயிரம் கிலோமீட்டர் தூரம் பறந்து செல்லும் திறன் படைத்த பல அடுக்கு ராக்கெட்டு களை உருவாக்கி, அவற்றின் முகப்பில் ஹைட்ரஜன் குண்டை வைத்து அனுப்ப முடிந்தால், உண்மையில் அது மிகப் பயங்கர ஆயுதமாக விளங்கும்.

போர்முறை தொடங்கிய காலத்திலிருந்து அதிக தூரம் சென்று தாக்கக்கூடிய, அதிக அழிவை ஏற்படுத்தக்கூடிய போர்க்கருவிகளை உருவாக்குவதில்தான் நாடுகள் ஈடுபட்டு வந்திருக்கின்றன. வில், அம்பு, துப்பாக்கி, பீரங்கி, போர் விமானம், போர்க்கப்பல் ஆகிய அனைத்து விஷயங்களிலும் இந்தத் திறன்களை அதிகரிப்பதில் ஒரு நாடு காணும் முன்னேற்றம், போரில் வெற்றி தேல்வியை நிர்ணயிப்பதில் பிரதான அம்சமாக இருந்து வந்திருக்கிறது. இந்தப்பின்னணியில் பார்க்கும்போது, அணு ஆயுதங்களை முகப்பில் கொண்ட ராக்கெட்டுகள், அதாவது ஏவுகணைகள்தான் ஈடில்லாத போர்க் கருவிகளாக இருக்க முடியும்.

ஹைட்ரஜன் குண்டையும் பலஅடுக்கு ராக்கெட்டுகளையும் ஜோடி சேர்ப்பதில் பல பிரச்னைகள் முளைத்தன. அப்பிரச்னைகளில் ஒன்று ஹைட்ரஜன் குண்டின் அளவு மற்றும் எடை சம்பந்தப்பட்டது. இந்தக்குண்டு, வடிவில் பெரியதாக, எடை அதிகம்கொண்டதாக இருந்தால், பல அடுக்கு ராக்கெட்டின் உந்துவிசைத் திறன் அந்த அளவுக்கு அதிகமாக இருக்க வேண்டியது அவசியம். ஆனால், இந்தக்குண்டுகளை குறைந்த எடையில், சிறிய வடிவில் தயாரிக்க முடியும் என்றால் பல அடுக்கு ராக்கெட் அதிகத் திறன் படைத்ததாக இருக்க வேண்டும் என்கிற அவசியமில்லை. ஐ. சி. பி. எம். எனப்படும் இந்த ஏவுகணைகளைத் தயாரிக்கும்போது ஏற்படும் இந்தவகைப் பிரச்னைகளைச் சமாளிப்பதில் அமெரிக்கா, ரஷ்யா இரண்டுமே ஈடுபட்டிருந்தன.

அந்தச்சமயத்தில் பூமியைப்பற்றிய, மற்றும் காற்று மண்டலத்தைப் பற்றிய அம்சங்களை ஆராய உலகம் தழுவிய ரீதியில் 1957 ஜூலையிலிருந்து 1958 டிசம்பர் வரையிலான காலத்தை, சர்வதேசப் புவி இயற்பியல் ஆண்டு (Interational GeoPhysical Year) என்று கொண்டாடுவது என்ற முடிவு

செய்யப்பட்டு ரஷ்யா, அமெரிக்கா உள்பட உலகின் பல நாடுகளும் இந்தத்திட்டத்தில் ஈடுபட்டன. பூமியைச் சுற்றி வரும் வகையில் ஆராய்ச்சி நோக்கில் செயற்கைக் கோளை அமெரிக்காவும் ரஷ்யாவும் செலுத்தலாம் என அப்பொழுது நடந்த கூட்டங்களில் ஆலோசனை கூறப்பட்டது. இரு நாடுகளும் இந்தக்கருத்தை ஏற்றுக் கொண்டன.

இந்த விஷயத்தில் அமெரிக்காவில் சில முயற்சிகள் மேற்கொள்ளப்பட்டன என்றாலும், ரஷ்யா முந்திக் கொண்டது. 1957– ம் ஆண்டு, அக்டோபர் 4–ம் தேதி 58.4 சென்டிமீட்டர் குறுக்களவே கொண்ட ஒரு கோளம், 'பிளீப், பிளீப்' என்று கத்திக்கொண்டு, பூமியை 96 நிமிடங்களுக்கு ஒரு முறை சுற்றிவர ஆரம்பித்த போது அமெரிக்காவும், பிற மேற்கத்திய நாடுகளும் அதிர்ச்சிக்கு உள்ளாயின.

'ரஷ்ய ஸ்புட்னிக் –1 பூமியைச் சுற்றுகிறது', 'ரஷ்யா செயற்கைக் கோளைச் செலுத்திவிட்டது', 'ரஷ்யா முந்திக்கொண்டுவிட்டது', என்றெல்லாம் உலகின் பல பத்திரிகைகளில் கொட்டை எழுத்துகளில் செய்திகள் வெளியாயின. ரஷ்யா உலகின் முதலாவது செயற்கைக்கோளைச் செலுத்தியது, விஞ்ஞானத் தொழில்நுட்பத் துறையில் மாபெரும் சாதனையாகக் கருதப்பட்டது.

ரஷ்யாவின் அந்தச்சாதனை உலகில் அந்நாட்டின் மீதான மதிப்பை ஒரேயடியாக உயர்த்தியது. மிக நீண்டகாலமாக ராக்கெட் துறையில் ரஷ்யா செலுத்தி வந்த கவனம் பற்றி அறியாத மக்கள், ரஷ்யா ஒரு பின்தங்கிய நாடு என்று ஏற்படுத்தப்பட்டிருந்த எண்ணம் காரணமாக, ரஷ்யாவினால் எப்படி இந்தச்சாதனையை நிகழ்த்த முடிந்தது என வியப்படைந்தனர். அமெரிக்காவால் செய்ய முடியாத காரியத்தை ரஷ்யாவால் எப்படிச் செய்ய முடிந்தது என்று மேற்கத்திய நாடுகளில் பலரும் கேள்வி எழுப்பினார்கள்.

அமெரிக்கா பின்தங்கியதற்குப் பல காரணங்கள் இருந்தன. இரண்டாம் உலகப் போரைத் தொடர்ந்த ஆண்டுகளில், அமெரிக்கா பிரதானமாக ஐ. ஆர். பி. எம். மற்றும் ஐ. சி. பி. எம். ஆகிய ஏவுகணைகளை உருவாக்குவதில் முனைந்திருந்தது. ஹைட்ரஜன் குண்டையும், ஏவுகணைக்கான பல அடுக்கு ராக்கெட்டையும் ஜோடி சேர்ப்பதில் சில பிரச்னைகள் இருந்ததாக ஏற்கெனவே குறிப்பிட்டோம். அமெரிக்கர்கள் ஹைட்ரஜன் குண்டின் வடிவத்தைச் சிறிதாக்க எடுத்துக்கொண்ட முயற்சிகள் வெற்றியடைந்தன. இந்த வெற்றியே அவர்களுக்குப் பின்னடைவைக் கொடுத்தது.

சிறிய அளவு மற்றும் எடையிலான ஹைட்ரஜன் குண்டை எடுத்துச்சென்றால் போதும் என்ற நிலையில் ,அமெரிக்கா தயாரித்த ராக்கெட்டுகள் அனைத்தும் சக்தி குறைவானவையாக இருந்தன. ஆனால் ரஷ்யாவின் ஹைட்ரஜன் குண்டோ, எடை அதிகமானதாக இருந்ததால், அவர்கள் எடுத்த எடுப்பிலேயே சக்தி மிக்க பல அடுக்கு ராக்கெட்டுகளை உருவாக்க வேண்டிய நிலைக்குத் தள்ளப்பட்டார்கள்.

தவிர, அமெரிக்காவில் தரைப்படை, கடற்படை, அப்போதுதான் தரைப் படையிலிருந்து தனியே பிரிந்த விமானப்படை ஆகியவை தத்தம்

தேவைகளுக்கு ஏற்ப ஏவுகணைகளை உருவாக்குவதில் தனித்தனி வழியில் சென்றன. இந்த முப்படைகளின் நடவடிக்கைகளை ஒருங்கிணைப்பதற்கான முயற்சிகள் முழு வெற்றி பெறவில்லை. இன்னும் சொல்லப்போனால் ஏவுகணைகளை உருவாக்குவதில் முப்படைப்பிரிவுகளுக்கு இடையே விரும்பத்தகாத அளவில் கடும் போட்டியும் நிலவியது. இப்படிப்பட்ட பின்னணியில் செயற்கைக் கோளைச் செலுத்தும் திட்டம் குறித்துப் போதிய முனைப்பு காட்ட முடியாமல் போனது.

ரஷ்யாவும் சரி, அமெரிக்காவும் சரி, தங்களது விண்வெளித் திட்டங்களுக்கென குறைந்த பட்சம் ஆரம்ப நாள்களில் தனியே ராக்கெட்டுகளை உருவாக்கவில்லை. கண்டம்விட்டுக் கண்டம் பாயும் ஆயுதங்களாக உருவாக்கப்பட்ட ஐ. சி. பி. எம். ஏவுகணைகளே சிறு மாறுதல்களுடன் விண்வெளித் திட்டங்களுக்கான ராக்கெட்டுகளாகப் பயன்படுத்தப்பட்டன.

எனவே, 1957 அக்டோபரில் ரஷ்யாவின் முதல் ஸ்புட்னிக் செலுத்தப் பட்டதைக் தொடர்ந்து ரஷ்யாவுக்கும் அமெரிக்காவுக்கும் இடையே விண்வெளித் துறையில் போட்டா போட்டி ஏற்பட்ட போது, ரஷ்யா சக்திமிக்க ராக்கெட்டுகளைப் உருவாக்கிய காரணத்தால், சாதகமான நிலையில் இருந்தது.

அமெரிக்கா தன்னிடமிருந்த ராக்கெட்டுகளைப் பயன்படுத்தி 1957 டிசம்பரிலேயே ஒரு செயற்கைக் கோளைச் செலுத்த முயற்சி செய்தது. என்றாலும் அது வெற்றி பெறவில்லை. இதற்குள்ளாக ரஷ்யா ஸ்புட்னிக்–2 எனப்பட்ட தனது இரண்டாவது செயற்கைக் கோளை 1957 நவம்பரில் செலுத்தியது. அதில் வெய்கா என்னும் ஒரு நாயும் இருந்தது.

அமெரிக்காவாலும் முடியும் என்பதை நிரூபிக்கும் வகையில் அமெரிக்க எக்ஸ்புளோரர்–1 செயற்கைக் கோள் 1958 ஜனவரி கடைசியில் வெற்றிகரமாக விண்வெளியில் செலுத்தப்பட்டது.

அமெரிக்காவின் இந்த முதல் செயற்கைக் கோளின் எடை 14 கிலோகிராம். இத்துடன் ஒப்பிட்டால் ரஷ்யாவின் முதல் செயற்கைக்கோளின் எடை 38 கிலோகிராம். ரஷ்யாவின் இரண்டாவது செயற்கைக் கோளின் (ஸ்புட்னிக்–2) எடையோ 504 கிலோகிராம்.

விண்வெளி வீரரை ஏற்றிச்செல்ல பின்னர் ரஷ்யாவும், அமெரிக்காவும் உருவாக்கிய விண்கப்பல்களின் எடை விஷயத்திலும் இதேபோலப் பெருத்த வித்தியாசம் இருந்தது. 1964–ம் ஆண்டில் அமெரிக்கா சக்திமிக்க சாடர்ன் - 1(Saturn- 1) ராக்கெட்டை உருவாக்கும் வரை அமெரிக்க, ரஷ்ய விண்வெளி ராக்கெட்டுகள் இடையே நடந்த பளுதூக்கும் போட்டியில் ரஷ்யாதான் சாம்பியனாக இருந்தது.

ஆரம்ப ஆண்டுகளில், ரஷ்ய விண்வெளி ராக்கெட்டுகளைவிட அமெரிக்க ராக்கெட்டுகள் குறைவான திறனைக் கொண்டவையாக இருந்ததால்

விண்வெளி வீரர்களை ஏற்றிச்செல்ல அமெரிக்கா மெர்க்குரி, ஜெமினி என்னும் விண்கப்பல்களை உருவாக்கியபோது எடை விஷயத்தில் கவனமாக இருக்க வேண்டியிருந்தது. இந்த இரு விண்கப்பல்களின் சுவர்கள் மிகவும் கனத்த உலோகத்தால் ஆனவை அல்ல. எனவே, இவற்றின் உட்புறத்தில் விண்வெளி வீரர்கள் சுவாசிப்பதற்கான காற்றைக் குறைவான அழுத்தத்தில் வைக்க வேண்டியதாயிற்று.

சக்தி மிக்க ராக்கெட்டைப் பெற்றிருந்த ரஷ்யாவுக்கு இந்தப்பிரச்னைகள் இருக்கவில்லை. விண்வெளி வீரர்களை ஏற்றிச் செல்வதற்கான வொஸ்டாக், வொஸ்கோட், சோயுஸ் ஆகிய ரஷ்ய விண்கப்பல்களில் காற்றழுத்தம் பூமியில் தரைமட்டத்தில் உள்ள அளவுக்கு வைக்கப்பட்டது. இந்த விண் கப்பல்கள், கனத்த உலோகச் சுவர்களால் ஆனவை என்பதால் இந்த அழுத் தத்தை அவற்றினால் தாங்கி நிற்க முடிந்தது.

அமெரிக்கா எடை விஷயத்தில் மிக்க கவனமாக இருக்க வேண்டியிருந்த காரணத்தால் விண்கலங்களில் இடம் பெறுகிற கருவிகளை கூடியவரையில் சிறிய வடிவிலும் குறைந்த எடையிலும் தயாரிக்க வேண்டியிருந்தது. இந்த விஷயத்தில் தீவிர ஆராய்ச்சிகளின் பலனாக அமெரிக்கா நுணுக்கமான மின்னணுக் கருவிகளைத் தயாரிக்கும் விஷயத்தில் ரஷ்யாவைவிட முன்னணி நிலையைப் பெற்றது.

வானிலை தகவல் சேகரிப்பு செயற்கைக் கோள், போக்குவரத்துக்கு உதவுகின்ற செயற்கைக்கோள், வான் ஆராய்ச்சிக் கூடமாக விளங்கிய செயற்கைக்கோள், இணைச் சுற்று செயற்கைக்கோள் முதலியவற்றை முதன் முதலில் உருவாக்கிப் பறக்கவிட்டது அமெரிக்காதான்.

இது ஒரு புறமிருக்க, விண்வெளிக்கு ஆள்களை அனுப்புவதில் ரஷ்யா முன்னிலை பெற்றது.

ரஷ்யா 1961 ஏப்ரலில் தன் நாட்டு விண்வெளி வீரர் ஒருவரைக் கொண்ட விண்கப்பலைச் செலுத்தியது.

வொஸ்டாக்–1 என்னும் அந்த ரஷ்ய விண்கப்பலில் ஏறிச் சென்ற ரஷ்ய விண்வெளி வீரர் யூரி ககாரின், பூமியை ஒருமுறை சுற்றிவிட்டு வெற்றிகரமாக தரைக்கு வந்து இறங்கினார். உலகின் முதலாவது விண்வெளி வீரர் அவர்தான். மனிதன் பூமியிலிருந்து சுமார் 160 கிலோமீட்டர் உயரத்துக்குமேல் சென்று பூமியைச் சுற்றி வந்தான் என்பது உலகின் கவனத்தை ஈர்த்தது.

மனிதனை விண்வெளிக்கு அனுப்ப அமெரிக்கா 1959 அக்டோபரிலேயே இந்த நோக்கில் மெர்க்குரி திட்டத்தை மேற்கொண்டது என்றாலும் 1962 பிப்ரவரியில் தான் அமெரிக்காவின் முதல் விண்வெளி வீரர் ஜான் எச். கிளென் மெர்க்குரி விண்கப்பலில் பூமியை 3 முறை வெற்றிகரமாகச்சுற்றிவந்து தரை இறங்கினார்.

எனினும் இதற்கு முன்னரே அதாவது, 1961 மே மாதத்தில் அமெரிக்க அதிபர் கென்னடி, அமெரிக்க விண்வெளி வீரரை 1970-ம் ஆண்டுக்குள் சந்திரனில்

இறக்குவதே அமெரிக்க விண்வெளித் திட்டத்தின் லட்சியம் என்று அறிவித்தார்.

கென்னடியின் இந்த அறிவிப்பு, ரஷ்யா–அமெரிக்கா இடையே விண்வெளித் துறையிலான போட்டியை அதிகாரபூர்வமாகத் தொடங்கிவைத்தது எனலாம்.

சந்திரனில் மனிதனை இறக்கத் தகுந்த ராக்கெட், தகுந்த விண்கப்பல், தகுந்த உத்தி முதலியவற்றை இன்மேல்தான் உருவாக்கியாகவேண்டும் என்ற கட்டத்தில் அப்போது அமெரிக்கா இருந்தது.

அமெரிக்கா–ரஷ்யா இடையில் தொடங்கிய இந்தப்போட்டி, கென்னடியின் கனவை நனவாக்கிய வகையில் 1969 ஜூலையில் அமெரிக்க விண்வெளி வீரர்கள் இருவர் சந்திரனில் வெற்றிகரமாக இறங்கி அமெரிக்காவுக்குப் பெருமை தேடிக்கொடுக்கும் வரைக்கும் நீடித்தது என்று சொல்லலாம்.

எனினும், இந்தப் போட்டா போட்டியில் அநேக சமயங்களில் ரஷ்யர்கள்தான் முன்னணி நிலையில் இருந்தனர்.

எனவேதான், ஒருசமயம் அமெரிக்க விண்வெளி நிபுணர் ஒருவரிடம் நிருபர்கள், 'சந்திரனில் போய் இறங்குகிற அமெரிக்க விண்வெளி வீரர்கள் அங்கு என்ன காண்பார்கள்?' என்று கேட்டபோது அவர் தயங்காமல் 'ரஷ்யர்களைக் காண்பார்கள்' என்று கூறினார்.

சந்திரனில் ரஷ்ய விண்வெளி வீரரை இறக்குவது தங்கள் லட்சியம் என ரஷ்யா ஒருபோதும் அதிகாரபூர்வமாக அறிவிக்கவில்லை என்றாலும், ரஷ்யாவின் அடுத்தடுத்த விண்வெளித் திட்டங்கள், ரஷ்யா சந்திரனைக் குறி வைத்திருப்பதாகவே எண்ணத்தை உண்டாக்கி வந்தன.

ரஷ்யர்களின் திட்டம் என்ன என்பது தெரியாத நிலையில் அதனுடன் அமெரிக்கா போட்டியிட நேர்ந்தது. தவிரவும் அமெரிக்காவின் விண்வெளித் திட்டங்கள் அனைத்தும் தொடக்கக் கட்டத்திலிருந்து செயல்படுத்தப்படுகிற கட்டம்வரை உலகறிந்த விஷயமாக, வெளியே அறிவிக்கப்பட்டவையாகவே இருந்து வந்தன. இதற்கு மாறாக ரஷ்யாவின் விண்வெளித் திட்டங்கள் அனைத்தும் மூடு மந்திரமாக இருந்தன.

அமெரிக்க முயற்சிகள் வெற்றிபெற்ற போதெல்லாம் அவற்றுக்கு எவ்வளவு விளம்பரம் கிடைத்ததோ அதேபோல, அமெரிக்காவின் தோல்விகளும் உலகம்முழுதும் விளம்பரமாகின. அதே சமயத்தில் ரஷ்யாவின் வெற்றி பெற்ற திட்டங்களே உலகுக்கு அறிவிக்கப்பட்டன. இயல்பாக ரஷ்ய விண் வெளி முயற்சிகளில் தவிர்க்க முடியாத தோல்விகள் ஏற்பட்டிருக்கலாம். ஆனால் ரஷ்யாவின் அவ்விதத் தோல்விகள் வெளி உலகுக்குத் தெரியவில்லை. ஒரு நாடு தனது தோல்விகளை விளம்பரப்படுத்திக்கொள்ள வேண்டும் என்று எதிர்பார்ப்பது நியாயமில்லைதான்.

சந்திரனே எங்கள் குறிக்கோள் என ரஷ்யர்கள் பகிரங்கமாக அறிவிக்க வில்லை என்றாலும், முதல் மூன்று ஸ்புட்னிக்குகளைச் செலுத்திய பின்னர்,

ரஷ்யர்கள் 1959 ஜனவரியில் சந்திரனை நோக்கி லூனிக்–1 என்ற விண்கலத்தைச் செலுத்தினர். பூமியின் ஈர்ப்பு சக்தியிலிருந்து விடுபட்டுச் சென்ற முதல் விண்கலம் அதுதான். அமெரிக்கர்களின் பயனீர் விண்கலத் திட்டங்கள் ஆரம்பத்திலேயே வெற்றி பெற்றிருந்தால் அமெரிக்கர்கள் இதில் முந்தியிருப்பார்கள். ஆனால் முதல் மூன்று பயனீர் விண்கலங்களும் தோல்வியில் முடிந்தன. கடைசியில் ஒரு வழியாக பயனீர்–4 விண்கலம் சந்திரனை நோக்கிச் செலுத்தப்பட்டது.

ரஷ்யாவின் லூனிக்–1 சூரியனைச் சுற்ற ஆரம்பித்து சூரியனைச் சுற்றுகிற முதலாவது செயற்கைக் கோள் என்ற பெயரைப் பெற்றது. மனிதனால் அதுவரை காணவே முடியாதிருந்த சந்திரனின் மறுபுறத்தை ரஷ்ய லூனிக்–3 விண்கலம் படம் பிடித்து அனுப்பியது. ரஷ்யர்களும் அமெரிக்கர்களும் வெள்ளி பரப்பும் தங்கள் கவனத்தைச் செலுத்தினார்கள் என்றாலும் 1962-ம் ஆண்டிலும் 1963-ம் ஆண்டிலும் தங்களது விண்கப்பல்களை செம்மைப் படுத்தும் முயற்சிகளில் அதிக கவனம் செலுத்தினார்கள்.

ரஷ்யா, 1963 ஜூனில் வாலண்டினா தெரஷ்கோவாவை வொஸ்டாக்–6 விண்கப்பலில் வைத்து அனுப்பியது. அவர் உலகின் முதலாவது விண்வெளி வீராங்கனை என்ற பட்டத்தைப் பெற்றார். பின்னர் அவர் மற்றொரு ரஷ்ய விண்வெளி வீரர் பைகோவ்ஸ்கியைத் திருமணம் செய்துகொண்டார். இத்தம்பதிகள் உலகின் முதல் விண்வெளி ஜோடிகளானார்கள். உலகில் தெரஷ்கோவாவின் படம் வெளிவராத பத்திரிகையே இல்லை என்று சொல்லலாம்.

அமெரிக்கர்கள், 1962-ல் தொடங்கி ஒரே ஒரு விண்வெளி வீரர் ஏறிச் செல்கிற மெர்க்குரி (Mercury) விண்கப்பலை, 4 தடவை வெற்றிகரமாகச் செலுத்தி முடித்ததைத் தொடர்ந்து ரஷ்யர்கள் மூவர் ஏறிச் செல்கிற வொஸ்கோட் -1 (Voskhod-1) விண்கப்பலைச் செலுத்தி வெற்றி கண்டார்கள். 1965-ம் ஆண்டு முற்பகுதியில் ரஷ்யா செலுத்திய வொஸ்கோட்–2 விண்கப்பலில் சென்றவர்களில் ஒருவரான லெப்டினண்ட் கர்னல் லியோனோவ் விண்கப்பலிலிருந்து வெளியே வந்து அந்தரத்தில் மிதந்து விண்வெளித் துறையில் புதிய வரலாறை ஏற்படுத்தினார்.

அந்த ஆண்டு முழுவதும் ரஷ்யர்கள் வேறு விண்கப்பலைச் செலுத்தவில்லை. இதற்கிடையே அமெரிக்கா இரு விண்வெளி வீரர்கள் ஏறிச் செல்கின்ற ஜெமினி (Gemini) விண்கப்பலை அடுத்தடுத்து செலுத்தி, பல புதிய உத்திகளையும் கருவிகளையும் சோதித்துப் பார்த்தது. ஜெமினி–4 விண்கப்பலில் சென்ற இருவரில் ஒருவரான ஒயிட், விண்கப்பலிலிருந்து வெளியே வந்து அந்தரத்தில் நடமாடினார்.

மின்சாரம் பெறுவதற்கு எரிபொருள் செல்களைப் பயன்படுத்திய முதல் விண்கப்பல் ஜெமினி–5 . அடுத்ததாக, விண்வெளியில் இரு விண் கப்பல்களை ஒன்றோடு ஒன்று இணைப்பதற்கு ஒத்திகை பார்ப்பதுபோல ஜெமினி–1 விண் கப்பலும் ஜெமினி–2 விண் கப்பலும் ஒன்றை ஒன்று

மிகவும் நெருங்கின. இரண்டும் ஜோடியாக ஒன்றன் பின்னால் ஒன்று அணிவகுத்துப் பறந்து வந்தபோது, அவற்றின் நடுவே இருந்த இடைவெளி வெறும் 25 சென்டிமீட்டர்கள்தான். விண்கபப்பல்களை எந்த அளவுக்கு நுணுக்கமாகக் கட்டுப்படுத்தி இயக்க முடியும் என்பதை இது காட்டியது. ஜெமினி–7 பூமியை 14 நாள்கள் சுற்றி அதுவரையில் இல்லாத புதிய சாதனையை ஏற்படுத்தியது. இந்தச் சாதனை முறியடிக்கப்படுவதற்குப் பல ஆண்டுகள் ஆயின.

அமெரிக்கா ஜெமினி விண்கப்பல் திட்டத்தில் முனைந்திருக்க, ரஷ்யா அந்த ஆண்டில் சந்திரனுக்கு ஆளில்லாத லூனிக் விண்கலங்களை அடுத்தடுத்து அனுப்புவதில் மும் முரமாக இருந்தது. இந்த முயற்சிகளின் பலனாக லூனிக்–9 விண்கலம் 1966 ஜனவரியில் வெற்றிகரமாக சந்திரனில் மெதுவாகத் தரை இறங்கியது. மனிதன் அனுப்பிய விண்கலம் உடையாமல், நொறுங் காமல் முழுதாக அப்படியே சந்திரனில் இறங்கியது அதுதான் முதல் தடவை.

இதற்கு பதிலளிப்பதுபோல அமெரிக்கா ஜெமினி-8 விண்கப்பலை ஏற்கெனவே பூமியைச் சுற்றிக்கொண்டிருந்த ஆளற்ற விண்கலம் ஒன்றுடன் வெற்றிகரமாக இணைத்து சாதனை புரிந்தது. 1966 மார்ச் மாத மத்தியில் இந்தச்சாதனை நிகழ்த்தப்பட்ட சில நாள்களில் ரஷ்யர்கள் செலுத்திய லூனிக்–10 விண்கலம் சந்திரனைச் சுற்றி வட்டமிட ஆரம்பித்தது. பூமியின் துணைக் கோளான சந்திரன் தனது முதலாவது செயற்கைக் கோளைப் பெற்றது.

ஆரம்ப நாள்களில் திறன் மிகுந்த ராக்கெட்டைப் பெற்றிராத அமெரிக்கா, சாடர்ன்–1பி ராக்கெட்டை வெற்றிகரமாக உருவாக்கி புதிய அப்போலோ விண்கப்பலில் 3 வீரர்களை வைத்துச் செலுத்தி 1967-ல் சோதனைகளை நடத்தத் திட்டமிட்டிருந்தது. மறுபுறத்தில் ரஷ்யா சோயுஸ் (Soyuz) என்னும் பெரிய விண்கப்பலை புதிதாக உருவாக்கிச் சோதிக்கத் திட்டமிட்டிருந்தது. அந்த நேரத்தில் இரு நாடுகளையும் துயரம் தாக்கியது.

அமெரிக்கா, புதிய அப்போலோ விண்கப்பலை 1967 பிப்ரவரியில் சோதிக்கத் திட்டமிட்டிருந்தது. இதற்கு ஒத்திகை போல ஜனவரி 27-ம் தேதியன்று ராக்கெட்டை நிறுத்தி அதன் உயரே ஓயிட், கிரிஸம், சாஃபே ஆகிய 3 விண்வெளி வீரர்களும் அப்போலோ விண் கப்பலில் உட்கார வைக்கப் பட்டிருந்தார்கள். அன்றைய தினம் ராக்கெட்டை விண்ணில் செலுத்தத் திட்ட மிடப்படவில்லை. வெறும் ஒத்திகை பார்த்துக் கொண்டிருந்தனர். அந்த நேரத்தில் அப்போலோ கலத்துக்குள் திடீரென, தீ பற்றிக்கொண்டது. அந்த மூன்று பேரும் 14–விநாடிகளுக்குள் உயிரிழந்தார்கள். மின்சார வயரிங்கில் கோளாறு காரணமாக இந்த விபத்து ஏற்பட்டிருக்கலாம் என்று கருதப்பட்டது.

ரஷ்யாவில் ஏற்பட்ட விபத்தில் விளாடிமிர் கோமரோவ் என்னும் விண்வெளி வீரர் உயிரிழந்தார். புதிதாக உருவாக்கப்பட்ட சோயுஸ் விண்கப்பல் 1967 ஏப்ரல் 22-ம் தேதி செலுத்தப்பட்டது. கோமரோவ் அதில் ஏறிச் சென்றார். அவர் பூமியை 18 முறை சுற்றி முடிந்த பிறகு, விண்கப்பல் கீழே இறங்கத்

தொடங்கியது. விண்கப்பலை மெதுவாகத் தரையிறங்க உதவுகின்ற பாராசூட் சரியாக விரியாததன் காரணமாக அது வேகமாக வந்து தரையில் மோதியதால் அவர் உயிரிழந்ததாகத் தெரிவிக்கப்பட்டது.

இந்த விபத்துகள் காரணமாக அமெரிக்காவிலும், ரஷ்யாவிலும் விண்வெளித் திட்டங்கள் பின்னடைவு கண்டன. விபத்தின் விளைவாக 1967-ம் ஆண்டு முழுதும் அமெரிக்கா ஆளுடன் கூடிய விண் கப்பல் எதையும் செலுத்த வில்லை. அப்போலோ கலத்தில் தகுந்த தீ தடுப்பு ஏற்பாடுகள் செய்யப்பட்டு அதற்குப் பிறகுதான் அப்போலோ திட்டம் தொடரப்பட்டது. ரஷ்யாவின் இரண்டாவது சோயுஸ் விண்கப்பல் இந்த விபத்துக்கு ஒன்றரை ஆண்டு களுக்குப் பிறகுதான் செலுத்தப்பட்டது. ஆளில்லாத விண்கலங்களைப் பொறுத்தவரையில் அவை குறித்த திட்டங்கள் தடையின்றி நீடித்தன. 1967 ஜூன் மாதத்தில் ரஷ்யாவின் வெனிரா–4 விண்கலம் வெற்றிகரமாக வெள்ளியில் இறங்கியது. ரஷ்யாவின் இரு விண்கலங்கள் விண்வெளியில் இணைந்து, பிரிந்து அவற்றில் ஒன்று பத்திரமாக பூமியில் வந்து இறங்கியது.

அமெரிக்கர்கள் செலுத்திய ஆர்ப்பிட்டர் (Orbiter) சர்வேயர் (Surveyor) விண்கலங்கள் சந்திரனை ஆராய்ந்தன. குறிப்பாக சர்வேயர்–6, சர்வேயர்–7 விண்கலங்கள் சந்திரனின் மண்ணைப் பரிசோதித்துத் தகவல் அனுப்பின.

மறு ஆண்டில் ரஷ்யா செலுத்திய ஸோண்ட்–5 (Zond-5) விண்கலம் சந்திரனைச் சுற்றிவிட்டு பூமிக்குத் திரும்பி இந்தியப் பெருங்கடலில் இறங்கியது. ரஷ்ய மண்ணில் இறங்காமல் கடலில் வந்து இறங்கிய ஒரு சில ரஷ்ய விண்கலங்களின் இது ஒன்று. இது நடந்த சில மாதங்களுக்குப் பிறகு அதாவது 1968 டிசம்பர் கடைசிவாக்கில் மூன்று அமெரிக்க விண்வெளி வீரர்கள் அப்போலோ–8 விண்கப்பல் மூலம் சந்திரனை நோக்கிப் புறப்பட்டார்கள். சந்திரனில் இறங்காமல் அவர்கள் சந்திரனைச் சுற்றிவிட்டு பூமிக்குத் திரும்பினார்கள்.

சந்திரனில் ரஷ்யர்களை இறக்க ரஷ்யா திட்டம் வைத்திருக்கிறதா என்பது 1969-ம் ஆண்டு தொடங்கியபோதும் தெரியவில்லை. அந்த ஆண்டு ஜனவரியில் ரஷ்யாவின் சோயுஸ்–4, சோயுஸ்–5 விண்கப்பல்கள் விண் வெளியில் ஒன்றாக இணைந்து சுற்றின. விண்வெளி வீரர்களைக் கொண்ட இரு விண்கப்பல்கள் விண்வெளியில் இணைந்தது அதுதான் முதல் முறை.

சந்திரனில் போய் இறங்கும் திட்டத்தில் அடுத்தடுத்து பல கட்டங்களில் முன்னேறிய அமெரிக்கா அப்போலோ–9, அப்போலோ–10 விண்கப் பல்களை சந்திரனை நோக்கிச் செலுத்தி இறுதிக்கட்ட பரிசோதனைகளை மே மாதத்துக்குள்ளாக முடித்துவிட்டது.

ஒரே லட்சியத்துடன் கிட்டத்தட்ட 8 ஆண்டுகளாகச் செய்யப்பட்டு வந்த பணிகளுக்கு முத்தாய்ப்பாக, அப்போலோ–11 விண்கப்பல் 1969 ஜூலை 16-ம் தேதி சந்திரனை நோக்கிச் செலுத்தப்பட்டது. ஜூலை 20-ம் தேதி அமெரிக்க விண்வெளி வீரர்களான நீல் ஆம்ஸ்டிராங்கும் பஸ் ஆல்டிரினும் சந்திரனில்

அடி எடுத்து வைத்தனர். அமெரிக்காவின் இந்தச் சாதனையை உலகமே வியந்து பாராட்டியது.

கடைசி வரை ரஷ்யர்கள் சந்திரனுக்கு விண்வெளி வீரர்களை அனுப்புவதற்கு முயற்சி செய்யவே இல்லை.

சந்திரனுக்கு ஆளை அனுப்பவேண்டிய அவசியமே இல்லை என்று நடு நடுவே கூறிவந்த ரஷ்யா, 1970 செப்டெம்பரில் லூனா–16 விண்கலத்தை சந்திர னுக்கு அனுப்பியது. அது சந்திரனில் இறங்கி அங்கு பள்ளம் தோண்டி, அங்கிருக்கும் மண்ணையும் கல்லையும் எடுத்துக் கொண்டு, அங்கிருந்து தானாகக் கிளம்பி ரஷ்யாவில் வந்து இறங்கியது.

அமெரிக்கா–ரஷ்யா இடையே போட்டா போட்டி என்பது, சந்திர மண்டலப் பயணத்துடன் முடிந்து விடவில்லை. எனினும் மற்ற நாட்டைவிடத் தாங்கள்தான் விண்வெளித் துறையில் மிக முன்னேறியவர்கள் என்று ரஷ்யாவோ அமெரிக்காவோ பிரமாதமாகக் காட்டிக் கொள்ளவேண்டிய கட்டத்தையெல்லாம் தாண்டி அனுபவ முதிர்ச்சியைப் பெற்றுவிட்டன. இந்த அனுபவ முதிர்ச்சியின் விளைவாகத்தான் 1975–ம் ஆண்டு ஜூலையில் ரஷ்ய சோயுஸ் விண்கப்பலும் அமெரிக்க அப்போலோ விண்கப்பலும் விண்வெளியில் ஒன்றாக இணைந்தன.

இரு விண் வல்லரசுகளின் ஒத்துழைப்பின் சின்னமாக உலகைப் பல முறை சுற்றி வந்தன.

நிலவில் அமெரிக்க வீரர்கள்

இந்த இரு நாடுகள் இடையே கடும் போட்டா போட்டி இருந்ததாகக் கருதப்பட்ட நாள்களில்கூட ஒன்றின் அனுபவம் மறைமுகமாக மற்றொன்றுக்கு உதவியது. உதாரணமாக 1966-ல் ஆளற்ற ரஷ்ய லூனா–13 விண்கலம் சந்திரனில் மெதுவாகத் தரையிறங்கி, சந்திரனின் உறுதியான நிலப்பரப்பில் உட்கார்ந்து சந்திர நிலத்தின் அடர்த்தி பற்றிய தகவல்களை அனுப்பியபோது, அப்போலோ விண்கலத்தைப் பல கோடி டாலர் செலவில் உருவாக்கி வந்த அமெரிக்க நிபுணர்கள் நிம்மதிப் பெருமூச்சு விட்டார்கள். ஏனெனில் சந்திரனின் நிலப்பரப்பு ஒரு வேளை புதைசேறுபோன்று இருக்கலாம் என அதுவரை ஓர் ஐயம் இருந்துவந்தது. அப்படிப்பட்ட

நிலையில் சந்திரனுக்கு அனுப்பப்படுகிற விண்கலம் புதையுண்டு போய் விடலாம் என்ற அச்சமும் இருந்து வந்தது.

1990-க்குப் பிறகு சோவியத் ரஷ்யாவில் கம்யூனிசம் வீழ்ந்து, நாடும் துண்டாடப்பட்டாலும், ரஷ்யா என்று புதிதாகஉருவான நாடு விண்வெளித் துறையில் சோவியத் ரஷ்யா அடைந்த முன்னேற்றத்தை இன்றுவரை தக்கவைத்திருக்கிறது. இப்பொழுது ரஷ்யாவும் அமெரிக்காவும் இணைந்தே பல விண்வெளி ஆராய்ச்சிகளைச் செய்கின்றன.

இந்த இரு நாடுகளையும் இத்துறையில் ஓரளவுக்காவது நெருங்கக் கூடிய அளவுக்கு அடிப்படை வள வசதிகளைப் பெற்றுள்ள நாடுகள் இந்தியா, சீனா ஆகிய இரண்டு நாடுகள்தான். விண்வெளித் துறையில் ஈடுபடுவது என்பது அதிக செலவு பிடிக்கக்கூடிய விஷயம். எனவேதான் பிரிட்டன், பிரான்ஸ் முதலான ஐரோப்பிய நாடுகள் கூட்டாகச் சேர்ந்து ஐரோப்பிய விண்வெளி நிறுவனத்தை அமைத்திருக்கின்றன. ஜப்பானும் விண்வெளி ஆராய்ச்சியில் முன்னேறிக்கொண்டு வருகிறது.

ஜப்பான், சீனா, இந்தியா ஆகிய மூன்று நாடுகளுமே அமெரிக்கா, ரஷ்யாவைப் பின்தொடர்ந்து சந்திரனுக்கு ஆளில்லா விண்கலங்களை அனுப்பும் திட்டங்களில் ஈடுபட்டுள்ளன. 2007-ல் முதலில் ஜப்பானும் அடுத்து சீனாவும் தங்களது விண்கலங்களை சந்திரனை நோக்கி அனுப்பின. இந்தியாவும் இதுபோன்றதொரு திட்டத்தில் ஈடுபடுவதாகச் சொல்லியிருக்கிறது.

பூமியைச் சுற்றிலும் ஒரு குறிப்பிட்ட எண்ணிக்கையில்தான் இணைச் சுற்று செயற்கைக் கோள்களுக்கு இடம் இருக்கிறது. உலகின் மிக முன்னேறிய நாடுகள் ஏற்கெனவே அதிகமான செயற்கைக் கோள்களைச் செலுத்தி விண்வெளியில் நிறைய இடத்தைப் பிடித்துக்கொண்டு விட்டன.

ஜெனிவாவில் 1982-ல் நடந்த யுனிஸ்பேஸ் என்னும் சர்வதேச மாநாட்டில், வளரும் நாடுகள் இதுபற்றி ஆட்சேபக் குரல் எழுப்பின. வளர்ந்த நாடுகள் அனுப்பியிருக்கும் இணைச் சுற்று செயற்கைக் கோள்களில் அவ்வப்போது ஒரு சில செயலிழந்து போகும்போது அவற்றின் இடம் வளரும் நாடுகளுக்கு ஒதுக்கப்பட வேண்டும் என்று இந்த மாநாட்டில் கோரப்பட்டது. ஒரே நாடு எதற்குப் பல இணைச் சுற்று செயற்கைக் கோள்களைப் பெற்றிருக்க வேண்டும் என்றும் ஆட்சேபம் எழுப்பப்பட்டது. சில நாடுகள் தங்கள் நிலப்பகுதிக்கு மேலாக உள்ள விண்வெளி தங்களுக்கு மட்டுமே அதிகார உரிமை உள்ள பகுதி என்றும்கூடச் சொல்ல முற்பட்டிருக்கின்றன. இந்த வகை உரிமை, நிலை நாட்டப் பட முடியாத உரிமை என்பதில் சந்தேக மில்லை. இருந்தாலும், இந்த விதமான பேச்சுகள் உலகின் நாடுகள் விண்வெளித் துறையை ஒரு சில நாடுகளின் ஏகபோகத்துக்குவிடத் தயாராக இல்லை என்பதைக் காட்டுகின்றன.

11

விண்வெளி கவச வாகனம்

பாழுங்கிணற்றில் சற்றும் ஆராயாமல் இறங்குவது புத்திசாலித்தனமல்ல. கிணற்றின் அடியில் இருக்கக் கூடிய விஷ வாயு, உயிரைக் குடித்து விடலாம். விஷவாயு இருக்கிறதா என்று அறிய பூனை போன்ற பிராணியை உள்ளே இறக்கிப் பார்க்கிற வழக்கம் உண்டு. விண்வெளியும் ஒரு பாழுங் கிணறு போன்றதுதான். எனவேதான் ரஷ்யாவும் சரி, அமெரிக்காவும் சரி ஆரம்ப நாள்களில் பூமியைச் சுற்றியுள்ள விண் வெளிப் பகுதியில் இருக்கக்கூடிய ஆபத்து களை ஆராய்ந்து அறிவதில் ஈடுபட்டன. என்ன ஆபத்துகள் இருக்கின்றன என்பதை அறிந்து கொண்டுவிட்டால் மட்டும் போதாது. மனிதனை அப்படிப்பட்ட ஆபத்து களிலிருந்து பாதுகாக்கிற தகுந்த கவச வாகனம் தேவை. அது மட்டுமல்ல, விண் வெளிக்கு அனுப்பிய மனிதன் பத்திரமாக பூமிக்கு வந்து சேரவும் வழிவகை செய்ய வேண்டும். இந்த ஆயத்தக் கட்டங்களைத் தாண்டிய பின்னர்தான் இரு நாடுகளும் தங்களது முதல் விண்வெளி வீரர்களை அனுப்பிவைத்தன.

விண்வெளியில் தனது முதல் ஸ்புட்னிக்கை 1957 அக்டோபரில் செலுத்திய ரஷ்யா, அடுத்து ஸ்புட்னிக் வரிசையில் 1961 மார்ச்

வரை மேலும் பல ஸ்புட்னிக் செயற்கைக் கோள்களைச் செலுத்தியது. இவற்றில் 4 செயற்கைக் கோள்களில் நாய்கள் வைத்து அனுப்பப்பட்டன.

1960 மத்தியில் செலுத்தப்பட்ட ஸ்புட்னிக் – 4 செயற்கைக் கோளில் இரு நாய்கள் மட்டுமின்றி, 40 சுண்டெலிகள், இரு எலிகள், ஈக்கள், நுண்ணுயிர்கள், தாவரம், பூஞ்சைக் காளான், காய்கறி விதைகள், மனிதத் தசையின் திசு ஆகியவை வைத்து அனுப்பப்பட்டன. மனித பொம்மை ஒன்றும் இதில் இடம் பெற்றிருந்தது. 4500 கிலோகிராம் எடை கொண்ட செயற்கைக் கோளில் 2500 கிலோகிராம் எடை கொண்ட கவச அறை இருந்தது. அவற்றில்தான் இவை வைக்கப்பட்டிருந்தன. பின்னர் மனிதனை வைத்து அனுப்ப ரஷ்யா உருவாக்கிய விண்கப்பலுக்கு இது முன்மாதிரியாக இருந்தது.

என்னதான் பாதுகாப்பான ஏற்பாடுகள் இருந்தாலும் விண்வெளியில் உயிரினத்துக்கு எதிர்பாராத ஆபத்து ஏற்பட வாய்ப்பு உள்ளதா? விண் வெளியில் உள்ள எடையற்ற நிலையில் உயிரினத்துக்கு ஏற்படுகின்ற விளைவுகள் என்ன? உயிரினம் வைக்கப்பட்ட கவச அறையைப் பத்திரமாகத் தரை இறங்குவதற்கான உத்தி நன்கு செயல்படுகிறதா? இவற்றையெல்லாம் ஆராய்வது ஸ்புட்னிக் வரிசையில் விடப்பட்ட செயற்கைக் கோள்களின் நோக்கமாக இருந்தது.

ரஷ்யா 1957 நவம்பரில் செலுத்திய ஸ்புட்னிக் – 2 செயற்கைக் கோளில் லெய்கா என்னும் நாய் வைத்து அனுப்பப்பட்டது. முதன் முதலில் பூமியைச் சுற்றி வந்த உயிரினம் லெய்காதான்.

ஸ்புட்னிக் – 4 செயற்கைக் கோளில் உயிரினங்கள் வைத்து அனுப்பப்பட்ட கவசப் பெட்டியை பூமியில் பத்திரமாக இறக்கும் முயற்சி பலிக்கவில்லை. எனினும் 1960 ஆகஸ்டில் ஸ்புட்னிக் 5 செயற்கைக் கோளில் வைத்து அனுப் பட்ட பெல்கா, ஸ்டிரெல்கா ஆகிய இரு நாய்களும் பூமியை 18 முறை சுற்றி விட்டு பத்திரமாக பூமிக்குத் திரும்பின. செயற்கைக் கோளிலிருந்து கவசப் பெட்டியை கீழே பத்திரமாக மீட்கும் பிரச்னையை ரஷ்யர்கள் வெற்றி கரமாகத் தீர்த்துவிட்டதுபோலத் தோன்றியது. 1961 மார்ச் மாதத்தில் ஸ்புட்னிக் – 9 , ஸ்புட்னிக் – 10 ஆகியவற்றில் வைத்து அனுப்பப்பட்ட நாய்களும் இதேபோல பூமிக்குத் திரும்பின. மீட்கும் பிரச்னையைச் சமாளித்த ரஷ்யர்கள் அடுத்த மாதமே உலகின் முதல் விண்வெளி வீரர் யூரி ககாரினை வொஸ்டாக் – 1 விண்கப்பலில் ஏற்றி அனுப்பினார்கள். அவர் ஒரே ஒரு முறை சுற்றிவிட்டுக் கீழே இறங்கினார்.

ரஷ்யா தனது ஸ்புட்னிக் – 2 செயற்கைக் கோளை வெற்றிகரமாகச் செலுத்திய பின்னர்தான் அமெரிக்கா தனது முதலாவது செயற்கைக் கோளான எக்ஸ்பு ளோரர்–1 ஐச் செலுத்தியது என்றாலும், சுற்றியுள்ள விண்வெளிப் பகுதியைப் பற்றி அமெரிக்க செயற்கைக் கோள் மிக முக்கியமான கண்டுபிடிப்பைச் செய்தது.

எக்ஸ்புளோரர் – 1 செயற்கைக் கோளின் அண்மை நிலை பூமியிலிருந்து 358 கிலோமீட்டராகவும் தொலைவு நிலை 2550 கிலோமீட்டராகவும் அமைந்திருந்தது. அது பூமியை ஒவ்வொரு முறையும் சுற்றி வருகையில் 960 கிலோமீட்டர் தூரம் வரை பூமியைச் சுற்றியுள்ள கதிர்வீச்சு பற்றி அனுப்பிய தகவல்கள், விஞ்ஞானிகள் ஏற்கெனவே மதிப்பிட்டிருந்த அளவில்தான் இருந்தன. ஆனால் 960 கிலோமீட்டர்களுக்கு அப்பால் சென்றதும் அதனிடமிருந்து தகவல்கள் வருவது திடுதிடுப்பென்று நின்றது. முதல் சுற்றில் இப்படி ஏற்பட்டபோது தகவல் அனுப்பும் ரேடியோ கருவியில் ஏதோ கோளாறு என்று விஞ்ஞானிகள் கருதினர். ஆனால் அடுத்த சுற்றில் அது 960 கிலோமீட்டருக்குக் குறைவான தொலைவுக்கு வந்தபோது, மீண்டும் தகவல்களை அனுப்ப ஆரம்பித்தது. இது புதிராக இருந்தது.

எக்ஸ்புளோரர் செயற்கைக் கோளில் வைத்து அனுப்பப்பட்ட கருவிகளுக்குப் பொறுப்பான விஞ்ஞானி டாக்டர் ஜேம்ஸ் வான் ஆலன் விடவில்லை. இந்தப்புதிரை ஆராய்ந்தார். செயற்கைக் கோளில் இடம்பெற்ற கதிர்வீச்சை (Radiation) அளக்கும் கருவி போன்ற மற்றொரு கருவியை எடுத்து ஆராய்ச்சிக் கூடத்தில் அதனைக் கதிர்வீச்சுக்கு உள்ளாக்கிப் பரிசோதித்தார். கதிர்வீச்சுத் தாக்குதல் குறிப்பிட்ட அளவுக்கு மேல் அதிகரித்ததும், அந்தக்கருவி செயல்படாமல் போனது. எனவே பூமிக்கு 960 கிலோமீட்டர் தொலைவில் கடும் கதிர்வீச்சுப் பிராந்தியம் உள்ளது என்பது இதிலிருந்து தெளிவாகப் புரிந்தது.

பூமியைச் சுற்றி மனித உயிருக்குத் தீங்கான கடும் கதிர்வீச்சு மண்டலம் இருக்கிறது என்பதை எக்ஸ்புளோரர் – 4 செயற்கைக் கோள் பின்னர் ஊர்ஜிதம் செய்தது. இந்தக் கதிர்வீச்சு மண்டலத்தைக் கண்டுபிடித்த பெருமை ஜேம்ஸ் வான் ஆலனைச் சாரும் என்பதால், அந்தக் கதிர்வீச்சு மண்டலத்துக்கு வான் ஆலன் மண்டலம் (Van Allen Belt) என்று பெயர் வைக்கப்பட்டது. செயற்கைக் கோள்களை உருவாக்குவதற்கும் அமெரிக்க விண்வெளி வீரர்கள் ஏறிச் செல்வதற்கான விண்கப்பலை உருவாக்குவதற்கும் எக்ஸ்புளோரர் கண்டு பிடித்த தகவல்கள் உதவியாக இருந்தன.

இதற்கிடையே செயற்கைக் கோளிலிருந்து கவசப் பெட்டியை வெளியே தள்ளச் செய்து, அதை மீட்கிற பிரச்னையை அமெரிக்கா தீர்க்க வேண்டியிருந்தது. டிஸ்கவரர் (Discoverer) வரிசையில் அமெரிக்கா செலுத்திய செயற்கைக் கோள்கள் மூலம் இந்தப் பிரச்னையைத் தீர்க்க முயற்சிகள் மேற்கொள்ளப் பட்டன. 1960 ஆகஸ்டில் செலுத்தப்பட்ட டிஸ்கவரர் – 13 செயற்கைக் கோளில் வைத்து அனுப்பப்பட்ட கவசப் பெட்டி வெற்றிகரமாகக் கடலிலிருந்து மீட்கப்பட்டது. இந்தக் கவசப் பெட்டியின் எடை 135 கிலோகிராம். எண் 13 அதிர்ஷ்டமற்றது என கிறிஸ்தவ நாடுகளில் ஒரு நம்பிக்கை உண்டு. எனினும் 12 முயற்சிகள் தோற்று 13 என்ற எண்ணைக் கொண்ட செயற்கைக் கோள்தான் அதிர்ஷ்டமாக அமைந்தது. விண்வெளியில் செலுத்தப்பட்ட ஒரு பொருள் வெற்றிகரமாக மீட்கப்பட்டது அதுதான் முதல் தடவை.

செயற்கைக் கோளிலிருந்து கீழே இறங்கும் கவசப் பெட்டியை நடுவானில் வலைபோட்டுப் பிடிக்கவும் அப்போது முயற்சிகள் செய்யப்பட்டன. இதற்காகப் பல விமானங்கள் ஈடுபடுத்தப்பட்டன. 4.5 மீட்டர் அகலமும் 9 மீட்டர் நீளமும் கொண்ட நைலான் வலை பயன்படுத்தப்பட்டது. கவசப் பெட்டி கடலில் விழுவதற்குள் வலைவீசி நடுவானில் அதனைப் பிடிப்பது என்பதுதான் திட்டம். பல நிபுணர்கள் இது வேடிக்கையான ஏற்பாடாக இருக்கிறது என்று கேலி செய்தார்கள். டிஸ்கவரர் – 13 செயற்கைக் கோளிலிருந்து வெற்றிகரமாக மீட்கப்பட்ட கவசப் பெட்டி வலைவீசிப் பிடிக்கப்படவில்லை என்றாலும், அடுத்து செலுத்தப்பட்ட டிஸ்கவரர் – 14 செயற்கைக் கோளிலிருந்து இறங்கிய கவசப் பெட்டி நடுவானில் வலை வீசியே பிடிக்கப்பட்டது. வலை வீச்சுத் திட்டம் பின்னர் பல தடவை வெற்றிகரமாக அமைந்து இது ஒன்றும் கேலிக்குரியதல்ல என்பதும் நிரூபிக்கப்பட்டது.

இதற்கிடையே அமெரிக்காவில் விண்வெளித் திட்டங்கள் மேற்கொண்டு அமல்படுத்துவதற்கென நிறுவப்பட்ட நாஸா எனப்படும் தேசிய வானவியல், விண்வெளி நிறுவனம் (National Aeronautics and Space Administration) 1959-ம் ஆண்டு வாக்கில் அமெரிக்கர்களை விண்வெளியில் அனுப்புவதற்கான மெர்க்குரி விண்கலத்தை உருவாக்க நடவடிக்கை மேற்கொண்டது.

வொஸ்டாக் – 1 ரஷ்யாவின் முதல் விண்கப்பல் என்றால் மெர்க்குரி, அமெரிக்காவின் முதலாவது விண்கப்பல்.

மெர்க்குரி விண்கப்பல், பார்வைக்குக் கிட்டத்தட்ட அடிப்பகுதி வெட்டப்பட்ட புனல் போன்றது. அதன் உயரம் 3.3 மீட்டர், எடை சுமார் 1800 கிலோகிராம். அதன் வெளிப்புறச் சுவர் நிக்கல் – கோபால்ட் உலோகத்தால் ஆனது. உட்புறச் சுவர் டைட்டானியம் உலோகத்தால் ஆனது. கடும் குளிர் அல்லது பெருத்த ஓசையைத் தடுக்க இரு சுவர்களின் நடுவில் காப்புப் பொருள் வைக்கப்பட்டிருந்தது. கூம்பு போன்ற இந்த விண்கப்பலின் முனைப்பகுதி மழுங்கலாக இருந்தது. மறு பக்கத்தின் வெளிப்புறம் அநேகமாகத் தட்டையாக ஆனால் சற்று வெளிப்புறம் வளைந்ததாக இருந்தது. விண்கப்பலின் உட்புறத்தில் பூமியில் உள்ள விண்வெளி மைய நிபுணர்களுடன் பேசுவதற்கான தகவல் தொடர்பு கருவிகள், விண்கலத்தை இயக்கும் கருவிகள் ஆகியவை இருந்தன.

மெர்க்குரி விண்கப்பல்

விண்வெளி வீரருக்கு ஆக்ஸிஜனை அளிக்கவும், அவர் சுவாசிக்கும்போது வெளிப்படும் கார்பன்டையாக்ஸைடைச் சுத்தப்படுத்தவும் ஏற்பாடுகள் இருந்தன.

விண்வெளி வீரர் கிட்டத்தட்ட சாய்வாகப் படுத்த நிலையில் இருப்பார். அவருக்குரிய ஆசனம் உடலுடன் முற்றிலும் பொருத்தும் வகையில் அச்சு எடுத்ததுபோல அமைக்கப்பட்டிருந்தது. பூமியைச் சுற்றி வருகையில், அவர் விரும்பினால் விண்கலத்தைக் கட்டுப்படுத்தும் பணியை தரையில் இருக்கும் மைய நிபுணர்களிடம் விட்டு விடலாம். அந்த நிபுணர்கள் கீழிருந்தபடி சிக்னல்கள் மூலம் விண் கப்பலை இயக்குவார்கள். தேவைப்பட்டால், விண்வெளி வீரரே கட்டுப்படுத்தி இயக்கலாம். இதற்காக, அவரது வலது கைப்புறத்தில் ஒரு தடி அமைக்கப்பட்டிருந்தது. ராக்கெட்டிலிருந்து விண்கப்பல் கிளம்புகையில் கோளாறு ஏற்பட்டால் உடனே உயிர்தப்புவதற் கான இயக்கக் கருவி இடது புறம் இருந்தது.

விண்வெளி வீரரின் முன்புறத்தில் பூமி வடிவத்தில் ஓர் உருண்டை. விண்கப்பல் பூமியின் எந்த இடத்துக்கு மேலாக இருக்கிறது என்பதைக் காட்டும் ஏற்பாடு அந்த உருண்டையில் இருந்தது. தவிர, கீழே பூமி எப்படிக் காட்சி அளிக்கிறது என்பதை அவர் தம் முன்பாக உள்ள திரையில் தெரிகிற படத்தைப் பார்த்து அறிந்து கொள்ளலாம்.

மெர்க்குரி விண்கப்பலில் ஹைட்ரஜன் பெராக்சைட் எரிபொருள் மூலம் இயங்குகிற 12 சிறு ராக்கெட்டுகள் இருந்தன. இந்தச்சிறிய ராக்கெட்டுகளை இயக்குவதன்மூலம், விண்கப்பல் மேலும் கீழுமாக, அல்லது பக்கவாட்டில் ஆடுவதையும், சுழலுவதையும் அவரால் கட்டுப்படுத்த முடியும். தவிர, பூமியைச்சுற்றும் பணியை முடித்தபிறகு தரையிறங்குவதற்குப் பயன்படுத்து வதற்கென, மூன்று வேகக்குறைப்பு ராக்கெட்டுகள் பொருத்தப்பட்டிருந்தன. இவை திட எரிபொருளால் இயங்குபவை.

விண்கப்பலுக்குள் வெப்பநிலையை 11-30 டிகிரி சென்டிகிரேடுக்கு உள்ளாக, தேவையான அளவில் வைத்திருக்கும் ஏற்பாடு இருந்தது. நாம் பூமியில் சுவாசிக்கும் காற்றில் ஆக்ஸிஜன் 21 சதவிகித அளவில் இருக்கிறது. ஆனால் மெர்க்குரி விண் கப்பலில் முற்றிலும் சுத்தமான ஆக்ஸிஜன் நிரப்பப் பட்டிருந்தது.

விண்கப்பலில் சுத்தமான ஆக்ஸிஜனை நிரப்பியதால், எளிதாகத் தீப்பற்றக் கூடிய ஆபத்து இருந்தது . எனினும் மெர்க்குரி விண் கப்பலில், பூமியில் உள்ள அழுத்தத்தில் காற்றை நிரப்புவதிலும் பிரச்னை இருந்தது. இதில் பிரதான பிரச்னை மெர்க்குரி விண்கப்பலின் உலோகச் சுவர்களால், அந்த அழுத்தத்தைத் தாங்க இயலாது என்பதுதான். இதைத் தாங்கும் அளவுக்கு கனத்த உலோகத் தகடுகளைக்கொண்டு விண்கப்பலைச் செய்வதென்றால் விண்கப்பலின் எடை அதிகரித்துவிடும். பிறகு விண்கப்பலைச் செலுத்த அதிகத்திறன் கொண்ட ராக்கெட் தேவைப்படும்.

அந்தக்கட்டத்தில் அமெரிக்காவிடம் தகுந்த திறன் கொண்ட ராக்கெட் இருக்கவில்லை. தவிரவும் விண்கப்பலில் தரையில் உள்ள அழுத்தத்தில் காற்றை நிரப்பி, பிறகு ஏதோ காரணத்தால் காற்றின் அழுத்தம் குறைந்து விட்டால், அந்தக்காற்றைச் சுவாசிக்கிற விண்வெளி வீரரின் குரல் மாறிவிடும். வாத்துக்குரலில் பேசுவதுபோல மாறிவிடும். இது விண்வெளி மையத்துடன் அவர் பேச்சுத் தொடர்பு கொள்வதில் பிரச்னையை ஏற்படுத்தி விடும். இந்தக்காரணங்களால்தான் மெர்க்குரி விண்கப்பலுக்கு சுத்தமான ஆக்ஸிஜன் தேர்ந்தெடுக்கப்பட்டது.

சுத்தமான ஆக்ஸிஜனை விண்கப்பலில் பயன்படுத்தும் முறை, பின்னாளில் அப்போலோ விண்கப்பலில் மூன்று விண்வெளி வீரர்கள் உயிரிழக்கக் காரணமாக அமைந்தது. ஆக்ஸிஜன் தானாக தீப்பிடிக்காது. ஆனால் ஏதோ காரணத்தால் தீப்பொறி ஏற்பட்டால் ஆக்ஸிஜன் தீயை வேகமாகப் பரவச் செய்து எல்லாவற்றையும் எரித்துவிடும் தன்மை கொண்டது.

மெர்க்குரி விண்கப்பலின் அகன்ற பகுதி வட்ட வடிவ அமைப்பு கொண்டது. அதன் குறுக்களவு 1.8 மீட்டர். விண்கப்பலின் அந்த வெளிப்புறப் பகுதி மீது அடுக்கடுக்காக விசேஷ பிளாஸ்டிக் பொருள்கள் பூசப்பட்டிருந்தன.

விண்கப்பல் தரையிறங்கும்போது இந்தத் தட்டைப் பகுதிதான் பூமியை நோக்கி இருக்கும். காற்று மண்டலத்தில் நுழையும்போது, விண்கப்பல் விநாடிக்கு 7500 மீட்டர் வேகத்தில் இறங்கும். அப்போது காற்றில் உராய்வு காரணமாக விண்கப்பல் அதிகபட்சமாக 1850 டிகிரி சென்டிகிரேட் அளவுக்குப் பயங்கரமாகச் சூடேறும். விண்கப்பலின் அகன்ற பகுதியில் இந்த அளவுக்கு வெப்பம் ஏற்படும்போது, அடுக்கடுக்கான பிளாஸ்டிக் பொருள்கள் தீப்பற்றி எரிந்து உருகிப் போகும். வெப்பத்தை இந்த பிளாஸ்டிக் பொருள்கள் தாங்கிக் கொள்வதால் உள்ளே இருக்கும் விண்வெளி வீரரை வெப்பம் தாக்காது.

எந்த ஒரு விண்கப்பலானாலும் சரி, அது உலகில் நாமறிந்த வாகனங் களிலிருந்து வேறுபட்டது. விண்கப்பலுக்கு கார், ரயில் வண்டிபோலச் சக்கரங்கள் கிடையாது. விமானம் போன்று சுழல் சக்கரங்கள் இல்லை. விண்கப்பல் எல்லாப் பக்கங்களிலும் சுத்தமாக மூடப்பட்டிருக்கும். விண் கப்பலை, சிறிய அளவிலான காற்றுகூட வெளியே செல்ல முடியாத கூடு என்று கூறுவதுதான் பொருத்தமாக இருக்கும்.

பொதுவாகக் காற்று, அழுத்தம் குறைந்த இடத்தை நோக்கிச் செல்லும் தன்மை கொண்டது. எனவே, விண் கப்பலில் சிறு ஓட்டை இருந்தாலும் போதும், அத்தனை காற்றும் விண்வெளிக்கு வெளியேறி, விண் வெளி வீரர்களின் உயிருக்கு ஆபத்தை ஏற்படுத்திவிடும்.

விண் கப்பல் ஒன்று ராக்கெட் மூலம் விண்வெளியில் செலுத்தப்பட்டபிறகு, இயற்கையின் நியதிக்கு உட்பட்டுப் பறக்க ஆரம்பிக்கிறது. ராக்கெட்டில் வைத்துச் செலுத்தப்படுகிற வரையில் அது வெறும் கவசப் பெட்டி. அவ்வுளவுதான்.

அமெரிக்கா, மெர்க்குரி என்கிற கவசப்பெட்டியை 1960 டிசம்பரில் அதன் வெப்பம் தாங்கும் திறனைச் சோதிப்பதற்காக ராக்கெட்டில் வைத்து, விண்வெளியில் செலுத்தாமல் மிக உயரத்துக்குச் சென்று வெகு தொலைவில் போய் விழுகிற வகையில் செலுத்தியது. அது 80 கிலோமீட்டர் உயரத்துக்குச் சென்று கடலில் போய் விழுந்தது.

அதற்கடுத்த மாதத்தில் மெர்க்குரியில் ஹாம் என்ற மனிதக்குரங்கை வைத்துச் சோதித்தனர். மெர்க்குரி கலம் 250 கிலோமீட்டர் உயரம் சென்று, பிறகு பாரசூட் உதவியுடன் கீழறங்கிக் கடலில் விழுந்தது. அந்தக் குரங்கு சுமார் 16 நிமிட நேரம் உயரே பறந்தது. அப்போது அது 5 நிமிட நேரம் எடையற்ற நிலைக்கு ஆளானது.

அந்த மனிதக் குரங்கை மீட்டு, பத்திரிகை நிருபர்கள் கூட்டத்துக்காக, வாஷிங்டனுக்குக் கொண்டு சென்றனர். அடுத்து 1961 மே மாதத்தில் மெர்க்குரி கலத்தில் ஆலன் பி. ஷெப்பர்ட் 180 கிலோமீட்டர் உயரம் சென்று கடலில் போய் இறங்கினார். ஷெப்பர்ட், பூமியைச் சுற்றி வந்தார் என்று சொல்ல முடியாது. மிஞ்சிப் போனால் இந்தப்பயணத்தை குறை சுற்றுப் பயணம் என்று சொல்லலாம்.

ரஷ்யாவின் இரண்டாவது விண்வெளி வீரரும் விண்வெளிக்குச் சென்று திரும்பிய பிறகு, 1962 பிப்ரவரியில் அமெரிக்காவின் ஜான் கிளென், மெர்க்குரி விண்கப்பலில் விண்வெளியில் செலுத்தப்பட்டார். அவர் 3 முறை பூமியைச் சுற்றித் திரும்பினார். மெர்க்குரி விண் கப்பலின் தகுதி திட்ட வட்டவமாக நிரூபிக்கப்பட்டது. கிளென் அமெரிக்காவின் முதலாவது விண்வெளி வீரர் என்ற பெருமையைப் பெற்றார்.

மெர்க்குரியுடன் ஒப்பிடுகையில் ரஷ்யாவின் வொஸ்டாக் விண்கப்பல், சுமார் 5 டன் (5,000 கிலோகிராம்) எடை கொண்டது. வொஸ்டாக்கில் விண்வெளி வீரர் கீழிறங்குவதற்கான உருண்டையான வடிவிலான கலம் இடம் பெற்றிருந்தது. விண்வெளி வீரர் விரும்பினால் இறங்கு கலத்துக்குள் இருந்தபடி அதனை இயக்கலாம். அல்லது தரையிலிருந்து 7 கிலோமீட்டர் உயரத்தில் இறங்கு கலத்திலிருந்து வெளித் தள்ளும் முறையைக் கையாண்டு அதிலிருந்து வெளிப்பட்டு, 4 கிலோமீட்டர் உயரத்தில் தான் அணிந்துள்ள பாரசூட்டை விரியும்படிச் செய்யலாம்.

வொஸ்டாக் விண்கப்பலில் உள்ள காற்று, பூமியின் மேற்பரப்பில் உள்ள காற்றழுத்தத்தில் இருந்தது. விண் கப்பலை பூமியிலிருந்து விண் கேந்திர நிபுணர்கள் இயக்கும் ஏற்பாடும் இருந்தது. அவசியமானால் விண் வெளி வீரரும் இயக்கலாம்.

ரஷ்ய விண்கப்பலில் விண்வெளி வீரர்கள் வழக்கமான உணவு வகைகளைச் சாப்பிட அனுமதிக்கப்பட்டனர். தண்ணீர், காபி, ஸ்வீட் முதலியவற்றைச் சாப்பிடலாம். ஆனால் அமெரிக்க விண்வெளி வீரர்களோ, பற்பசை டியூப் போன்ற டியூப்களில் அடைக்கப்பட்ட உணவுகளையும், நீர் அகற்றப்பட்டு

பிளாஸ்டிக் பைகளில் போடப்பட்டிருந்த உணவுகளையும்தான் சாப்பிட வேண்டியிருந்தது. பிளாஸ்டிக் பைகளில் உள்ள நீர்ப் பசையற்ற உணவுகளில் போதிய நீரைச் சேர்த்துச் சாப்பிட வேண்டியிருந்தது.

விண்வெளியில் உள்ள எடையற்ற நிலை காரணமாக விண்கப்பலிலும் எடையற்ற நிலையே இருக்கும். உணவு சாப்பிடும்போது, துண்டு துணுக்குகள் கீழே சிந்தாது. அவை அப்படியே சிந்தினால் அங்கும் இங்கும் அந்தரத்தில் மிதக்கும். இவை விண்கப்பலில் எங்கோ மூலையில் போய்ச் சேரலாம். முக்கியமான கருவிகள்மீது போய்ப் படியலாம். இதன் விளைவாக எதேனும் ஆபத்து ஏற்படலாம் என்பதால் உணவு முறை விஷயத்தில் அமெரிக்க விண்வெளித்துறை மேலதிகாரிகள் கண்டிப்பாக இருந்தார்கள்.

மெர்க்குரி திட்டத்தின் கீழ் 1967–ம் ஆண்டிலும் மறு ஆண்டிலும் ஜான் கிளென் உட்பட தனித் தனியே 4 பேர் அடுத்தடுத்து விண்வெளிக்குச் சென்று பூமியைச் சுற்றிவிட்டுத் திரும்பினார்கள்.

சந்திரனில் இறங்குவதே அமெரிக்காவின் லட்சியம் என்று அதிபர் கென்னடி அறிவித்தபிறகு, அந்த நீண்ட காலத்திட்டத்தின் அடிப்படையில்தான் மெர்க்குரி விண்கப்பலும், அடுத்து மேலும் முன்னேறிய விண்கப்பல்களும் உருவாக்கப்பட்டன.

மெர்க்குரியைத் தொடர்ந்து ஜெமினி விண்கப்பல் தயாரிக்கப்பட்டது. விண்வெளியில் இரு விண்கலங்களை இணைத்துப் பார்ப்பது ஜெமினி திட்டத்தின் நோக்கங்களில் ஒன்று என்பதால், வேறு செயற்கைக் கோள் அல்லது விண் கப்பலுடன் இணைப்பதற்கான வசதி ஜெமினியில் இருந்தது. விண் கப்பல் பூமியை நோக்கி இறங்குகையில் அதன் போக்கைக் கட்டுப் படுத்துகிற வசதி மெர்க்குரியில் கிடையாது. ஜெமினியில் ஓரளவுக்கு இந்த ஏற்பாடு இருந்தது.

பொதுவாக, விண்ணிலிருந்து விண்கலம் போன்ற ஒரு பொருள் கீழே இறங்கும்போது, உயரே வீசப்பட்ட கல் கீழே விழுவது போன்று – இயற்கை சக்திகளுக்கு உட்பட்டதாகி இயல்பாக ஒரு பாதையைப் பின்பற்றிக் கீழே வரும். ஜெமினியில் செய்யப்பட்ட ஏற்பாட்டின்மூலம், அது இயல்பாக இறங்கியிருக்கக் கூடிய இடத்திலிருந்து சுமார் 500 கிலோமீட்டர் தள்ளி இறக்கவும் உதவுவதாக அமைக்கப்பட்டிருந்தது. ஜெமினியில் பொருத்தப் பட்டு இருந்த 16 சிறு ராக்கெட்டுகளைத் தகுந்தபடி இயக்குவதன் மூலம், இயல்பாக இறங்கக்கூடிய இடத்துக்கு அப்பால் சுமார் 500 கிலோமீட்டர் தள்ளி இறங்க முடியும். தவிர, இயல்பாக இறங்கக்கூடிய இடத்திலிருந்து இடது புறம் அல்லது வலது புறம் 80 கிலோமீட்டர் தள்ளியும் இறங்க முடியும்.

விண்வெளியில் பூமியைச் சுற்றுகையில் ஜெமினி கலத்திலிருந்து வெளியே வந்து அந்தரத்தில் நடமாடுவதற்கான திறப்பு வசதியும் இருந்தது. மெர்க்குரியைவிட ஜெமினி பெரியது என்பதால், விண்வெளியில் அதிக நாள்கள் தங்கும் வசதியும் இருந்தது. மெர்க்குரி வரிசையில் மெர்க்குரி-9

விண்கப்பல்தான் அதிக பட்சமாக 34 மணிநேரம் தங்கி, பூமியை 22 முறை சுற்றியது. இத்தோடு ஒப்பிட்டால் ஜெமினி–7 விண்கப்பல் விண்வெளியில் மொத்தம் 330 மணிநேரம் (சுமார் 14 நாள்) தங்கி, 206 முறை பூமியைச் சுற்றியது.

1965 மார்ச்சில் தொடங்கி 1966 நவம்பர்வரை ஜெமினி வரிசையில் மொத்தம் 10 விண்கப்பல்கள் செலுத்தப்பட்டன. ஜெமினி–5 விண்கப்பல் செலுத்தப் பட்டபோது, அதில் முதன்முறையாக மின் பாட்டரிகளுக்குப் பதில் மின்சாரத்தைப் பெற ஆக்ஸிஜன் – ஹைட்ரஜன் எரிபொருள் செல்கள் இடம் பெற்றிருந்தன.

ரஷ்யர்கள் தங்களது வொஸ்டாக் விண்கலத்தை அடுத்து வொஸ்கோட் (Voskhod) என்னும் புதிய விண்கப்பலைத் தயாரித்தார்கள். இது 3 விண்வெளி வீரர்கள் ஏறிச் செல்லும் வசதி கொண்டது. இதன் எடை சுமார் 5 டன். வொஸ்கோட் கலத்தில் தரையிறங்கும்போது, வேகக் குறைப்புக்கென வழக்கமான ஒரு எதிர்விசை ராக்கெட்டுக்கு பதில் இரண்டு எதிர்விசை ராக்கெட்டுகள் இருந்தன.

ஜெமினி விண்கப்பல்

எதிர் விசை ராக்கெட் என்பது, விண்கப்பல் தரை இறங்கும்போது பூமியை நோக்கிப் பீச்சிடும். ராக்கெட் ஒன்று பீச்சிட்டு எரியும்போது, உந்து விசையால் அது பீச்சிடும் திசைக்கு எதிர்த் திசையில் பாய முற்படும். எதிர் விசை ராக்கெட் விண்கப்பல் இறங்கும் பாதைக்கு நேர் எதிர்த் திசையில் பீச்சிடும்போது, அது ஏற்படுத்தும் உந்து விசை, விண்கப்பல் பூமியை நோக்கி இறங்குகின்ற வேகத்தைக் குறைக்கும்.

வொஸ்கோட் வரிசையில் ரஷ்யர்கள் இரு விண்கப்பல்களை மட்டுமே செலுத்தினார்கள். வொஸ்கோட்–2, முந்தையதைவிட எடை கூடுதலாக இருந்தது. இரண்டாவது வொஸ் கோடில் சென்ற ரஷ்ய வீரர் அதிலிருந்து வெளியே வந்து அந்தரத்தில் நடமாடுவதற்கு வசதியாக காற்று அடைப்பு இடைவழி ஏற்பாடு தேவைப்பட்டதால் எடை கூடுதலாகியது. விண்கப்பலில் பூமியில் உள்ள காற்றழுத்த அளவில் காற்று இருந்ததால் கலத்திலிருந்து வெளியே வர, கதவைத் திறந்தால் காற்று அனைத்தும் வெளியேறி ஆபத்து ஏற்பட்டுவிடும். எனவே, விண்வெளி வீரர் முதலில் விண்கப்பலுடன் இணைந்த இடை வழிக்கு வருவார். இடைவழிக் கதவு இறுக்கமாக மூடப்பட்டுவிடும். பிறகு

அவர் விண்கலத்தின் கதவைத் திறந்துகொண்டு வெளியே வருவார். இந்த ஏற்பாடு காரணமாக காற்று வெளியேறும் வாய்ப்பு தவிர்க்கப்பட்டது.

உறுதியான, கனத்த உலோகத் தகடுகளால் ஆன வொஸ்கோட் கலத்தில் காற்று அழுத்த ஏற்பாடு மிகச் செம்மையாக இருந்த காரணத்தால், அதில் ரஷ்ய விண்வெளி வீரர்கள் வழக்கமான விண் உடையில் இல்லாமல் சாதாரண உடையில் இருந்தார்கள். இத்துடன் ஒப்பிடுகையில் மெர்க்குரி, ஜெமினி ஆகிய ஆரம்பகால அமெரிக்க விண்கப்பலில் விண்வெளி வீரர்கள் எப்போதும் விண் உடை அணிந்தபடி இருந்தார்கள்.

வொஸ்கோட் தரை இறங்கியபோது, மிகக் கச்சிதமாக, திட்டமிட்ட இடத்தில் வந்து இறங்கியது என்பது குறிப்பிடத்தக்க விஷயம். ரஷ்யாவைச் சுற்றிய கடல்பகுதிகளில் கடல்நீர் கடும் குளிர்ச்சியானது என்பதால், ரஷ்யர்கள் ஆரம்பத்திலேயே தங்களது விண் கலங்களை நிலப்பகுதியில் இறக்கும் ஏற்பாட்டில் இறங்கினார்கள். ரஷ்யாவின் கிழக்குப் பகுதி அதிகம் மக்கள் நடமாட்டம் இல்லாத பெரும் நிலப்பரப்பு. இது விண்கலங்களை நிலப்பகுதியில் இறக்கும் ஏற்பாட்டுக்கு வசதியாக இருந்தது.

வொஸ்கோட் கீழே இறங்கும்போது, தரையிலிருந்து சுமார் 300 மீட்டர் உயரத்தில் விசேஷக்கருவி ஒன்று உள்ளிருந்து முடுக்கி விடப்படும். எனவே, இறங்கும் வேகம் மேலும் குறைந்து அது மிக மெதுவாகத் தரையில் வந்து உட்காரும். இப்படி மெதுவாக வந்து இறங்குவதற்கு என்ன உத்தி கையாளப் படுகிறது என்பதை ரஷ்யர்கள் வெளியிடாமல் மிக ரகசியமாக வைத் திருந்தார்கள்.

அமெரிக்கா, 1965-ல் ஜெமினி திட்டத்தை அமல்படுத்தியதற்கு முன்பே ஜெமினிக்கு அடுத்தபடியான அப்போலோ விண்கப்பலைத் தயாரிப் பதற்கான ஆரம்பகட்ட வேலைகளை மேற்கொண்டு விட்டிருந்தது. அப்போலோ விண்கப்பல் மூலம்தான் அமெரிக்க விண்வெளி வீரர்கள் 1969-ல் சந்திரனில் போய் இறங்கினார்கள்.

அப்போலோ விண்கப்பலின் மொத்த எடை 14,400 கிலோகிராம். அமெரிக்கா உருவாக்கிய விண்கப்பல்களில் இதுதான் மிகப்பெரியது; மிக அதிக எடை கொண்டது. மூன்றுபேர் ஏறிச் செல்லக்கூடிய வசதி கொண்டது.

அப்போலோ விண்கப்பல் இரு பகுதிகளைக் கொண்டது. முகப்புப் பகுதியை ஆள் பகுதி எனலாம். பின்புறப்பகுதி கருவிகளுக்கான பகுதி.

ஆள் பகுதி, இரு சுவர்களைக் கொண்டது. உட்புறச் சுவர் மிக வலுவான அலுமினியத்தால் ஆனது. சில இடங்களில் இந்த அலுமினியச்சுவரின் கனம் அரை சென்டிமீட்டர் அளவிலும் பிற இடங்களில் 4 சென்டிமீட்டர் அளவிலும் இருந்தது. வெளிப்புறச் சுவர் எவர்சில்வரால் ஆனது. இது மைனஸ் 110 சென்டிகிரேட் வரையிலான கடும் குளிரையும் 350 டிகிரி சென்டிகிரேட் வரையிலான கடும் வெப்பத்தையும் தாங்கி நிற்கக் கூடியது. எனினும் தரை இறங்கும்போது ஏற்படும் 3000 டிகிரி சென்டிகிரேட்

வெப்பத்தைத் தாங்கி நிற்க, இதன் மீது விசேஷப் பொருள், பூச்சுபோல அமைக்கப்பட்டது. தரை இறங்கும்போது, பூமியை நோக்கிய பகுதியில்தான் வெப்பம் அதிகம் ஏற்படும் என்பதால் அங்கு இந்தப்பூச்சு, நல்ல கனம் கொண்டதாக இருந்தது.

அப்போலோ விண்கப்பலை 1967 ஜனவரியில் வெள்ளோட்டம் விட இருந்த சமயத்தில் 3 அமெரிக்க விண்வெளி வீரர்கள் உயிரிழந்தது பற்றி ஏற்கெனவே குறிப்பிட்டோம். அந்த விபத்து நடந்த சமயத்தில் அப்போலோ விண்கப் பலுக்குள் சுத்தமான ஆக்ஸிஜன் இருந்தது.

இந்த விபத்தைத் தொடர்ந்து அப்போலோ விண்கப்பலில் மாறுதல்கள் செய்யப்பட்டன. அப்போலோ விண்கப்பலை விண்வெளியில் செலுத்தும் போது, ஆள்பகுதியில் உள்ள காற்றை 60 சதவிகிதம் ஆக்ஸிஜனாகவும், 40 சதவிகிதம் நைட்ரஜனாகவும் வைத்திருப்பது என்றும், சுற்றுப் பாதையை அடைந்ததும் முன்போலவே காற்று சுத்த ஆக்ஸிஜனாக மாற்றப்படும் என்றும் முடிவானது.

அப்போலோ விண் கப்பல் சந்திர மண்டலப் பயணத்துக்கு மட்டுமின்றி, பூமியைச் சுற்றி வந்து கொண்டிருந்த ஸ்கைலாப்புக்கு அடுத்தடுத்து விண் வெளி வீரர்களை அனுப்புவதற்கும் பயன்படுத்தப்பட்டது.

அமெரிக்கா ஜெமினியைத் தொடர்ந்து அப்போலோ விண்கப்பலை தயாரித் ததைப் போலவே, ரஷ்யர்கள் வொஸ்கோட் விண்கலத்தைத் தொடர்ந்து சோயூஸ் (Soyuz) விண்கப்பலை உருவாக்கினர். 1967–ல் சோயூஸ் வெள்ளோட்டம் விடப்பட்டது.

அப்போலோ விண்கப்பல்

லிப்ஸ்டிக் குப்பியின் மீது ஒரு கோலிக் குண்டை வைத்தால் எப்படி இருக்கும்? சோயூஸ் விண்கப்பலின் வடிவம் அதுபோலத்தான் இருந்தது. அதன் இடுப்புப் பகுதியில், இரு புறங்களிலும் சூரிய செல் பலகைகள் இறக்கைகள் போல நீட்டிக் கொண்டிருந்தன.

இந்த விண்கப்பலின் மொத்த எடை, சுமார் 6.5 டன். நீளம் சுமார் 7.5 மீட்டர். அதிக பட்ச அகலம் சுமார் 2.7 மீட்டர். விண் வெளி வீரர் தங்கிப்பணி புரியும் கோளம் போன்ற தலைப்பகுதியின் குறுக்களவு சுமார் 2.1 மீட்டர்.

தலைப்பகுதியின் வெளிப்புறத்தில் வெப்பத் தடுப்புப் பூச்சு உள்ளது. உட்புறத் திலும் வெப்பத்தடுப்பு ஏற்பாடு உள்ளது. தரை இறங்கும்போது, வேகத்தைக்

கட்டுப்படுத்துவதற்கான ஆறு சிறு ராக்கெட்டுகளும் மெதுவாகத் தரை இறங்க உதவும் எஞ்சின்களும் வெளிப்புறத்தில் பொருத்தப்பட்டுள்ளன. விண்கப்பலிலிருந்து வெளியே வருவதற்குக் காற்றுத் தடுப்பு ஏற்பாட்டுடன் கூடிய கதவும் இருக்கிறது.

இந்த விண்கப்பலில் காற்றழுத்தம் கிட்டத்தட்ட பூமியில் உள்ள அளவில் வைக்கப்பட்டிருந்தது. விண்வெளி வீரர் வெளியிடும் மூச்சில் உள்ள கரியமிலவாயுவை சுத்திகரிக்கும் வசதியும் இருந்தது. இந்த இரு பகுதிகளிலும் வெப்பநிலையை 15-25 சென்டிகிரேட்வரை விண்வெளி வீரர்கள் தங்கள் விருப்பத்துக்குத் தக்கபடி கட்டுப்படுத்திக் கொள்ளலாம்.

தரையிறங்க முடிவு செய்யப்பட்டதும், இறங்கும் கலம் பிற பகுதிகளிலிருந்து தனியே பிரிக்கப்படுகிறது.

இறங்கு கலம் தரையிலிருந்து 9 கிலோ மீட்டர் உயரத்தில் இருக்கும்போது, மெதுவாக இறங்குவதற்கு உதவ பாராசூட் விரிகிறது. தரையிலிருந்து சுமார் 3 அடி உயரம் இருக்கும்போது, இறங்கு கலம் மெதுவாகத் தரையைத் தொடுவதற்கு உதவ, சிறு ராக்கெட்டுகள் இயக்கப்படுகின்றன. தரை இறங்கும் பணி தானியங்கி முறையில் செயல்படுகிறது. இந்த ஏற்பாடு நிலத்தில் இறங்குவதற்காக வடிவமைக்கப்பட்டது என்றாலும், கடலிலும் இறங்க முடியும்.

சோயூஸ் விண்கப்பல்

இறங்கு கலம் தரையிறங்கிய பிறகு, விண்வெளி வீரர்கள் கதவைத் திறந்துகொண்டு வெளியே வருவார்கள். கடலில் இறங்க நேர்ந்தால் அவர்கள் உடனே வெளியே வராமல் விண் உடைகளைக் களைந்து மிதவையை வெளியே எடுத்துப் போட்டு அதில் ஏறிக்கொண்டு மீட்புக் குழுவினருடன் தொடர்பு கொண்டு, மீட்புக்குழு வரும்வரை காத்திருப்பார்கள்.

ரஷ்யா விண்ணில் செலுத்திய சால்யூட் விண் ஆராய்ச்சிக் கூடங்களுக்கு விண்வெளி வீரர்களை அனுப்புவதற்கு சோயூஸ் விண் கப்பல்கள் பயன்படுத்தப்பட்டன. சோயூஸ் விண்கலம் மேம்படுத்தப்பட்டு இன்றளவும் பயன்படுத்தப்படுகிறது. ஆனால் அமெரிக்காவின் மெர்க்குரி, ஜெமினி, அப்போலோ விண்கலங்கள் பழங்கதையாகிவிட்டன.

12

அமெரிக்க விண்வெளி ஓடம்

அமெரிக்க விண்வெளி ஓடம் உயரே செலுத்தப் படுவதை அல்லது அது தரை இறங்குவதைப் பலரும் டிவியில் பார்த்திருக்கலாம். விமானம் போன்ற வடிவமைப்பைக் கொண்ட விண்வெளி ஓடம், வானை நோக்கிச் செலுத்தப்படும்போது, செங்குத்தாகக் கிளம்பி இடி முழக்கம் போன்ற சத்தத்துடன் நெருப்பைப் பீச்சிட்டபடி உயரே பாய்கிறது.

இது பார்வைக்கு விமானம்போலக் காட்சி அளிக்கலாம். ஆனாலும், அது விமானம் அல்ல. அது ராக்கெட் போன்று செங்குத்தாக உயரே கிளம்பினாலும் அது ராக்கெட்டும் அல்ல. விண்வெளிக்குச் சென்றுவிட்டுத் தரை இறங்கும் போது கிளைடர் போன்று செயல்பட்டாலும் அது கிளைடரும் அல்ல. அது ஓர் அதிசய வாகனம்.

விண்வெளிப் பயணத்தைப் பொறுத்தவரை இதைப் புரட்சிகர வாகனம் என்று சொல்லலாம். ஏனெனில் உயரே செல்கின்ற வாகனம் முழுதாகத் திரும்பி வருகிறது.

விண்வெளிப் பயணத்துக்கு அமெரிக்கா 1980-களுக்கு முன்னர் பயன்படுத்திய மெர்க்குரி, ஜெமினி, அப்போலோ விண்கலங்கள் ராக்கெட்டின் உச்சியில் வைத்து அனுப்பப்பட்டன. ரஷ்ய சோயூஸ் விண்கலங்கள் இப்போதும் இப்படித்தான் செலுத்தப்படுகின்றன.

விண்வெளி ஷட்டில்

ஒன்றன் மீது ஒன்றாகப் பொருத்தப்பட்ட ராக்கெட் உயரே செல்லும்போது, ஒவ்வொரு பகுதியும் எரிந்துமுடிந்ததும் தனியே கழன்று பூமியை நோக்கி எரிந்தபடி விழும். கடைசியில் விண்வெளி வீரர்கள் அடங்கிய விண்கலம் மட்டும் உயரே போய்ச் சேரும். பணி முடிந்து விண்கலம் கீழே இறங்க முற்பட்டதும் மூன்று பகுதிகள் அடங்கிய அந்த விண்கலத்தின் இரு பகுதிகள் கழற்றிவிடப்படும். விண்வெளி வீரர்கள் –அதிகபட்சம் மூவர்– அடங்கிய

கூடு மட்டும் கடலில் அல்லது தரையில் வந்து இறங்கும். விண்வெளி ஓடம் உருவாக்கப்பட்டதற்கு முன்புவரை விண்வெளிப் பயணம் என்பது இப்படித்தான் இருந்தது.

இது எப்படியென்றால், கோவையிலிருந்து கிளம்பி மலை உச்சியில் உள்ள ஊட்டிக்கு சொகுசு காரில் செல்கிறவர் மறுபடி கீழே வந்து சேரும்போது, அவர் உட்கார்ந்துள்ள சீட்டும் ஸ்டியரிங்கும்தான் மீதமிருக்கும் என்பதைப் போன்றது.

ஒரு தடவை விண்வெளிக்குச் செல்வதற்குப் பயன்படுத்தப்படுகிற பல அடுக்கு ராக்கெட்டின் எந்தப் பாகமும் அடுத்த பயணத்துக்குப் பயன்படாத நிலை அது. இதில் நிறையப் பணம் வீண். இப்படிப்பட்ட சூழ்நிலையில்தான் மீண்டும் மீண்டும் பயன்படுத்தத் தக்க விண்வெளி வாகனத்தை உருவாக்க 1970-களில் அமெரிக்கா திட்டமிட்டது. இதன் பலனாக உருவானதுதான் விண்வெளி ஓடம் (Space Shuttle). அமெரிக்கா உருவாக்கிய விண்வெளி ஓடங்கள் 2007 நிலவரப்படி 120க்கும் மேல் விண்வெளிக்குச் சென்றுவந்துள்ளன.

அமெரிக்க நாஸா அமைப்பு சேலஞ்சர், கொலம்பியா, டிஸ்கவரி, அட்லாண்டிஸ், எண்டவர், எண்டர்பிரைஸ் என 6 விண்வெளி ஓடங்களை உருவாக்கியது. இவற்றில் சேலஞ்சர் (1986), கொலம்பியா(2003) ஆகிய இரண்டும் விபத்துக்குள்ளாகி அழிந்தன. எண்டர்பிரைஸ் உயரே அனுப் பப்படவே இல்லை. பரிசோதனைகளுக்கு மட்டுமே பயன்படுத்தப்பட்டு வந்திருக்கிறது. மீதியுள்ள மூன்று விண்வெளி ஓடங்கள்தான் இப்போது மீண்டும் மீண்டும் பயன்படுத்தப்பட்டு வருகின்றன. அவற்றுக்கும் வயதாகி விட்டது. அவை 2010-ம் ஆண்டு வாக்கில் ஓய்வுபெற இருக்கின்றன. ஆகவே தான் விண்வெளிப் பயணத்துக்கென புதிய வாகனத்தைத் தயாரிப்பதில் அமெரிக்கா தீவிரமாக முனைந்திருக்கிறது. புதிய வாகனம் 2013 அல்லது 2015 வாக்கில் வெள்ளோட்டம் விடப்படலாம் என்று எதிர்பார்க்கப்படுகிறது.

நாஸா பல ஆண்டுக்காலம் திட்டமிட்டு பல டிசைன்களை ஆராய்ந்து இறுதியாக விண்வெளி ஓடத்தைத் தயாரித்தது. அது, முதன்முதலாக 1977-ல் சோதனையாகப் பறக்க விடப்பட்டது. வலுவான விமானம் ஒன்றின் முதுகில் இந்த ஓடம் பொருத்தப்பட்டு உயரே கொண்டு செல்லப்பட்டது. பிறகு விண்வெளி ஓடம் மட்டும் தனியே பிரிந்து கீழே இறங்கியது. இந்தச் சோதனை களின்போது, அது விண்வெளிப் பிரதேசத்துக்குச் செல்லவில்லை. குறைந்த உயரத்துக்குத்தான் எடுத்துச் செல்லப்பட்டது. இறுதியில் 1981 ஏப்ரலில் முதலாவது விண்வெளி ஓடம் முதன் முறையாக விண்வெளியில் செலுத்தப் பட்டு இரண்டு நாள்கள் உயரே இருந்தபடி பல தடவை பூமியைச் சுற்றி வந்தது.

விண்வெளி ஓடம் என்பது இரண்டு ராட்சத ராக்கெட்டுகள், எரிபொருள் கிடங்கு, விண்வெளி வீரர்கள் மற்றும் சரக்குகளுக்கான பகுதிகள் அடங்கிய ஆர்பிட்டர் என்ற வாகனம் (பொதுவில் ஆர்பிட்டர் வாகனமே விண்வெளி ஓடம் எனப்படுகிறது) ஆகியவற்றை உள்ளடக்கியது. ஆர்பிட்டரின்

வயிற்றுப் பகுதியில் எரிபொருள் கிடங்கு இணைக்கப்படுகிறது. எரிபொருள் கிடங்கின் இரு புறங்களிலும் ராட்சத ராக்கெட்டுகள் இணைக்கப் படுகின்றன.

இரண்டு ராட்சத ராக்கெட்டுகளும் ஆங்கிலத்தில் சுருக்கமாக SRBக்கள் எனப்படுகின்றன. விண்வெளி ஓடம் உயரே கிளம்பும்போது, மொத்தம் ஐந்து எஞ்சின்கள் செயல்படுகின்றன. அப்படியும் கூட விண்வெளி ஓடம் முதலில் மெதுவாகத்தான் மேலே எழுகிறது.

இரு ராட்சத ராக்கெட்டுகளும் ஆர்பிட்டர் வாகனத்தை விண்ணில் குறிப்பிட்ட உயரம் வரை கொண்டு செல்கின்றன. பின்னர் இரண்டும் கழன்று பாராசூட் உதவியுடன் கீழே கடலில் விழுந்து விடுகின்றன. கடலிலிருந்து இவை மீட்கப்படுகின்றன. புதுப்பிக்கப்பட்டபின் இவை அடுத்த பயணத்துக்குப் பயனபடுததபபடுகின்றன. இந்த இரு ராக்கெட்டுகளிலும் திட எரிபொருள் பயன்படுத்தப்படுகிறது. ஆர்பிட்டருடன் இணைந்த எரிபொருள் கிடங்கில், தனித்தனி பகுதிகளில் கடும் குளிர் நிலையில் திரவ ஹைட்ரஜனும் திரவ ஆக்சிஜனும் அடங்கியிருக்கும்.

SRB ராக்கெட்டுகள் கழன்று விழுந்ததும் ஆர்பிட்டரின் அடிப்புறத்தில் உள்ள எஞ்சின்கள் தொடர்ந்து செயல்பட்டு, அதை மேலே உரிய சுற்றுப்பாதை வரை கொண்டுசெல்லும். ஆர்பிட்டரின் எஞ்சின்கள் செயல்படுவதற்கான எரிபொருள், வெளிப்புறத்தில் அமைந்த எரிபொருள் கிடங்கிலிருந்து கிடைத்து வரும். பின்னர் அந்த எரிபொருள் கிடங்கும் கழன்று கீழே விழும். அது காற்று மண்டலத்தில் நுழைந்து தீப்பற்றி அழிந்துவிடும். இதற்குள்ளாக ஆர்பிட்டர், விண்வெளியில் தனது சுற்றுப் பாதையை அடைந்து பூமியைச் சுற்ற ஆரம்பிக்கும். ஆர்பிட்டர் சில நாள்களுக்கு உயரே இருந்துவிட்டு முழுதாக பூமியில் வந்து இறங்கும். இந்த ஆர்பிட்டரை செப்பனிட்டு, திரும்பத் திரும்பப் பயன்படுத்த முடியும்.

உலகில் இப்போதைக்கு அமெரிக்கா, ரஷ்யா, சீனா ஆகியவை மட்டுமே விண்வெளி வீரர்களை உயரே அனுப்பும் திறனைப் பெற்றிருக்கின்றன. ஆனால் ரஷ்யா, சீனா ஆகிய இரு நாடுகளும் பழைய பாணியில் ராக்கெட்டின் உச்சியில் விண்கலத்தை அனுப்புகிற முறையைத்தான் பின்பற்றுகின்றன. ரஷ்யா 1990-ல் அமெரிக்க விண்வெளி ஓடம் போன்ற அமைப்பைக் கொண்ட பூரான் (Buran) என்ற ஒரு வாகனத்தைத் தயாரித்தது. என்றாலும் அது பயன்பாட்டுக்குக் கொண்டுவரப்படவில்லை. விண்வெளி வீரர் யாரும் இல்லாமல் அது பூமியைச் சுற்றிவிட்டு திரும்பியதோடு சரி. சோவியத் யூனியன் உடைந்து விண்வெளித் திட்டங்களுக்கு நிதி ஒதுக்கீடு பெரிதும் குறைந்தபோது பூரான் திட்டம் கைவிடப்பட்டது.

அமெரிக்க விண்வெளி ஓடம், 7 பேர் ஏறிச்செல்லக் கூடியது. ஆர்பிட்டரில் விமானத்தின் மூக்கு போன்று உள்ள பகுதியில்தான் விண்வெளி வீரர்கள் தங்குகிறார்கள். இவர்களுக்கான காற்று வசதி, பூமியில் உள்ளது போன்றே இருப்பதால், விண்வெளி வீரர்கள் உயரே சென்றதும் சாதாரண உடையில்

இருக்க முடியும். இந்த ஓடத்தில் அதிகபட்சம் 24 டன் அளவுக்குப் பொருள்களை எடுத்துச் செல்ல இயலும். 1998-ம் ஆண்டுவரை - அதாவது சர்வதேச விண்வெளி நிலையம் செலுத்தப்பட்டதற்கு முன்னர் - ஸ்பேஸ்லாப் என்ற ஆராய்ச்சிக்கூடம், பல தடவை இந்தச் சரக்குப் பகுதியில் வைத்து எடுத்துச் செல்லப்பட்டது.

இந்த ஆராய்ச்சிக்கூடங்களில் கடந்த காலத்தில் பல ஆராய்ச்சிகள் நடத்தப்பட்டிருக்கின்றன. அதற்கான வகையில் விண்வெளி ஓடத்தில் பல துறைகளைச் சேர்ந்த நிபுணர்கள் அழைத்துச் செல்லப்பட்டார்கள்.

விண்வெளி ஓடத்தின் சரக்குப் பகுதியில், திறந்த வெளியில் இருந்தபடி டெலஸ்கோப் மூலம் வான் பகுதியை ஆராயவும் வசதி இருந்தது. இதற்கென சரக்குப் பகுதியில் கூரை இல்லாத இரு திறப்புக் கூடங்கள் இருந்தன. விண்வெளியில் எந்தப் பொருளும் அந்தரத்தில் மிதக்க ஆரம்பிக்கும் என்பதால் டெலஸ்கோப் போன்ற கனமான பொருள்களை வலுவாகப் பிணைத்து நிறுத்தவும் வசதிகள் இருந்தன. இந்தத் திறப்புக்கூடங்களில் பணியாற்றும்போது, வீரர்கள் தகுந்த காப்பு உடை அணிந்திருப்பார்கள்.

விண்வெளி ஓடம் பல சமயங்களில் தனது சரக்குப் பகுதியில் செயற்கைக் கோள் போன்ற மிகுந்த எடை கொண்ட பொருள்களை எடுத்துச் சென்றது உண்டு. இப்படியான செயற்கைக் கோளைத் தூக்கி விண்வெளியில் செலுத்துவதற்காக விண்வெளி ஓடத்தின் சரக்குப் பகுதியில் ஒரு பெரிய கிரேன் இருக்கும். இது வெறும் கிரேன் மட்டும் அல்ல. விண்வெளி வீரர்கள் விசேஷ உடை அணிந்து விண்வெளி ஓடத்திலிருந்து வெளியே வந்து பணிபுரியும்போது இதன் நுனியில் அமர்ந்தபடிதான் செயல்படுவார்கள். இந்த கிரேனில் அமர்ந்தபடி விண்வெளி ஓடத்தின் வெளிப்புறத்தில் உள்ள எந்த மூலைக்கும் செல்ல முடியும். இந்த கிரேனை வெவ்வேறு வேகத்தில் நகரும்படிச் செய்ய இயலும். 17 மீட்டர் நீளமுள்ள இந்த கிரேனைப் பயன்படுத்தி, 116 டன் எடையைத் தூக்க முடியும்.

விண்வெளி ஓடங்கள் கடந்த பல ஆண்டுகளில் பல சாதனைகளைப் புரிந்திருக்கின்றன. துயரங்களையும் சந்தித்திருக்கின்றன. சேலஞ்சர் விண்வெளி ஓடம் தரையிலிருந்து கிளம்பிய சில நிமிடங்களில் வெடித்துச் சிதறி அழிந்தது. அதற்குப் பல ஆண்டுகளுக்குப் பிறகு கொலம்பியா விண்வெளி ஓடம் தரை இறங்க இருந்த சில நிமிடங்களுக்கு முன்னர் தீப்பிடித்து இதே போல வெடித்துச் சிதறியது.

உயரே போய்ச் சேர்ந்து பணியை முடித்த ஒரு விண்வெளி ஓடம் பூமிக்குத் திரும்பும்போது காற்று மண்டலத்தைக் கடப்பது என்பது தீக்குளிப்பதற்கு ஒப்பானது. அதி வேகத்தில் காற்று மண்டலத்தில் நுழைகிற எந்தப் பொருளும் மிகுந்த வெப்பத்தை எதிர்கொள்ளும். காற்று மண்டலம் வழியே வருவது அவ்வளவு பெரும் பிரச்னையா என்று நீங்கள் வியக்கலாம். ரயில் வண்டி வேகமாகச் செல்லும்போது ஜன்னல் வழியே உங்கள் கையை நீட்டினால் வேகமாக வீசும் காற்று உங்கள் கையைப் பின்னுக்குத் தள்ளும்.

அதிவேகத்தில் செல்லும் போது காற்றைக் கிழித்துச் செல்வது என்பது பெரிய பிரச்னையாகிறது.

விண்வெளி ஓடம் பூமிக்குத் திரும்பும்போது, பூமியின் ஈர்ப்பு சக்தியால் வலுவாக இழுக்கப்படுகிறது. அப்போது அதன் வேகம் மணிக்கு சுமார் 27 ஆயிரம் கிலோமீட்டராக இருக்கும். தலைதெறிக்கும் இந்த வேகத்தை முடிந்த மட்டில் குறைக்க விண்வெளி ஓடம் பல உத்திகளைக் கையாளுகிறது. ஆனாலும் மிக வேகத்தில் கீழ் நோக்கி வருகிறபோது காற்றைக் கிழிக்கும்; அதனால் மிகுந்த வெப்பம் தோன்றும்.

அப்பொழுது ஏற்படும் வெப்பம் அதிக பட்சம் சுமார் 1650 டிகிரி சென்டி கிரேட் அளவுக்கு இருக்கும். ஆர்பிட்டரின் வெளிப்புறத்தைத் தாக்குகின்ற நெருப்பு அதை எரித்து விடாமலும் அத்துடன் உள்ளே கசியாமல் இருக்கவும் தகுந்த பாதுகாப்பு ஏற்பாடுகள் செய்யப்பட்டுள்ளன.

அமெரிக்கா 1960-களில் பயன்படுத்திய மெர்க்குரி, ஜெமினி, அப்போலோ விண்கலங்களுக்கும் தீக்குளிப்பு பிரச்னை ஏற்படத்தான் செய்தது. ஆனால் அவற்றின் விஷயத்தில் கையாண்ட பாதுகாப்பு உத்தி வேறு. அந்த விண் கலங்களின் வெளிப்புறத்தில் வெப்பத்தை வாங்கிக்கொண்டு உருகித் தீய்ந்து போகின்ற பொருள்கள் கனத்த பூச்சாக பூசப்பட்டிருந்தன. ஆனால் விண்வெளி ஓடத்தில் வேறு உத்தி கையாளப்பட்டது. அதாவது கடும் வெப்பத்தைத் தாங்கி நிற்கின்ற செராமிக் பொருள்கள் ஓடுகளாகப் பதிக்கப்பட்டிருகின்றன.

விண்வெளி ஓடத்தின் முன்புறத்தில் சில பகுதிகள்தான் கடும் வெப்பத்துக்கு உள்ளாகும் பகுதிகள். அவற்றுக்கென குறிப்பிட்ட வகை ஓடுகள் பயன்படுத் தப்படுகின்றன. மற்றப் பகுதிகளில் வேறு வகையான ஓடுகள் பதிக்கப் பட்டிருக்கின்றன. இன்னும் சில பகுதிகளில் வெப்பத் தடுப்புப் பொருள், மெத்தைபோல ஒட்டப்பட்டிருக்கிறது. விண்வெளி ஓடத்தின் வெளிப் புறத்தில் மொத்தம் சுமார் 31 ஆயிரம் ஓடுகள் பதிக்கப்பட்டிருக்கின்றன. அடிப்படையில் பார்த்தால் இவை சாதாரண மணலில் அடங்கிய பொருளைக் கொண்டு தயாரிக்கப்பட்டவை. இந்த ஓடுகளின் வடிவம், கனம் ஆகியவை அவை பதிக்கப்படுகின்ற இடத்தைப் பொறுத்து வேறுபடுகிறது.

ஒரு தடவை உயரே சென்றுவிட்டு வந்தால், சில ஓடுகள் பிய்ந்து விழுந்திருக் கலாம். அடுத்த முறை உயரே செலுத்துவதற்கு முன்னர் விழுந்த ஓடுகள் மீண்டும் வேயப்படும். விண்வெளி ஓடம் உயரே கிளம்புவதற்கு முன்னர் எல்லா ஓடுகளும் சரி பார்க்கப்படும்.

ஓடுகள் பிய்ந்து போவதுகூட விண்வெளி ஓடத்துக்குப் பெரிய பிரச்னை அல்ல. ஆர்பிட்டருடன் இணைந்த எரிபொருள் கிடங்குமீது பூசப்பட்டுள்ள ஒரு வித நுரைப்பொருளின் துண்டுகள் தனியே பிய்ந்து வந்து அதி வேகத்தில் ஆர்பிட்டர் மீது மோதுவதுதான் இப்போது பெரிய பிரச்னையாகியிருக்கிறது.

இந்த எரிபொருள் கிடங்கு மீது நுரைப் பொருள் பூசப்பட்டிருப்பதற்குக் காரணம் உண்டு. இதில் அடங்கிய திரவ ஆக்சிஜனும் திரவ ஹைட்ரஜனும்

சிறிது வாய்ப்புக் கிடைத்தாலும் ஆவியாகக் கூடியவை. ஆர்பிட்டரின் அடிப்புறத்தில் உள்ள எஞ்சின் அறைக்கு வந்து சேருகின்றவரையில் இவை திரவ வடிவில்தான் இருக்க வேண்டும். வெளிக்காற்று, வெளி வெப்பம் இந்தக் கிடங்கில் உள்ள எரிபொருள்களைத் தாக்காதபடி தடுத்தாக வேண்டும். ஆகவேதான் ஒரு வித நுரைப் பொருள் இந்தக் கிடங்கு மீது பீச்சப்படுகிறது. கிடங்குமீது பட்டதும் அது கெட்டியாகிவிடுகிறது.

2003-ல் கொலம்பியா விண்வெளி ஓடம் உயரே சென்றபோது, அதன் வெளிப்பகுதியில் நுரைப் பொருள் பிய்ந்து ஓடத்தின்மீது தாக்கி சேதம் ஏற்பட்டது. இதன் விளைவாகவே கொலம்பியா தரையிறங்கும் வேளையில் வெளிப்புறத்தில் இருந்த தீ, உள்ளே பாய்ந்து அது தீப்பிடித்து வெடித்தது. அந்த விபத்தில் இந்திய வம்சாவளியைச் சேர்ந்த அமெரிக்கப் பெண் கல்பனா சாவ்லா உயிரிழந்தார்.

2006 டிசம்பரில் உயரே செலுத்தப்பட்ட டிஸ்கவரி விண்வெளி ஓடத்திலும் இதேபோன்ற சேதம் ஏற்பட்டது. சேதம் ஏற்பட்ட வெளிப்புறப் பகுதியில் பழுது வேலை மேற்கொள்ள வேண்டியிருந்தது. அதில் ஏறிச் சென்ற இந்திய வம்சாவளியைச் சேர்ந்த அமெரிக்கப் பெண் சுனிதா வில்லியம்ஸ் உள்பட அமெரிக்க விண்வெளி வீரர்கள் பத்திரமாக பூமிக்குத் திரும்ப முடியுமா என்று கடைசிவரை ஓரளவு கவலை நிலவியது.

★

பிற கோள்களை ஆராய்வதற்கான ஆளில்லா கோள் ஆய்வுக் கலங்களும் விண்வெளி ஓடத்தில் எடுத்துச் செல்லப்பட்டு செலுத்தப்பட்டன. வெள்ளி கிரகத்தை ஆராய்வதற்கான மெகல்லன் என்ற ஆளில்லாக் கலம் 1989-ல் விண்வெளி ஓடம் மூலம்தான் செலுத்தப்பட்டது. பின்னர் வியாழன் கிரகத்தை ஆராய அதே ஆண்டில் கலிலியோ என்னும் ஆளில்லா விண் கலமும் இதேபோல விண்வெளி ஓடம் மூலம், உயரே எடுத்துச் செல்லப் பட்டு செலுத்தப்பட்டது.

பூமியிலிருந்து வானை ஆராய்வதைவிட, விண்வெளியிலிருந்து வான மண்டலத்தை ஆராய்ந்தால் நட்சத்திரங்கள் மிகத் தெளிவாகத் தெரியும். அத்துடன் இரவு பகல் வித்தியாசமின்றி எந்த நேரத்திலும் ஆராய முடியும். இதைக் கருதி ஹப்புள் (Hubble) என்று பெயரிடப்பட்ட பெரியதொரு டெலஸ்கோப்பும் (எடை 11 டன்) விண்வெளி ஓடம் மூலம் 1990-ல் உயரே செலுத்தப்பட்டது. அந்த டெலஸ்கோப் ஒரு செயற்கைக் கோள் போல பூமியைச் சுற்றியபடி வான மண்டலத்தை ஆராய்ந்து எண்ணற்ற புதிய தகவல்களை அளித்துவருகிறது. ஆனால் விண்வெளி ஓடத்தின் பங்கு ஹப்புளை செலுத்தியதுடன் நின்றுவிடவில்லை. அந்த டெலஸ்கோப்பை அவ்வப்போது செப்பனிட வேண்டியிருந்தது. புதிய உறுப்புகளைப் பொருத்த வேண்டியிருந்தது. சில ஆண்டுகளுக்கு ஒரு முறை விண்வெளி ஓடம் மூலம் இவை எடுத்துச் செல்லப்பட்டு, விண்வெளி வீரர்கள் அந்த டெலஸ்கோப்பில் அமர்ந்து அவற்றைப் பொருத்தினர்.

விண்வெளிக்கு விமானம் போன்ற வாகனத்தை அனுப்பி அதை பூமியில் விமானம் போன்று இறங்கும்படிச் செய்வதுதான் நாஸாவின் நீண்ட நாள் நோக்கமாக இருந்தது. விண்வெளி ஓடம் அதைப் பெருமளவில் பூர்த்தி செய்தது. ஆனால் விண்வெளி ஓடம் பெரியதொரு ஏமாற்றமே என்று பல நிபுணர்களும் கூறுகின்றனர்.

முதலாவதாக, விண்வெளிக்குச் சென்றுவர அது சிக்கன ஏற்பாடு அல்ல என்பது நிரூபணமாகியது. ஒரு தடவை விண்வெளி ஓடத்தைச் செலுத்து வதற்கு எவ்வளவு செலவு ஆகலாம் என்று ஆரம்பத்தில் என்ன கணக்கு போடப்பட்டதோ அதைவிடப் பத்து மடங்கு செலவு ஆகிறது.

இரண்டாவதாக, ஒரு தடவை சென்று வந்த விண்வெளி ஓடத்தைச் செப்பனிடுவதற்கு நிறையப் பணம் செலவாகிறது. தவிர, விண்வெளி ஓடத்தைச் செப்பனிட்டு அடுத்த தடவை செலுத்துவதற்கு, குறைந்தது நான்கு மாதங்கள் இடைவெளி தேவைப்படுகிறது.

மூன்றாவதாக, விண்வெளி ஓடங்களை மாறி மாறிப் பயன்படுத்தினால் ஓராண்டில் ஐம்பது முறை செலுத்த முடியும் என்று ஆரம்பத்தில் கணக்கிட்டி ருந்தார்கள். ஆனால் ஓராண்டில் நான்கு முறைதான் செலுத்த முடிந்திருக்கிறது .

நான்காவதாக, நாஸாவின் பட்ஜெட்டில் பெரும் பகுதி விண்வெளி ஓடங்களை செலுத்துவதற்கும் பராமரிப்பதற்கும் போய்விடுகிறது. அறிவியல் ஆராய்ச்சிப் பணிகள் எனப் பெரிதாக எதையும் மேற்கொள்ள நாஸாவிடம் பணம் இருப்பதில்லை.

ஐந்தாவதாக, விண்வெளி வீரர்கள் உயரே சென்று அங்கு அறிவியல் தொடர் பான ஆராய்ச்சிப் பணிகளை நடத்துவது என்பது மூல நோக்கமாக இருக்க வேண்டும். ஆனால் அண்மைக் காலமாக விண்வெளி ஓடங்கள் உயரே பூமியைச் சுற்றி வருகின்ற சர்வதேச விண்வெளி நிலையத்துக்குச் சரக்குகளை எடுத்துச் செல்வதற்கே அதிகம் பயன்படுத்தப்பட்டு வருகின்றன. அந்த வகையில் விண்வெளி ஓடங்கள் கிட்டத்தட்ட சரக்கு லாரிபோல ஆகி விட்டன. இப்படி சரக்குகளை அனுப்ப ஆளில்லா விண்கலங்களே போதும். ரஷ்யா ஆளில்லா விண்கலங்கள் மூலமாகத்தான் சர்வதேச விண்வெளி நிலையத்துக்கு சரக்குகளை அனுப்பி வருகிறது.

எல்லாவற்றுக்கும் மேலாக விண்வெளி ஓடத்தில் செல்லும் வீரர்களின் பாதுகாப்பு அம்சத்தை முக்கியமாகக் கணக்கில் கொண்டு பார்க்கும்போது விண்வெளி ஓடம் சிறந்த ஏற்பாடு என்று கூற முடியாது. ஏற்கெனவே வெளியே பூசப்பட்டிருக்கும் நுரைப் பொருளின் துண்டுகள் பிய்த்துக் கொண்டு ஓடத்தைத் தாக்கி சேதப்படுத்துவதைக் குறிப்பிட்டிருந்தோம்.

உயரே போன பிறகு விண்வெளி வீரர்கள் மற்ற வேலைகளை விட்டுவிட்டு, அந்தரத்தில் மிதந்தபடி, தங்களது வாகனத்தில் சேதம் அடைந்த பகுதியை பழுதுபார்க்கும் வேலையில் ஈடுபடுகிற நிலைமை இருந்து வருகிறது.

இப்படியான பழுது வேலைக்குப் பிறகு அவர்கள் பத்திரமாக வந்து சேர வேண்டுமே என்ற கவலை மேலிடுகிறது. இது நல்லதல்ல. தங்களது வாகனத்தைப் பழுது வேலை பார்ப்பது விண்வெளி வீரர்களின் பணியும் அல்ல. விண்வெளி வீரர்கள் அடங்கிய விண்கலம் ராக்கெட்டின் உச்சியில் பொருத்தப்படுமானால் எந்த ஒரு பொருளும் விண்கலம்மீது மோதிச் சேதம் உண்டாக்க வாய்ப்பில்லை.

அந்த வகையில் பார்க்கும்போது, ரஷ்யா ஆரம்பத்திலிருந்து விண்வெளி வீரர்கள் அடங்கிய விண்கலத்தை ராக்கெட்டின் உச்சியில் வைத்து அனுப்பும் முறையைத்தான் பின்பற்றி வருகிறது. அதுவே சிறந்த ஏற்பாடாகத் தோன்றுகிறது. அவ்வப்போது செம்மைப்படுத்தப்பட்டு வரும் ரஷ்ய சோயூஸ் விண்கலங்கள் 1967-ம் ஆண்டிலிருந்து மிக நீண்டகாலமாக மிகச் சிறப்பாகச் செயல்பட்டு வருகின்றன.

விண்வெளி ஓடங்களின் ஆயுட்காலம் முடிவடைய சில ஆண்டுகளே உள்ள நிலையில் விண்வெளி வீரர்களை ஏற்றிச் செல்ல புதிய வாகனத்தைத் தயாரிப்பது பற்றி அமெரிக்காவில் ஆலோசனைகள் மேற்கொள்ளப்பட்டன. இந்த ஆலோசனைகளின் விளைவாக நாஸா பழைய பாணியில் இனி ராக்கெட் உச்சியில் விண்கலத்தை வைத்து அனுப்புகிற முறைக்கு மாற இருக்கிறது. இந்த விண்கலத்துக்கு ஓரையன் (Orion) என்று பெயர் வைக்கப்பட்டிருக்கிறது. விண்வெளி வீரர்களுக்கான இந்த வாகனத்தைத்தவிர ஆளில்லா சரக்கு வாகனம் ஒன்றை உருவாக்கவும் நாஸா திட்டமிட்டிருக்கிறது.

இந்தப் புதிய ஏற்பாட்டில், கடைசி நேரத்தில் ஏதோ கோளாறு ஏற்பட்டிருப்பதாகத் தெரிந்தால், உயரே உச்சியில் பொருத்தப்பட்டிருக்கும் விண்கலத்தில் இருக்கின்ற விண்வெளி வீரர்கள் உயிர் தப்ப விசேஷ ஏற்பாடு இருக்கிறது. ஒரு பொத்தானை அழுத்தினால் அவர்கள் அடங்கிய கூடு மட்டும் வெளியே தூக்கி எறியப்படும். அவர்கள் பாரசூட் மூலம் பாதுகாப்பான இடத்தில் போய் இறங்க முடியும். உலகெங்கிலும் போர் விமானங்களில் இப்படியான வசதி பல ஆண்டுக்காலமாக இருந்து வருகிறது. சேலஞ்சர் விண்வெளி ஓடத்தில் இப்படியான ஏற்பாடு இருந்திருக்குமானால் ஏழு விண்வெளி வீரர்களும் உயிர் தப்பியிருப்பார்கள்.

இதற்கிடையே ஐரோப்பிய விண்வெளி அமைப்பு, ATV என்ற விண்வெளி சரக்கு வாகனத்தை உருவாக்கியிருக்கிறது. ஜப்பான் இதேபோல HTV என்ற பெயரில் ஆளில்லா விண்வெளி சரக்கு வாகனத்தை உருவாக்குவதில் ஈடுபட்டிருக்கிறது. விண்வெளி ஓடம் ஓய்வு பெறும்போது இந்த ATV மற்றும் HTV வாகனங்கள் சர்வதேச விண்வெளி நிலையத்துக்குச் சரக்குகளைக் கொண்டு செல்வதற்குப் பயன்படுத்தப்படும். இவை அனைத்திலிருந்தும் ஒன்று தெரிகிறது. அதாவது எந்த நாடும் விண்வெளி ஓடம் போன்ற வாகனத்தைத் தயாரிக்க விரும்பவில்லை. விண்வெளி ஓடங்கள் 2010 வாக்கில் ஓய்வுபெற்ற பின்னர் அதுபோன்ற வாகனமே எதிர்காலத்தில் இருக்காது.

13

பறக்கும் இல்லம்

விண்வெளி வீரர்கள் விண்வெளியில் பல நாள்கள் தங்கிப் பணியாற்றுவதற்காக அமெரிக்காவும் ரஷ்யாவும் பெரிய அளவிலான விண் நிலையங்களை (Space Stations) பறக்க விட நீண்ட நாள்களாகத் திட்டமிட்டு வந்தன. ரஷ்யா 1971-ல் சால்யூட்–1 என்னும் தனது முதலாவது விண் நிலையத்தைச் செலுத்தியது. இதனைத் தொடர்ந்து 1972-ல் அமெரிக்கா, ஸ்கைலாப் (Skylab) என்னும் விண் நிலையத்தைச் செலுத்தியது.

விண்வெளியில் மனிதன் எவ்வளவு காலம் தங்கியிருக்க முடியும் என்று கண்டறிவதும் எடையற்ற நிலையில் விஞ்ஞானப் பரிசோதனைகளை நடத்துவதும், காற்று மண்டலத்துக்கு மேலிருந்தபடி சூரியனையும் நட்சத்திரங்களையும் ஆராய்வதும் விண் நிலையங்களை உருவாக்கியதன் நோக்கங்கள். விண் நிலையங்களில் மனிதனேகூட ஆராய்ச்சிப் பொருளாக இருந்தான். பல நாள்கள் விண்வெளியில் இருந்தால் மனித உடலில் என்ன மாறுபாடுகள் ஏற்படுகின்றன என்பதை விஞ்ஞானிகள் கண்டறிய வேண்டியிருந்தது.

விண் நிலையங்களில் பல்வேறு பொருள்களை வைத்து ஆராய்ச்சிகள் மேற்கொள்ளப்பட்டன. இப்படிப்பட்ட ஆராய்ச்சிகள் தொழில் துறையில் பல புதிய பொருள்களை உருவாக்குவதற்கு வழி வகுப்பதாக அமைந்தன.

விண் கப்பலுடன் ஒப்பிடுகையில் விண் நிலையங்கள் வடிவில் பெரியவை, அதிக இடவசதி கொண்டவை. விண் கப்பலில் விண்வெளி வீரர்கள் பெரும்பாலும் படுத்த நிலையில் இருக்க நேரிட்டது. விண் நிலையங்களில் அவர்கள் நடமாட முடிந்தது.

விண் நிலையங்களில் பல்வேறு கருவிகள் வைக்கப்பட்டிருந்தன. சூரியனை ஆராய்வதற்கும் கதிர் வீச்சுகளை அளப்பதற்கும் கருவிகள் இருந்தன. பூமியின் நிலப்பரப்பையும் நீர்ப்பரப்பையும் பல்வேறு கதிர்களைக் கொண்டு படம் பிடிப்பதற்கான கேமராக்களும் இருந்தன.

அடுத்தடுத்து விண்வெளி வீரர்களைக் கொண்ட குழுக்கள் தங்குவதற்கு வசதியாகத் தண்ணீர் மற்றும் உணவு சேமிப்பு அறை, குளியல் அறை முதலியவை இருந்தன. அந்த வகையில் பார்த்தால் விண் நிலையங்களை 'பறக்கும் இல்லம்' என்று சொல்லலாம். விண்வெளி நிலையம் ஆராய்ச்சிப் பணிகளுக்குப் பயன்படுத்தப்பட்டதை வைத்துக் கூறவேண்டுமென்றால் அவற்றை விண்வெளியிலான ஆராய்ச்சிக் கூடம் என்று சொல்லலாம். எதிர்காலத்தில் பிற கோள்களுக்குப் பல கோடி மைல் பயணம் செய்வதற்கு இந்த விண் நிலையங்கள் இடை வழி நிலையமாக உதவக் கூடும் என்றும் கருதப்பட்டது.

விண் நிலையங்கள் தொலை தூரத்தில் இருக்கும் சூரியனையும் நட்சத்திரங் களையும் பற்றிய ஆராய்ச்சியில் பெரிதும் உதவுகின்றன. இதுபோன்ற ஆராய்ச்சிகளுக்கு, பூமியில் கிடைக்காத வசதி, விண் நிலையத்தில் கிடைத்துவிடப் போகிறதா என்று நீங்கள் கேட்கலாம். கிடைக்கிறது.

பூமியைக் காற்று மண்டலம் போர்த்தியிருக்கிறது. காற்று மண்டலத்தில் மிகுந்த தூசி, புகை, புழுதி முதலியன அடங்கியிருக்கின்றன. சூரியன், கிரகங்கள், நட் சத்திரங்கள் முதலியவற்றிலிருந்து வரும் ஒளிக்கற்றைகள், காற்று மண்டலத்தில் உள்ள அசுத்தப் பொருள்களால் சிதறுகின்றன. இதனால் சரியான பிம்பங்கள் கிடைப்பதில்லை. பூமியிலிருந்து வான மண்டலத்தை ஆராயும்போது மழை, மேக மூட்டம் முதலியவை குறுக்கிட்டு ஆராய்ச்சி நடத்த முடியாமல் போகும். இதுபோன்ற பிரச்னைகள் விண் நிலையங்களில் கிடையாது.

இப்படியான வசதிகளைக் கருதித்தான் அமெரிக்க ஸ்கைலாப் விண் நிலையத்தில், சூரியனை ஆராயும் தொலைநோக்கியும், இதர கருவிகளும் அமைக்கப்பட்டிருந்தன. ரஷ்யர்களும் தங்களது விண் நிலையத்தின் மூலம் வான மண்டலத்தை ஆராய்ந்தனர். தொடர்ந்து இப்படிப்பட்ட ஆராய்ச்சிகள் நடந்து வருகின்றன.

எடையற்ற நிலையும் காற்றில்லாத நிலையும் விண் நிலையத்தைப் பல உலோகவியல், வேதியியல் ஆராய்ச்சிகளுக்கு உகந்த இடமாக ஆக்கியிருக் கின்றன. உலோகங்களைப் பற்ற வைத்தல், மின்னணு கம்ப்யூட்டர்கள், மின்னணுக் கருவிகள் போன்றவற்றுக்கான குறை கடத்திகளை (Semiconductors) தயாரிப்பதற்கான படிகங்களை உருவாக்குதல், பூமியில்

சாத்தியமற்ற வேதி முறைகளைப் பயன்படுத்துதல் முதலியவற்றுக்கு விண் நிலையங்கள் தகுந்த இடங்களாகக் கருதப்படுகின்றன.

எடையற்ற நிலையில் மீன்களை வளர்த்தல், பாக்டீரியா போன்ற நுண்ணுயிர்களை வளர்த்தல் முதலியவற்றுக்கும் விண்நிலையங்கள் பயன்படுத்தப்பட்டிருக்கின்றன. நீண்ட காலம் எடையற்ற நிலையில் வைக்கப்பட்ட உயிரினங்களின் வழித் தோன்றல்களில் ஏற்படுகிற மாறுபாடுகளும் ஆராயப்பட்டிருக்கின்றன.

இந்த ஆராய்ச்சிகளை மேற்கொள்ள ரஷ்யர்கள் சால்யூட் (Salyut) என்னும் புதிய ரக விண் நிலையத்தை உருவாக்கினார்கள். உலகின் முதலாவது விண் நிலையம் சால்யுட்தான். முதன் முதலில் 1971-ல் செலுத்தப்பட்ட சால்யுட்–1 விண் நிலையம் சுமார் 6 மாத காலம் விண்வெளியில் தங்கியிருந்தது. அதன் பின்னர் ரஷ்யா அவ்வப்போது பல சால்யூட் விண் நிலையங்களைச் செலுத்தியிருக்கிறது.

சால்யூட்-1 விண் நிலையம் முதலில் ஆளற்றதாகச் செலுத்தப்பட்டது. அவ்வப்போது சோயுஸ் கப்பல் வந்து இதனுடன் இணையும். விண் கப்பலிலிருந்து விண்வெளி வீரர்கள் சால்யுட் கலத்துக்கு மாறி, அங்கு விஞ்ஞானப் பரிசோதனைகளையும் இதர பணிகளையும் மேற்கொள்வார்கள்.

சால்யூட் – 1 விண் நிலையத்துடன் முதன் முதலில் இணைந்தது சோயுஸ் – 10 விண்கப்பல். புதிய இணைப்புமுறை சரியாகச் செயல்படுகிறதா, இரு விண் கலங்களும் இணைந்து சரிவரச் சுற்றுகின்றனவா என்று அறிவதே இந்தப் பயணத்தின் நோக்கமாக இருந்ததால், முதல் கோஷ்டி ரஷ்ய வீரர்கள் சால்யுட்–1 விண் நிலையத்துக்குள் செல்லாமல் தனியே பிரிந்து கீழிறிங்கினார்கள்.

1971 ஜூனில் செலுத்தப்பட்ட சோயூஸ்-11 விண் கலத்தில் சென்ற மூன்று ரஷ்ய வீரர்கள் சால்யுட்–1 விண் நிலையத்துடன் இணைந்து அதனுள்ளே நுழைந்து தங்களுக்கு இடப்பட்ட பணிகளை மேற்கொண்டார்கள். இதன் மூலம் உலகின் முதலாவது விண் நிலையம் செயலுக்கு வந்தது. மூன்று ரஷ்ய விண்வெளி வீரர்களும் எடையற்ற நிலை ஏற்படுத்தும் விளைவுகளை ஆராய்ந்தார்கள். தொட்டிகளில் விதைகளை நட்டு, எடையற்ற நிலையில் செடிகள் எப்படி வளருகின்றன என்று ஆராய்ந்தார்கள். மூவரும் விண்வெளியில் 14 நாள்கள் தங்கி புதிய சாதனையை ஏற்படுத்திவிட்டு, பூமியை நோக்கி இறங்க ஆரம்பித்தார்கள். விண் கப்பல் கீழே இறங்கும்போது, எல்லாம் சரியாகத்தான் இருந்தது. திட்டமிட்டபடி பாரசூட்டுகள் விரிந்தன. விண்கப்பல் திட்டமிட்ட பகுதியில் மெதுவாகத் தரை இறங்கியது. ஆனால் அவர்கள் மூவரும் உள்ளேயிருந்து வெளியே வரவில்லை. மூடியைத் திறந்து பார்த்தபோது, மூவரும் உயிரிழந்து காணப்பட்டார்கள்.

சோயூஸ்–1 விண் கப்பல் மூலம் 1967 ஏப்ரலில் தரையிறங்கிய கோமரோவ் உயிரிழந்ததற்குப் பிறகு இது அதிகார பூர்வமாகத் தெரிய வந்த இரண்டாவது விபத்து.

சோயூஸ்–11 விண் கப்பல் பூமியை நோக்கி இறங்கும்போது, மூடி வழியே கசிவு ஏற்பட்டு காற்று வெளியேறியதால் இந்த விபத்து ஏற்பட்டதாகப் பின்னர் தெரிய வந்தது. மூவரும் பூமியை நோக்கி இறங்கும்போது, விண் உடையை அணிந்திருக்கவில்லை. அணிந்திருந்தால் இந்த விபத்தைத் தடுத்திருக்கலாம்.

ரஷ்யா 1973 ஏப்ரலில், சால்யூட்–2 விண் நிலையத்தைச் செலுத்தியது. இதுவும் ஆளற்றதாகவே செலுத்தப்பட்டது. அளவில் இது சால்யூட்–1 ஐ விட மூன்று மடங்கு பெரியது. ஒவ்வொரு குழுவிலும் மூவராக, மூன்று குழுக்களைத் தனித்தனியே அனுப்பி மொத்தம் 20 வார காலம் தங்கச் செய்யும் அளவுக்கு அந்த விண் நிலையத்தில் வசதிகள் இருந்தன. ஆனால் இந்த விண் நிலையத்தில் தங்கிப் பணிபுரிய விண்வெளி வீரர்கள் அனுப்பப்படவில்லை. பின்னர் இந்த விண் நிலையத்தின் கதி என்ன ஆயிற்று என்பதே தெரிய வில்லை. ரஷ்யா இதுபற்றி அறிவிப்பு எதையும் வெளியிடவும் இல்லை. ஒருவேளை சால்யுட்–2 விண்வெளியில் வெடித்துப் போயிருக்கலாம் என மேற்கத்திய நாட்டு வட்டாரங்களில் பேச்சு அடிபட்டது.

சோயூஸ்–11 செலுத்தப்பட்ட சுமார் 2 ஆண்டுகளுக்குப் பிறகு, 1973 செப்டெம்பரிலும் டிசம்பரிலும் ரஷ்யர்கள் முறையே சோயூஸ்–12, சோயூஸ்–13 விண்கப்பல்களைச் செலுத்தினார்கள். டிசம்பரில் சோயூஸ்–13 விண்ணில் பறந்து கொண்டிருந்த அதே சமயத்தில், அமெரிக்காவின் ஸ்கைலாப் விண் நிலையமும் பறந்து கொண்டிருந்தது.

சோயுஸ்-13 விண் கப்பலில் இருந்த ரஷ்ய வீரர்கள் இருவரும், எடையற்ற நிலையில் மூளைக்குச் செல்லும் ரத்த ஓட்டம் பற்றியும், நுண்ணுயிர் வளர்ச்சி பற்றியும் ஆராய்ச்சி நடத்தினார்கள்.

அதற்கு சுமார் 6 மாதங்களுக்குப் பின்னர் ரஷ்யா தனது சால்யுட்–4 விண் நிலையத்தைச் செலுத்தியது. சுமார் 10 நாள்களுக்குப் பின்னர் ரஷ்யாவின் சோயூஸ்–14 விண் கப்பல் அதனுடன் இணைந்தது. இரு ரஷ்ய வீரர்கள் சால்யூட்–4 விண் நிலையத்தில் 15 நாள்கள் தங்கி பூமியின் மேற் பரப்பு, காற்று மண்டல அமைப்பு ஆகியவை பற்றி ஆராய்ச்சி நடத்தினார்கள். மருத்துவ, உயிரியல் ரீதியிலான பரிசோதனைகளையும் நடத்தினார்கள். அவர்கள் திரும்பிய பிறகு அதே மாதத்தில் செலுத்தப்பட்ட சோயுஸ்–15 என்ன காரணத்தாலோ இரண்டே நாளில் கீழிறங்கியது.

ரஷ்யாவும், அமெரிக்காவும் தங்களது சோயூஸ்–அப்போலோ கலங்களை 1975 ஜூலையில் ஒன்றாக இணைக்கத் திட்டமிட்டிருந்ததை ஒட்டி சோயூஸ்–14 விண்கப்பல் செலுத்தப்பட்டு சில சோதனைகளை மேற்கொண்டு, ஆறு நாள்கள் கழித்துத் திரும்பிவந்தது.

1974 டிசம்பரில் சால்யுட்–4 விண் நிலையம் செலுத்தப்பட்டது. பெரிய வடிவிலான இதன் எடை சுமார் 20 டன். இது பறக்கும் ஆராய்ச்சிக் கூடம் என்று வர்ணிக்கப்பட்டது. சுமார் 18 நாள்களுக்குப் பிறகு சோயூஸ்–17 மூலம் அனுப்பப்பட்ட இரு ரஷ்ய வீரர்கள் இந்த விண் நிலையத்தில் 28 நாள்கள்

தங்கியிருந்தார்கள். அதற்குப் பிறகு, மே மாதத்தில் சோயூஸ்–18 விண்கலத்தில் சென்ற இரு ரஷ்ய வீரர்கள் அதே சால்யுட்– 4 விண் நிலையத்தில் 63 நாள்கள் தங்கினார்கள். அப்போது அவர்கள் சூரியன், கிரகங்கள், நட்சத்திரங்கள் பற்றிய ஆய்வுகளை நடத்தினார்கள். மற்றும் கதிர் வீச்சு பற்றியும் ஆராய்ந்தார்கள். விண்வெளியில் பட்டாணியையும் வெங்காயத்தையும் பயிரிட்டார்கள்.

விண்வெளியில் சோயூஸ்–18 விண்கப்பல் சால்யுட்-4 விண் நிலையத்துடன் இணைந்தபடி பறந்து கொண்டிருந்தபோதுதான், ரஷ்ய சோயூஸ்–19 விண்கப்பலும் அமெரிக்க அப்போலோ விண்கப்பலும் ஒன்றாக இணைந்து புதிய வரலாறைப் படைத்தன.

ரஷ்யா, விண் நிலையமாகச் செயல்படுவதற்கு என்றே பிரத்யேகமாக சால்யுட் கலத்தை உருவாக்கியது. அமெரிக்காவோ விண் நிலையமாகச் செயல்பட தனியே எதையும் உருவாக்கவில்லை. ஏற்கெனவே வெற்றிகரமாக முடிக்கப்பட்ட அப்போலோ திட்டத்தின்போது தயாரிக்கப்பட்ட உறுப்புக்களைக் கொண்டே ஸ்கைலாப் கலத்தை உருவாக்கியது.

ஸ்கைலாப் விண்கலத்தின் நீளம் 14.4 மீட்டர். குறுக்களவு சுமார் 6.45 மீட்டர். முதலில் ஸ்கைலாப் விண்நிலையம் ஆளில்லாமல் 1973 மத்தியில் செலுத்தப்பட்டு, பூமியைச் சுற்றி வர ஆரம்பித்தது. பின்னர் அப்போலோ கலம் மூலம் அடுத்தடுத்து விண்வெளி வீரர்களைக் கொண்ட குழுவினர் ஸ்கைலாப்புக்கு அனுப்பப்பட்டார்கள். ஒவ்வொரு குழுவிலும் 3 விண்வெளி வீரர்கள் இருந்தார்கள். முதல் குழு சென்று திரும்பியதும், இரண்டாவது குழு அனுப்பப்பட்டது. அந்தக் குழு திரும்பிய பிறகு மூன்றாவது குழு அனுப்பப்பட்டது.

அப்போலோ கலத்தில் செல்லும் 3 அமெரிக்க வீரர்களும் அதை ஸ்கைலாப்புடன் இணைத்துக் கொண்டு, பிறகு ஸ்கைலாப்புக்கு மாறுவார்கள். அங்கு நிர்ணயிக்கப்பட்ட நாள்கள் தங்கிய பிறகு, அப்போலோ கலத்துக்கு மாறி பூமிக்குத் திரும்புவார்கள். ஸ்கைலாப்பும் அப்போலோவும் சேர்ந்து சுமார் 100 டன் இருந்தது. மொத்த நீளம் சுமார் 35.4 மீட்டர்.

ஸ்கைலாப் கலத்திலும் உணவு சேமிப்புப் பகுதி, குடி தண்ணீர்த் தொட்டி, தங்கும் அறை, ஆராய்ச்சிக்கூடம், குளியல் அறை, கருவி அறை முதலியன இருந்தன. தவிர சூரிய ஆராய்ச்சிக்காக ஸ்கைலாப்பின் தலைப்பகுதி மீது தொலைநோக்கி ஒன்றும் பொருத்தப்பட்டிருந்தது.

ஸ்கைலாப் விண் நிலையத்தில் தங்கிய வீரர்கள் பூமியையும் சூரியனையும் ஆராய்ந்தார்கள். உலோகவியல், நுண்ணியிரியல், வேதியியல் துறைகளில் பல பரிசோதனைகளை நடத்தினார்கள். ஸ்கைலாப்பில் தங்கிய கடைசிக் குழு, 1974 பிப்ரவரியில் பூமிக்குத் திரும்பியது. அதற்குப் பிறகு, ஸ்கைலாப் கைவிடப்பட்டது. 1979-ல் ஸ்கைலாப் காற்று மண்டலத்தில் நுழைந்து, தீப்பிடித்து எரிந்து, ஆஸ்திரேலியா அருகே கடலில் விழுந்தது.

ஸ்கைலாப் திட்டத்துக்குப் பிறகு அமெரிக்கா விண் நிலையம் எதையும் செலுத்தவில்லை.

14

சர்வதேச விண்வெளி நிலையம்

நீங்கள் விரும்பினால் சர்வதேச விண்வெளி நிலையத்தை (International Space Station) குறிப்பிட்ட நாள்களில் மேற்கு வானில் சூரிய அஸ்தமனத்துக்குப் பிறகு வெறும் கண்ணால் பார்க்க முடியும். அடிவானத்தில் சற்று வடமேற்குத் திசையில் இது உதயமாகி, நகரும் ஒளிப்புள்ளியாக மேலே எழும். ஆனால் எல்லா நாள்களிலும் தெரியும் என்று கூற முடியாது. உங்கள் ஊரில் எந்தெந்த நாள்களில் தெரியும் என்று குறிப்பாகச் சொல்வதற்கென்றே தனி இணையத்தளம் (http://heavens–above.com) இருக்கிறது.

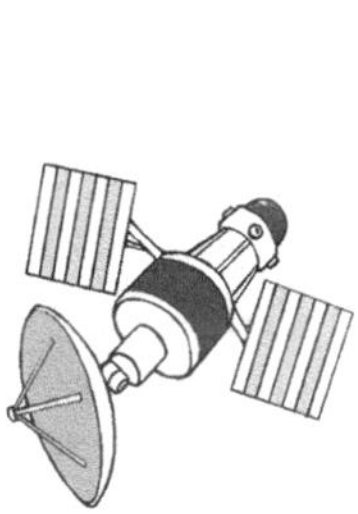

உங்கள் ஊரின் மிகச் சரியான தீர்க்கரேகை, அட்சரேகை ஆகியவை தெரிந்திருக்க வேண்டும். அப்படித் தெரியவில்லை என்றால் அதையும் இணைய தளத்திலிருந்து பெற முடியும். சர்வதேச விண்வெளி நிலையம் போலவே மேற்குத் திசையில் அடிவானில் வேறு பல செயற்கைக் கோள்கள் உதிப்பதையும் காண முடியும். ஆனால் அதற்கு பைனாக்குலர் தேவை. அனேகமாக எல்லா செயற்கைக் கோள்களுமே கிழக்கு நோக்கிச் செலுத்தப்படுவதால் அவை மேற்கே உதித்துக் கிழக்கே அஸ்தமிக்கும்.

சர்வதேச விண்வெளி ஓடத்தை வெறும் கண்ணால் பார்க்க முடிவதற்குக் காரணம்

சர்வதேச விண் நிலையம்

இருக்கிறது. அது பூமிக்குமேல், தாழ்வான உயரத்தில் – சுமார் 300 கிலோமீட்டர் உயரத்தில் - பறக்கிறது. அந்த உயரத்தில் பறக்கின்ற மற்ற செயற்கைக் கோள்களுடன் ஒப்பிட்டால், விண்வெளி நிலையம் வடிவில் மிகப் பெரியது. அதில் சூரிய ஒளியைப் பிரதிபலிக்கக்கூடிய பகுதிகள் நிறைய இருக்கின்றன. அவற்றின் மீது படுகின்ற சூரிய ஒளியால்தான் நாம் அதைக் காண முடிகிறது. அதிலும் முக்கியமாக, சூரியன் அஸ்தமித்து நன்கு இருட்டுகிற நேரத்தில் அடிவானத்துக்குச் சற்று மேலே விண்வெளி இருக்க நேரிடும் போதுதான், நம்மால் அதை நன்றாகக் காண முடியும். இது மேற்கே அடிவானில் சந்திரனின் மூன்றாம் பிறையைக் காண்பதற்கு ஒப்பானது.

பூமியிலிருந்து சராசரியாக 330 கிலோ மீட்டர் உயரத்தில் விண்வெளி நிலையம் அமைந்திருக்கிறது. பூமியை அது மணிக்கு 27 ஆயிரம் கிலோ மீட்டர் வேகத்தில் சுற்றி வருகிறது. பூமியை அது ஒரு தடவை சுற்றி முடிக்க சுமார் 90 நிமிடங்கள் ஆகின்றன.

பூமியில் நடத்த முடியாத ஆராய்ச்சிகள் பல இருக்கின்றன. தவிர சில ஆராய்ச்சிகளை விண்வெளியில் நடத்துவது வசதியாக இருக்கும். இப்படியான ஆராய்ச்சிகளை நடத்த விண்வெளியில் நிரந்தரமான ஆராய்ச்சி நிலையம் தேவை என்பதை உணர்ந்து பல நாடுகளும் சேர்ந்து சர்வதேச விண்வெளி நிலையத்தை ஏற்படுத்தியிருக்கின்றன. இதில் அதிக பட்சம் 10 பேர் தங்கியிருக்கலாம்.

அதில் தங்கிப் பணிபுரிகின்ற விண்வெளி வீரர்கள் தங்கள் இஷ்டம் போலப் பணிகளைச் செய்ய முடியாது. பணி, தூக்கம், சமையல், துப்புரவு என

எல்லாவற்றுக்கும் திட்டமிட்டுத் தயாரிக்கப்பட்ட கால அட்டவணை இருக்கிறது. அதன்படிதான் அவர்கள் செயல்பட்டாக வேண்டும்.

விண்வெளிக்குச் சென்றுவிட்டு சில நாள்களில் திரும்புகின்ற விண் கலங்களில் காற்று வசதி, குடி தண்ணீர் உட்பட தண்ணீர் வசதி முதலியவை செய்யப்படுவது வழக்கம். சர்வதேச விண்வெளி நிலையம் விண்வெளியில் நிரந்தரமாக இருப்பது என்பதால், இந்த வசதிகள் நிரந்தர அடிப்படையில் சற்று பெரிய அளவில் செய்யப்பட்டிருக்கின்றன. விண்வெளி என்பது காற்றே இல்லாத இடம். அந்த நிலையில் விண்வெளி நிலையம் என்பது ஒரு வகையில் காற்று நிரப்பப்பட்ட பலூன் போன்றதுதான். சிறிது வாய்ப்புக் கிடைத்தாலும் உள்ளே இருக்கிற காற்று வெளியேறப் பார்க்கும். எனவே, உள்ளே இருக்கிற காற்றையே திரும்பத் திரும்பப் புதுப்பித்துப் பயன் படுத்தியாக வேண்டும்.

தண்ணீர் விஷயமும் அப்படித்தான். விண்வெளி நிலையத்தில் இருக்கிற ஆராய்ச்சிக்கான பிராணிகள், விண்வெளி வீரர்கள் ஆகியோரின் உடல் களிலிருந்து வெளியேறுகிற நீர் அனைத்தையும் சுத்திகரித்து மறுபடி பயன் படுத்துவதைத் தவிர வேறு வழியில்லை. கழிவு நீரிலிருந்து சுத்திகரிக் கப்பட்ட நீரைக் குடிப்பது என்பது விண்வெளி வீரர்கள் அனைவருக்கும் பழக்கப்பட்டுப் போன விஷயம். தண்ணீரைப் பயன்படுத்துவதில் மிகுந்த சிக்கனம் கடைப்பிடிக்கப்படும். ஷவரில் குளிப்பதற்குப் பதில் தண்ணீரில் துணியை நனைத்து அதைக்கொண்டு உடலைத் துடைத்துக்கொள்ள வேண்டியதுதான். எப்போதாவது ரஷ்ய சோயூஸ் விண்கலம் மூலம் விண்வெளி நிலையத்துக்குத் தண்ணீர் கொண்டு வரப்படலாம். விண்வெளி நிலையத்தின் தண்ணீர்த் தேவை முழுவதையும் இப்படிப் பூர்த்தி செய்வது என்பது கட்டுப்படியாகாத விஷயம்.

ரஷ்யாதான் முதன்முதலில் சால்யூட் விண் நிலையத்தை உயரே அனுப்பி அதில் வீரர்கள் தங்கும்படிச் செய்தது. 1971 தொடங்கி 1986 வரை அவ்வப் போது அனுப்பப்பட்ட சால்யூட் விண் நிலையங்களில் மாறி மாறி பல ரஷ்ய விண்வெளி வீரர்கள் தங்கி ஆராய்ச்சிகளை நடத்தினார்கள். இந்தியாவைச் சேர்ந்த ராகேஷ் சர்மா 1984-ம் ஆண்டில் இரு ரஷ்ய வீரர்களுடன் சோயூஸ் விண்கலம்மூலம் சென்று சால்யூட்–7 விண்வெளி நிலையத்தில் எட்டு நாள் தங்கியிருந்தார். சால்யூட்டுக்குப் போட்டியாக அமெரிக்கா 1973-ல் ஸ்கைலாப் என்ற விண்வெளி நிலையத்தை உயரே அமைத்தது. ஸ்கைலாப் விண் கலத்தின் ஆயுள் 1979-ல் முடிவுற்றது.

சால்யூட் திட்டம் 1986-ல் முடிந்த கையோடு ரஷ்யா விண்வெளியில் மிர் என்ற பெரிய விண்வெளி நிலையத்தை உருவாக்கியது. கட்டங்கட்டமாக இந்த விண் நிலையத்துக்கான பகுதிகள் உயரே கொண்டு செல்லப்பட்டு, இது விரிவாக்கப்பட்டது. முழுதாக முடிவடைந்த நிலையில் இதன் எடை 124 டன்னாக இருந்தது. அதுவரை அவ்வளவு பெரிய விண் நிலையம் உருவாக்கப் பட்டது கிடையாது. மிர் விண் நிலையத்தில் பல முக்கிய ஆராய்ச்சிகள்

நடைபெற்றன. பல உலக சாதனைகள் நிகழ்த்தப்பட்டன. ரஷ்யாவைச் சேர்ந்த வலேரி போல்யகோவ் 1994 ஜனவரி 8-ம் தேதி முதல் 1995 மார்ச் 22-ம் தேதி வரை மிர் விண்கலத்தில் 438 நாள்கள் தங்கி உலக சாதனை படைத்தார். இதுவரை அவரது சாதனை மிஞ்சப்படவில்லை. மிர் விண்கலத்தில் பல நாட்டைச் சேர்ந்தவர்களும் தங்கிப் பணியாற்றியிருக்கிறார்கள்.

சோவியத் யூனியன் 1990-ல் உடைந்து பின்னர் ரஷ்யாவுக்கும் அமெரிக் காவுக்கும் இடையே நட்புறவு ஏற்பட்டதைத் தொடர்ந்து, அமெரிக்க விண்வெளி ஓடம் நடுவானில் பல தடவை மிர் விண்கலத்துடன் இணைந்தது. இரு நாடுகள் இடையே விண்வெளியிலான இந்தக் கைகுலுக் கல்களின்போது 1995 முதல் 1998 வரை பல அமெரிக்க விண்வெளி வீரர்கள் மிர் விண்கலத்தில் தங்கிப் பணியாற்றினார்கள்.

ரஷ்யாவுக்கு ஏற்பட்ட நிதி நெருக்கடி காரணமாக, 1990-களின் கடைசியில் மிர் விண்கலத்தின் கதி கேள்விக்குறியாகியது. சில காலம் வெளி நிதி ஆதரவுடன் மிர், காலம் தள்ளியது. இறுதியில் மிர் விண் நிலையத்தைக் கைவிடுவது என்று முடிவு செய்யப்பட்டது. அந்த விண் நிலையத்தில் புதிரான வகையில் பூஞ்சை படிய ஆரம்பித்தது என்பதும் அது கைவிடப் பட்டதற்கான காரணம் என்று சொல்லலாம். 1986-ல் விண்வெளியில் செயல்பட ஆரம்பித்த மிர், 2001-ம் ஆண்டு மார்ச் 23-ம் தேதி கீழ்நோக்கி இறங்கும்படித் திருப்பப்பட்டது. இதன் விளைவாக அது காற்று மண்டலத்தில் நுழைந்து தீப்பற்றி பல துண்டுகளாகச் சிதறி பசிபிக் கடலில் வந்து விழுந்தது.

இதற்கிடையே ரஷ்யா–அமெரிக்கா இடையே சர்வதேச விண்வெளி நிலையத்தை உருவாக்குவது தொடர்பாக 1993-ல் உடன்பாடு ஏற்பட்டது. ரஷ்யா, அமெரிக்கா, ஜப்பான், கனடா, மற்றும் பல ஐரோப்பிய நாடுகள் சேர்ந்து இந்தத்திட்டத்தை மேற்கொண்டன. 1998 நவம்பரில் ரஷ்ய ராக்கெட் மூலம் இந்த விண்வெளி நிலையத்துக்கான முதலாவது பகுதி உயரே கொண்டு செல்லப்பட்டது. அதன் எடை 19 டன். நீளம் 12 மீட்டர். அகலம் 4 மீட்டர். பின்னர் ரஷ்ய ராக்கெட்டுகள் மூலமும் அமெரிக்க விண்வெளி ஓடம் மூலமும் கட்டம் கட்டமாக மேலும் பல பகுதிகள் உயரே கொண்டு செல்லப்பட்டு ஒன்றோடு ஒன்று இணைக்கப்பட்டன. 2000-ம் ஆண்டு நவம்பரில் கிருகப் பிரவேசம் நடைபெற்று, அமெரிக்க வீரர் ஒருவரும் ரஷ்ய வீரர்கள் இருவரும் காலடி எடுத்து வைத்தார்கள். மேலும் மேலும் பகுதிகள் சேர்க்கப்பட்டதன் பலனாக, 2007 நிலவரப்படி சர்வதேச விண்வெளி நிலையத்தின் மொத்த எடை 234 டன். நீளம் 58 மீட்டர். அகலம் 44 மீட்டர். உயரம் 27 மீட்டர்.

சர்வதேச விண்வெளி நிலையத்தை 2004 வாக்கில் கட்டி முடித்து விட வேண்டும் என்று ஆரம்பத்தில் திட்டமிட்டார்கள். ஆனால் 2010 வாக்கில் தான் இது சாத்தியம் என்று கருதப்படுகிறது. பல காரணங்களால் காலதாமதம் ஏற்பட்டது. 2003-ல் கொலம்பியா விண்வெளி ஓடம் விபத்துக்குள்ளாகிய

போது, அதற்கான காரணத்தை அறிந்து தகுந்த பாதுகாப்பு ஏற்பாடு செய்துகொள்வதற்காக, விண்வெளி ஓடங்களைச் செலுத்துவதை சுமார் இரண்டரை ஆண்டுக் காலம் அமெரிக்கா நிறுத்தி வைத்தது. இதனால் சர்வதேச விண்வெளி நிலையத்துக்குக் கட்டுமானப் பொருள்களைக் கொண்டுசெல்வதில் பின்னடைவு ஏற்பட்டது. சர்வதேச விண்வெளி நிலையத்துக்கு எடை மிக்க பொருள்களை விண்வெளி ஓடம்தான் கொண்டு செல்கிறது. அமெரிக்க விண்வெளி ஷட்டில்கள் 2010 வாக்கில் ஓய்வுபெற இருக்கின்றன. விண்வெளி ஓடங்கள் மேற்கொண்டு தடையின்றிச் செலுத்தப் பட்டு வருமானால், சர்வதேச விண்வெளி நிலையத்தைக் கட்டி முடிப்பதில் மேலும் தாமதம் ஏற்படாமல் இருக்கும்.

இந்த விண்வெளி நிலையத்தைக் கட்டி முடிப்பதில் பணப் பிரச்னையும் எழுந்திருக்கிறது. இரு பகுதிகளை நிறுவுவது ஏற்கெனவே கைவிடப் பட்டுள்ளது. கூடு போன்ற பகுதி ஒன்றை விண்வெளி நிலையத்துடன் இணைத்து அதில் செயற்கையாக ஈர்ப்பு சக்தியை உண்டாக்கும் திட்டம் இவ்வாறு கைவிடப்பட்டுள்ள திட்டங்களில் ஒன்று. மற்றொன்று, அணுத் துகள் பற்றிய ஆராய்ச்சியை நடத்துவதற்கான பகுதி.

இப்போது சர்வதேச விண்வெளி நிலையத்தில் ஐந்து ஆராய்ச்சிக் கூடங்கள் இருக்கின்றன. டெஸ்டினி எனப்படும் அமெரிக்க ஆராய்ச்சிக்கூடத்தில் பொது ஆராய்ச்சி நடத்தப்படும். ஐரோப்பிய விண்வெளி அமைப்பின் கொலம்பியா ஆராய்ச்சிக்கூடத்தில் உயிரித் தொழில்நுட்ப ஆராய்ச்சி நடத்தப்படும். ஜப்பானின் கிபோ என்னும் ஆராய்ச்சிக்கூடம், வானவியல் பற்றி ஆராய்ச்சி நடத்தும். நாஸாவின் ஆராய்ச்சிக்கூடத்தில் வெற்றிடம் தொடர்பான ஆராய்ச்சியும், ரஷ்யாவின் ஆராய்ச்சிக்கூடத்தில் பல்வேறு விதமான ஆராய்ச்சிகளும் நடத்தப்படும்.

விண்வெளி நிலையத்தில் நடத்தப்படுகிற ஆராய்ச்சிகளில் ஒன்று, பெரிய வடிவில் புரதப் படிகங்களை உண்டாக்கி ஆராய்வது. விண்வெளியில் புவி ஈர்ப்பு மிகக் குறைவாக இருக்கின்ற நிலைமைகளில் புரதப் படிவங்களை மிகத் தெளிவாகவும் பெரிய அளவிலும் வளர்க்க முடியும். மனித உடலில் விதவிதமான, பல ஆயிரம் புரதங்கள் இருக்கின்றன. இவற்றின் அடிப்படைத் தன்மைகளை அறிவதன் மூலம் மனித ஆரோக்கியத்துக்கும் நோய்களைக் குணப்படுத்தவும் தகுந்த மருந்துகளை உருவாக்க முடியும் என்று கருதப்படுகிறது.

இந்தப் பின்னணியில் அமெரிக்க மருந்து நிறுவனங்கள் விண்வெளியை ஒரு தங்கச் சுரங்கமாகக் கருதுகின்றன. சர்வதேச விண்வெளி நிலையத்தில் முதலீடு செய்யும் வாய்ப்புக் கிடைத்தால் அதைக் கொண்டு நிறைய பணத்தை அள்ள முடியும் என்று அமெரிக்க மருந்து நிறுவனங்கள் நம்புகின்றன. எதிர் காலத்தில் சர்வதேச விண்வெளி நிலையத்தை நிர்வகித்துப் பராமரிப்பதில் இதற்குப் பொறுப்பான நாடுகளுக்கு நிதிப் பிரச்னை ஏற்பட்டால் அல்லது சர்வதேச விண்வெளி நிலையத்தின் மீது அவற்றுக்கு அக்கறை

குறையுமானால் இந்த விண்வெளி நிலையம் மீது பன்னாட்டு மருந்து நிறுவனங்களின் ஆதிக்கம் ஏற்பட வாய்ப்பு இருக்கிறது.

இவை ஒரு புறம் இருக்க இவ்வளவு பொருள்செலவில் சர்வதேச விண்வெளி நிலையம் தேவையா என்றும் கேள்வி எழுப்பப்படுகிறது. பல ஆராய்ச்சி களை ஆளில்லா விண்கலங்களில், இன்னும் சொல்லப் போனால் மிக உயரத்துக்குப் பறந்து கீழ் நோக்கிப் பாய்கின்ற விமானங்களிலேயே நடத்திவிட முடியும் என்று சுட்டிக்காட்டப்பட்டிருக்கிறது. விண்வெளி நிலையத்தைப் பராமரிப்பதற்கே நிறையச் செலவு பிடிக்கும். பூமியிலிருந்து மிகக் குறைவான உயரத்தில் பறப்பதால் அடிக்கடி அதன் சுற்றுப்பாதையைச் சரிப்படுத்த வேண்டியிருக்கிறது. விண்வெளி நிலையம் குறித்து பல ஆட்சேபங்கள் எழுப்பப்பட்டாலும் இது பல நாடுகள் மனித குல நன்மைக்காக ஒன்றுபட்டு மேற்கொண்டிருக்கும் திட்டம் என்ற அளவில் வரவேற்கப்பட வேண்டிய ஒன்று என்று சில நிபுணர்கள் கூறுகிறார்கள்.

15

விண்வெளி வாசம்

பூமியை ஒரு விண் கப்பல் சுற்றிக் கொண்டிருக்கிறது. அதில் நிறைய இடவசதி. மூன்று விண்வெளி வீரர்கள் அதில் இருக்கிறார்கள். அவர்களில் ஒருவர் முதல் அறையிலிருந்து அடுத்த அறைக்குப் போக விரும்புகிறார். அடுத்த நிமிடம் அவர் அந்தரத்தில் பறந்தபடி அடுத்த அறைக்குள் பிரவேசிக்கிறார். அங்கு சுவர்ப்பக்கம் சென்று தொங்கியபடி ஏதோ வேலையைச் செய்கிறார். கூரையை நோக்கிப் பாய்கிறார். அங்கு ஏதோ செய்து விட்டு முதல் அறைக்குத் தலைகீழாக வருகிறார்.

முதல் அறையில் இருக்கிற இரு வீரர்கள் தலைகீழாக இருப்பது போல அவருக்குத் தோன்றுகிறது. அவர்கள் உட்கார்ந்திருக்கும் நாற்காலிகள்கூட தலைகீழாக இருப்பதாக அவருக்குத் தோன்றுகிறது. உண்மையில் இவர்தான் தலைகீழாக இருக்கிறார். பக்கத்து அறையிலிருந்து அந்தரத்தில் தலைகீழாகத் தொங்கியபடி தான் வருகிறோம் என்பதை அவர் மறந்துவிட்டார். எது தரை, எது கூரை என்று நிதானித்துப் புரிந்து கொள்ள அவருக்குச் சற்று நேரம் ஆகிறது. அவரது கையில் உள்ள ஸ்பானர் பிடி நழுவுகிறது. அது கீழே விழுவதில்லை. அந்தரத்தில் அப்படியே நிற்கிறது.

இப்படிப்பட்ட நிலைமைக்கு விண்வெளியில் உள்ள எடையற்ற நிலைதான் காரணம்.

தலைகீழாக நடந்துவரும் விண்வெளி வீரர்

விண்வெளியில் பூமியின் ஈர்ப்பு சக்தி மிகக் குறைந்த அளவில்தான் உள்ளது. பூமியில் உங்களால் நீண்ட நேரம் தலைகீழாக நிற்க இயலாது. யோகாசனம் பயின்றவராக இருந்தால் கணிசமான நேரம் தலைகீழாக நிற்க முடியும். பூமியில் நமக்குத் தரை எது, கூரை எது என்று குழப்பம் ஏற்பட வழியில்லை. வீட்டில் ஓர் அறையிலிருந்து மற்ற அறைக்கு நாம் நடந்து செல்லலாம். தவழ்ந்து செல்லலாம். உருண்டும் செல்லலாம், ஆனால் அந்தரத்தில் மிதந்தபடிச் செல்லமுடியாது. அடுத்த அறைக்குச் செல்லும்போது, படி தடுக்கினால் கீழே விழுந்து பல்லை உடைத்துக்கொள்வோம். கையிலிருந்து பொருள்கள் நழுவினால் கீழே விழும்; உயரே போகாது.

பூமியில் காகிதத்துணுக்கு, பறவையின் இறகு, இலவம் பஞ்சுத் துணுக்கு போன்றவை வேண்டுமானால் காற்றில் மிதக்கலாம். அவைகூட மிதந்து மிதந்து கடைசியில் தரையில் வந்து விழுந்துவிடும். மற்றபடி சின்னஞ்சிறு ஸ்குரு, ஆணி போன்ற பொருள்கள்கூட கீழேதான் விழுமே தவிர மிதக்காது.

பூமியின் ஈர்ப்பு சக்தி, எல்லாப் பொருள்களின் மீதும் விளைவை உண்டாக்குகிறது. ஏணிப்படியில் ஏறும்போது கால் தவறினால் கீழே தரையில் விழுகிறோம். மேஜை ஓரமாகச் சரியாக வைக்கப்படாத டம்ளர் தரையில் விழுகிறது. பூமியின் ஈர்ப்பு சக்தி, எல்லாப் பொருள்களையும் பூமியின் மையத்தை நோக்கி இழுக்கும் வகையில் செயல்படுகிறது.

ஈர்ப்பு சக்தியின் விளைவாகத்தான் நாம் எடையை உணருகிறோம். முதுகில் சுமந்து செல்லும் சிமெண்ட் மூட்டை, ஈர்ப்பு சக்தியின் விளைவாகக் கீழ் நோக்கி இழுக்கப்படுகிறது. எனவே, அது முதுகை அழுத்துகிறது. சுமப்பவர் அந்த மூட்டையின் எடையை உணருகிறார். ஈர்ப்பு சக்தி இல்லை என்றால் எடை இல்லை. ஈர்ப்பு எடையற்ற நிலையில் உங்களால் அரிசி மூட்டையை விரல் நுனியில் நிறுத்திவைக்க முடியும்.

எடையற்ற நிலை என்பது விண்வெளியில் உள்ள ஓர் அபூர்வ அம்சமாகும். பூமியில் செயற்கையாகக்கூட அப்படிப்பட்ட நிலையை ஏற்படுத்த முடியாது. எனவே, விண்வெளி வீரர்களுக்கு விண்வெளியில் உள்ள நிலைமைகளை சமாளிப்பதற்குப் பயிற்சி அளிக்கும்போது, எடையற்ற நிலையை உண்டாக்கி, அதில் பயிற்சி அளிக்க முடிவதில்லை. மிஞ்சிப்போனால் விண் வெளி வீரர்களை ஓரிரு கணங்கள் எடையற்ற நிலைக்குக் கொண்டுசெல்ல முடியும். அவ்வளவுதான்.

விண்வெளி வீரர்கள் விண்கப்பலில் ஏறி உயரே சென்றபிறகுதான், எடையற்ற நிலைமைக்குப் பழகிக்கொள்ள வேண்டியிருக்கிறது.

எடையற்ற நிலை மனிதனுக்குத் தீங்கை உண்டாக்குமோ என ஆரம்ப நாள்களில் இருந்து வந்த அச்சம் காரணமாகவே முதலில் நாய், குரங்கு முதலியவற்றை விண்கப்பலில் வைத்து அனுப்பிப் பரிசோதித்தார்கள். அதன் பிறகே ரஷ்யாவும் சரி, அமெரிக்காவும் சரி, விண்வெளிக்குத் தங்களுடைய வீரர்களை அனுப்பி வைத்தன.

ரஷ்யாவின் இரண்டாவது விண்வெளி வீரர் ஜி. டிட்டோவ், 1961 ஆகஸ்டில் வொஸ்டோக்-2 விண் கப்பலில் வைத்து அனுப்பப்பட்டபோது, அவருக்கு வயிற்றுக் குமட்டல் ஏற்பட்டது. விண்கப்பலில் எது எங்கு இருக்கிறது என்று நிதானித்து அறிவதில் சங்கடம் ஏற்பட்டது. தம் முன்னே இருந்த கருவி இடம் பெயர்ந்து, தலைக்குமேல் பறப்பது போன்ற உணர்வு அவருக்கு ஏற்பட்டது. எனினும் டிட்டோவ் நல்லபடியாகக் கீழே வந்து சேர்ந்தார்.

அதற்குப் பிறகு, அமெரிக்காவும், ரஷ்யாவும் விண்வெளி வீரர்களைக் கொண்ட விண்கப்பல்களைப் பல தடவை பறக்கவிட்டன. விண்வெளியில் வீரர்கள் தங்கியிருந்த நேரம் அடுத்தடுத்த பயணங்களில் கொஞ்சம் கொஞ்சமாக அதிகரிக்கப்பட்டது. உதாரணமாக, ரஷ்யாவின் முதல் விண்வெளி வீரர் ககாரின் 108 நிமிடம் (1 மணி, 48 நிமிடம்) தங்கினார். டிட்டோவ் 25 மணிநேரம் தங்கினார். மூன்றாவதாகச் சென்ற நிகோலாயெவ் 94 மணிநேரம் தங்கினார். அமெரிக்காவின் முதல் விண்வெளி வீரர் கிளென்

சுமார் 5 மணி நேரம் தங்கினார். மூன்றாவது அமெரிக்க வீரர் ஷிர்ரா சுமார் 9 மணி நேரம் தங்கினார். அடுத்து கூப்பர் 34 மணிநேரம் தங்கினார்.

விண்வெளியில் பெரும் ஆபத்து எதுவுமில்லாமல், பல நாள்கள் தங்கியிருக்க முடியும் என விஞ்ஞானிகள் இதற்குள்ளாக உறுதிப்படுத்திக் கொண்டார்கள்.

சந்திரனுக்கு விண்வெளியில் வீரர்களை அனுப்புவதற்கான ஆயத்தத் திட்டங்களின் ஒரு பகுதியாக 1965-ல் அமெரிக்க ஜெமினி–7 விண்கப்பல் பறக்கவிடப்பட்ட போது போர்மென், லோவல் ஆகிய இருவரும் 130 மணிநேரம் (14 நாள் 18 மணி) விண்வெளியில் தங்கியிருந்தார்கள்.

இப்படிப் பல நாள்கள் விண்வெளியில் தங்கியிருந்ததில் விண்வெளி வீரர்களின் உடல் இயக்கத்தில் விளைவுகள் காணப்படாமல் இல்லை. எடையின்மை நிலையில் இதயத்துக்கு வேலை குறைகிறது. ஒருவர் விண்வெளியில் அதிக காலம் தங்கும்போது, இதயம் சோம்பி விடுகிறது. அவர் பூமிக்குத் திரும்பியதும், இதயம் முந்தைய அளவில் செயல்பட வேண்டியிருக்கிறது. இந்த மாற்றத்தை இதயத்தால் எளிதில் செய்ய முடிவதில்லை. விண்வெளியில் அதிகம் தங்கத் தங்க, திரும்பி வரும்போது இதயம் அதிக அளவில் சிரமப்படுகிறது.

ஜெமினி–7 ஐத் தொடர்ந்து 1970-ல் ரஷ்யாவின் சோயூஸ் கலத்தில் மூன்று ரஷ்ய விண்வெளி வீரர்கள் 18 நாள்கள் தங்கியிருந்தார்கள். பூமிக்குத் திரும்பியதும் அந்த மூவரையும் விண்கப்பலிலிருந்து ஸ்டிரெட்சரில் தூக்கிச்செல்ல நேரிட்டதாக மேற்கத்திய வட்டாரங்களில் கூறப்பட்டது.

ஜெமினி–7 விண்கப்பலில் அமெரிக்க வீரர்கள் மூவர் 14 நாள்கள் தங்கியிருந்த போதும் சரி, சந்திரனுக்கு அமெரிக்க வீரர்கள் 7 தடவை அனுப்பப்பட்ட போதும் சரி, விண்வெளி வீரர்கள் பெரும்பாலான நேரம் படுத்த நிலையில் தான் இருந்தார்கள். நடமாட வேண்டிய அவசியம் இருக்கவில்லை.

விண்வெளியில் எடையற்ற நிலையில் விண்நிலையம் ஒன்றில் நீண்ட நாள்கள் தங்கினால் மனித உடலில் மாறுபாடுகள் ஏற்படுகின்றன என்று கண்டறியப்பட்டிருக்கிறது. பூமியில் இருக்கும்போது, ஈர்ப்பு சக்தியின் விளைவாக உடலின் கீழ்ப்பகுதிகளுக்கு ரத்த ஓட்டம் சீராகச் செல்கிறது. நீங்கள் சில விநாடி தலைகீழாக நின்றாலும் ரத்தம் குப்பென்று தலைப் பகுதிக்கு நிறையப் பாய்கிறது. ஆனால் விண்வெளியில் எடையற்ற நிலையில் கால் பகுதியில் ரத்த ஓட்டம் குறைகிறது.

எடையற்ற நிலையில் விண்வெளி வீரர்கள் பூமியில் செல்வது போன்று நடக்க இயலாது; நடந்து செல்வதில்லை என்பதால் கால்களுக்கு வேலை இருப்பதில்லை.

கால்களுக்கு வேலை இல்லை; கால்களில் ரத்த ஓட்டமும் குறைவு என்பதால் கால்கள் கிட்டத்தட்ட சூம்பியது போலாகி விடுகின்றன. தொடைப்பகுதியின்

சுற்றளவு குறைகிறது. விண்வெளி வீரர்கள் அணியும் கால்சட்டை தொள தொளவென்று ஆகிவிடுகிறது.

கால்கள் சூம்பும் அதே நேரத்தில், உடலின் மேற்பகுதிகளில் உடல் திரவங்கள் தங்க ஆரம்பிக்கின்றன. இதனால் உடலின் மேற்புறப் பகுதிகள் பெருத்து விடுகின்றன. மார்புப் பகுதிகளில் ரத்தம் அதிக அளவில் தங்க ஆரம் பிக்கிறது. முதுகெலும்பைச் சுற்றியுள்ள எலும்புக்கூட்டு வளையப் பகுதிகளில் ரத்தம் தங்குவதால் எலும்புகள் ஒன்றிலிருந்து மற்றொன்று சற்று தள்ளப்படுகின்றன.

இதனால் விண்வெளி வீரர்களின் உயரம் ஓரிரு சென்டிமீட்டர் அதிகரிக்கிறது.

உடலின் மேற்புறப் பகுதிகளில் திரவங்கள் சேருவதால் தலை சற்று கனப்பது போன்ற ஓர் உணர்வு உண்டாகிறது. எப்போதும் ஜலதோஷம் பிடித்தது போன்ற உணர்வும் ஏற்படுகிறது. முகம் உப்பியது போன்று இருக்கும். கண்கள் சற்று சிவக்கின்றன. விண்வெளி வீரர்களின் குரல் சற்று மாறுபட்டு அவர்கள் மூக்கால் பேசுவதுபோலத் தோன்றுகிறது. வாசனை உணர்வுத்திறன் மங்குகிறது.

நாம் சமநிலையில் - அதாவது முழுமையான கட்டுப்பாட்டில் இருக்கிறோம் என்பதை நமது மூளைக்குத் தெரிவிக்க, நமது காதுகளின் உட்புறத்தில் ஓர் ஏற்பாடு இருக்கிறது. காதுக்கு உள்ளே மூன்று அரைவட்டக் குழல்கள் இருக் கின்றன. இவற்றில் கொஞ்சம் திரவம் இருக்கிறது. இவை ஒன்றுக்கொன்று நேர்கோணத்தில் அமைந்திருக்கின்றன.

நாம் தலையை ஏதாவது ஒரு பக்கமாகச் சாய்த்தால் இந்தக் குழாய்களில் உள்ள திரவத்தின் நிலை மாறுபாடு அடைகிறது. நாம் நிலைதடுமாறி கீழே விழும் நிலைமை ஏற்பட்டால் இந்தக் குழாய்களில் உள்ள திரவத்தின் சமநிலை, நமக்கு அதை உணர்த்துகிறது. நாம் நீண்ட நேரம் ஊஞ்சல் ஆடினால் அல்லது தட்டாமாலை சுற்றினால் இந்தத்திரவத்தின் சமநிலை பாதிக்கப்பட்டு, நமக்கு தலை கிறுகிறுப்பு உண்டாகிறது. விமானத்தில் மேலே ஏறும்போதும், கீழே இறங்கும்போதும் இந்தக் குழாய்களில் உள்ள திரவத்தின் நிலை பாதிக்கப்படுவதால்தான், தலை சுற்றுகிறது.

ஆனாலும், பூமியில் இருக்கும்போது, தாற்காலிகமாக இந்தச் சமநிலை பாதிக்கப்பட்டாலும், விரைவிலேயே இது சரியாகி விடுகிறது. பூமியின் ஈர்ப்பு சக்தியின் விளைவாகவே இந்தத்திரவம் எப்போதும் சமநிலையில் இருக்கிறது.

விண்வெளியில் எடையற்ற நிலை காரணமாக, காதுகளில் இந்தத்திரவத்தின் சமநிலை பாதிக்கப்படுகிறது. எனவே, விண் நிலையத்தில் நீண்ட நாள்கள் தங்குவதற்குச் செல்கின்ற வீரர்கள் எடையற்ற நிலைக்குப் பழகிக்கொள்கிற வரையில் அவர்களுக்கு வயிற்றுக் குமட்டலும், தலைக் கிறுகிறுப்பும் தாற்காலிகமாக இருக்கின்றன. பின்னர் இந்தக்கோளாறு மறைந்துவிடுகிறது, ஆனாலும் கால்கள் சூம்புதல் போன்ற இதர விளைவுகள், அவர்கள் விண்வெளியில் தங்கி இருக்கிற காலம் வரையில் நீடிக்கிறது.

விண்வெளியில் எடையற்ற நிலையில் நீண்ட நாள்கள் தங்கினால் எலும்புகளில் கால்ஷியத்தின் அளவு குறைகிறது. படுக்கையில் மாதக்கணக் காகப் படுத்திருக்கும் நோயாளிகளின் உடலிலும் இதேபோல எலும்புகளில் கால்ஷியம் குறைவதாகக் கண்டறியப்பட்டிருக்கிறது.

விண்வெளியில் நீண்டகாலம் தங்கினால் உடலில் திரவ அளவு குறைந்து எடை குறைவதாகவும் கண்டறியப்பட்டிருக்கிறது. எனினும் குறிப்பிட்ட நாள்களுக்கு மேல் விண்வெளியில் எடையற்ற நிலையில் தங்கிப் பழகிக் கொண்டுவிட்டால் எடை குறைவது நின்று எடை அதிகரிக்கிறது. உடலில் திரவ அளவு குறைவதும் இதேபோல நின்று விடுகிறது.

காதுக்குள்ளிருக்கும் 3 அரைவட்டக் குழல்கள்

எடையற்ற நிலையில் கால்களுக்கு வேலைஇருப்பதில்லை என்ற காரணத் தால்தான், ஸ்கைலாப் விண்நிலையத் தில் தங்கியிருந்த அமெரிக்க விண்வெளி வீரர்களுக்குக் கால்களுக்குப் பயிற்சி அளிப்பதற்கென உடற்பயிற்சி செய்யப் பயன்படும் சைக்கிள் இயந்திரம் அமைக்கப்பட்டிருந்தது. விண்வெளி வீரர்கள் தினமும் குறிப்பிட்ட நேரம் இதில் அமர்ந்து கொண்டு பெடல் செய்தார்கள்.

தவிர, கால்களுக்கு ரத்தம் பாயச் செய்வதற்கென்றே இன்னொரு கருவி இருந்தது. உருளை போன்ற இந்தக்கருவியின் வாய்ப்பகுதியில் வீரர் கால்களைக் கொண்டு நுழையவேண்டும். அவரது இடுப்பை கருவியின் வாய் உறுதியாகப் பற்றிக் கொள்ளும். இடுப்பின் மேற்பகுதி உருளைக்கு வெளியே இருக்கும். கால்கள் மட்டும் உருளையின் உள்ளே இருக்கும். கருவி இயங்கும் போது, உருளைக்குள் உள்ள காற்று வெளியேற்றப்பட்டு வெற்றிடம் ஏற்படுத்தப்படும். இதன் விளைவாக உடலின் மேற்புறப்பகுதியிலிருந்து ரத்தம், இடுப்புக்குக் கீழே உள்ள பகுதிகளுக்குப் பாயும்.

எடையற்ற நிலையில் பணியாற்றும்போது, அலுப்பு ஏற்படுவதில்லை. அலுப்பு ஏற்படாது என்பதால் அதிக நேரம் பணியாற்ற முடியும். தவிர அலுப்பும், அசதியும் குறைவு என்பதால் தூக்கம் அதிகம் தேவைப் படுவதில்லை.

எனினும் ரத்தம் உட்பட உடல் திரவம் அதிகம் இழக்கப்படுகிற காரணத் தால், எடையற்ற நிலையில் அதிகம் தாகம் எடுக்கும். பசியும் அதிகமாக இருக்கும்.

உடலில் உள்ள திரவம் இழக்கப்படும்போது, எலக்ட்ரோலைட்ஸ் எனப்படும் வேதிப்பொருள் குறைகிறது. ரத்தத்தில் சிவப்பு அணுக்களின் அளவும் குறைகிறது. எலக்ட்ரோலைட்ஸ் இழக்கப்படுவதால், arrhythmia

என்னும் கோளாறு ஏற்படுகிறது. இதயம் சீராக லப்-டப் லப்-டப் என்று அடிக்காமல், விட்டு விட்டு அல்லது வேகமாக அடிப்பதே இந்தக் கோளாறு. அப்போலோ-15 விண்கப்பலில் சென்று சந்திரனில் சுமார் இரண்டரை நாள்கள் தங்கிய ஸ்காட், இர்வின் ஆகிய இரு அமெரிக்க விண்வெளி வீரர்களுக்கும் இந்தக் கோளாறு ஏற்பட்டது.

விண்வெளி நிலையங்களுக்கு அனுப்பப்படுகிற விண்வெளி வீரர்கள், எடையற்ற நிலைக்குப் பழகிக்கொண்டு, விண்வெளியில் பல நாள்கள் வசித்தபிறகு பூமிக்குத் திரும்பினால், பூமியில் உள்ள ஈர்ப்பு சக்திக்கு ஏற்ப மாறுவதற்கு அதிக நாள்கள் ஆவதில்லை. அதே நேரம், அவர்கள் எடையற்ற நிலைக்குப் பழகிக்கொண்டு, விண்வெளியில் அதிக நாள் வசிக்காமல் உடனடியாகப் பூமிக்குத் திரும்பினால், மீண்டும் பூமியின் ஈர்ப்பு சக்திக்கு ஏற்ப மாற அதிக நாள் பிடிக்கிறது.

உதாரணமாக, விண்வெளியில் அமெரிக்க ஸ்கைலாப் கலத்தில் 28 நாள்கள் தங்கிய முதல் குழுவினர் பூமிக்குத் திரும்பியதும் உடல் இயக்கம் பழைய நிலைக்கு வருவதற்கு அதிக நாள்கள் பிடித்தன. அதே நேரத்தில் எடையற்ற நிலையில் 84 நாள்கள் தங்கியவர்கள் பழைய நிலைக்கு வருவதற்கு அதிக நாள்கள் பிடிக்கவில்லை.

எடையற்ற நிலையில் பல நாள்கள் தங்கிவிட்டு பூமிக்குத் திரும்பினால் என்ன ஏற்படுகிறது? பூமியில் வந்து இறங்கியதும் கால்களுக்கு ரத்தம் பாய்கிறது. அடி எடுத்து வைத்து நடப்பதே கஷ்டமாக இருக்கும். சில சமயங்களில் கால்கள் தள்ளாடலாம். கைகளும் கால்களும் ஏதோ இரும்பினால் ஆனது போன்ற உணர்வு ஏற்படும். உடல் மொத்தமும் கனத்துவிட்டது போன்று தோன்றும். பூமியில் இறங்கிய நாளன்று உடலின் எடை 3 மடங்கு கூடிவிட்ட தாகத் தோன்றும். பிறகு இந்த உணர்வு படிப்படியாகக் குறையும். பூமியில் வந்து இறங்கியவுடன் தலை சுற்றலும் ஏற்படக்கூடும்.

அதுவரை சோம்பிக் கிடந்த இதயம் பழையபடி சுறுசுறுப்பாக வேலை செய்ய ஆரம்பிக்கிறது. தாகம் ஏற்படுகிறது. அருந்தப்படும் தண்ணீர் உடலில் அதிக அளவில் வைத்துக் கொள்ளப்பட்டு, உடல் திரவங்கள் பழைய அளவுக்கு வருகின்றன. படிப்படியாக எடை அதிகரிக்கிறது. தசைகள் வலுப்பெறுகின்றன. எடையற்ற நிலையில் முன்னர் அதிகரித்த உயரம் இப்போது குறைந்து பழைய உயரத்தைப் பெறுகின்றது. சில நாள்களில் உடல் முற்றிலுமாகப் பழைய நிலைக்கு வந்து விடுகிறது.

எடையற்ற நிலை, சாதாரண செயல்களிலும் சில பிரச்னைகளை உண்டாக்குகிறது. தட்டிலிருந்து உணவை ஸ்பூன் மூலம் எடுத்துச் சாப்பிடு வதற்கு விசேஷமாகப் பழகிக்கொள்ள வேண்டும். ஸ்பூனில் உணவை எடுக்கிறீர்கள். அருகில் அமர்ந்திருப்பவர் ஏதோ கேட்கிறார். ஸ்பூனை வாய்க்குக் கொண்டு செல்லாமல் கையை அப்படியே பாதியில் நிறுத்து கிறீர்கள். ஸ்பூனிலிருந்து உணவு தனியே கிளம்பி முகத்தில் வந்துவிழும். அல்லது, வேறு எங்காவது போய் விழும். எனவே, வாயைக் கூடியவரை

தட்டுக்கு அருகில் இருக்கும்படி வைத்துக்கொள்ளவேண்டும். தட்டிலிருந்து ஸ்பூன் மூலம் உணவை எடுத்தால் உடனடியாக வாய்க்குள் உணவைப் போடவேண்டும்.

தண்ணீரை அல்லது வேறுபானத்தை டம்ளரை உயர்த்திப் பிடித்தபடி வாய்க்குள் ஊற்றிக் கொள்ள முடியாது. ஈர்ப்பு சக்தி இல்லை என்பதால், தண்ணீர் வாய்க்குள் விழாமல் அந்தரத்தில் நீர் உருண்டைகளாகப் பறக்கும்.

ஒரு வித கொக்கி ஏற்பாடு கொண்ட பூட்ஸுகளை அணிந்து கொண்டு, அக் கொக்கிகளை ஆங்காங்கு தரையில் அமைந்த இடுக்குகளில் மாட்டிக் கொண்டால்தான் விண் நிலையத் தரையில் சற்று நேரமாவது ஓரிடத்தில் நிற்க முடியும். இதனை பலூன் பறக்காமல் இருக்க நூல் போட்டு கட்டிவைப்பதுடன் ஒப்பிடலாம். பாட்டிலிலிருந்து மாத்திரைகளை எடுக்க முற்பட்டால் அவை லேசில் கையில் விழா. மாத்திரை வெளிப்படும்போது, அதைப் பிடித்துக்கொள்ளாவிட்டால், அது அந்தரத்தில் பறக்க ஆரம்பித்துவிடும்.

சட்டை பாக்கெட்டில் பென்சில் போன்ற சிறு பொருட்களைப் வைத்திருந்தால், பாக்கெட்டை மூடி பொத்தான் போட்டுக்கொள்ள வேண்டும். இல்லாவிட்டால் அவை சுதந்தரமாகக் கிளம்பிவிடும்.

விண் நிலையம் ஒன்றில் எங்கு வேண்டுமானாலும் உறங்க முடியும். தரையில் கட்டில் போட்டுத்தான் உறங்கவேண்டும் என்பதில்லை. சுவரில் ஒரு சாக்குப்பை போன்று ஆள் உயரப் பையைக் கட்டித் தொங்கவிட்டு, மிதந்து சென்று அதற்குள் இறங்கி உறங்கலாம். சினிமாப்படத்தில் ஜாடியிலிருந்து பூதம் கிளம்பி வருவதுபோல, காலையில் அதிலிருந்து கிளம்பி வரலாம்.

அலமாரியில் வைக்கப்பட்டிருக்கிற பொருள்களை எடுக்க அலமாரியைத் திறந்தால் உள்ளே இருக்கிற பொருள்கள் நாலா பக்கங்களிலும் பறக்க ஆரம்பிக்கும். இவற்றை மறுபடி சேகரித்து உள்ளே வைப்பது பெரும் பாடாகிவிடும்.

எடையற்ற நிலையில் சாதாரண முறையில் குளிக்க முடியாது. பூமியில் நாம் தலையில் தண்ணீரை ஊற்றிக் கொண்டால் ஈர்ப்பு சக்தி காரணமாகத் தண்ணீர் கீழ்நோக்கி இறங்கும்போது உடலை நனைக்கிறது. எடையற்ற நிலையில் தண்ணீர் இப்படிச் செயல்படாது. எனவே, வாளியில் டவலை முக்கி எடுத்து உடலைத் துடைத்துக் கொள்வதைத் தவிர வேறு வழியில்லை.

சிறு ரிப்பேர் வேலை செய்தாலும் பிரச்னை ஏற்படும். ஸ்குரு, போல்ட் போன்ற சிறு பொருள்களைக் கழற்றி, அவற்றை பக்கத்தில் எங்காவது வைத்துவிட்டு, கையை எடுத்ததும் அவை அங்கிருந்து நகர்ந்து பறக்க ஆரம்பிக்கும். ஈர்ப்பு சக்தி இருக்குமானால் தரையில் ஓரிடத்தில் வைத்தால், வைத்த இடத்தில் அப்படியே இருக்கும். எனவே, விண் கப்பலில் ரிப்பேர் வேலை செய்யும்போது, காந்தக் கட்டை ஒன்றை அருகில் வைத்துக்கொண்டு அதன் மீது இப்பொருள்களை வைத்தால்தான் இவை பறந்து செல்லாமல் இருக்கும்.

எடையற்ற நிலையில் கனமான பொருள்களை ஓரிடத்திலிருந்து மற்றோர் இடத்துக்குச் சுமந்து செல்லவேண்டிய அவசியம் இல்லை. உதாரணமாக விண் நிலையத்திற்குள் விண்வெளி வீரர் 90 கிலோகிராம் எடை கொண்ட பொருளை ஓர் அறையிலிருந்து வேறு இடத்துக்குக் கொண்டு செல்வதாக இருந்தால், அதை அந்தரத்தில் நிறுத்தி ஒரு விரலால் எளிதில் தள்ளிக்கொண்டே சென்றுவிடலாம்.

பூமிக்கு மேல் விண்வெளியில் சில நாள்கள் தங்கி இருந்துவிட்டு வருவது சரி. வேறு கோள்களுக்குப் பயணம் செய்யும்போது என்ன ஆகும்?

செவ்வாய் கிரகத்தை எடுத்துக்கொள்வோம். பூமியிலிருந்து செவ்வாய் கிரகத்துக்குப் பலகோடி கிலோமீட்டர் பயணம் செய்தாக வேண்டும். பூமியிலிருந்து விண்வெளி வீரர்களுடன் கிளம்புகிற விண் கப்பல் செவ்வாய்க்குப் போய்ச் சேர 237 நாள்கள் ஆகும் என்று கணக்கிடப்பட்டிருக்கிறது. விண் கப்பலில் இவ்வளவு நாள்கள் எடையற்ற நிலையில் வாழ்ந்து அந்த நிலைமைக்குப் பழகிவிட்ட விண்வெளி வீரர்களால், செவ்வாய்க் கிரகத்தில் விண்கப்பல் போய் இறங்கியதும் கீழே இறங்கி செவ்வாய்க் கிரகத்தில் நடக்க இயலுமா என்ற கேள்வி எழுகிறது.

எடையற்ற நிலையில் 200 நாள்களுக்கு மேல் இருந்து விட்ட காரணத்தால், கால்கள் சூம்பிப் போய் விடாதா? செவ்வாய்க்குப் போய் இறங்கியதும், அவர்களது கால்களுக்கு இயல்பான திறன் இருக்குமா? எடையற்ற நிலையில் சில மாதகாலம் இருந்துவிட்டுப் பூமியில் வந்து இறங்கியதும் இயல்பாக நடக்க முடியாத விண்வெளி வீரர்களால் 237 நாள் பயணத்துக்குப் பிறகு எப்படி செவ்வாயில் நடமாடி தங்களது பணிகளைச் செய்ய இயலும் என்பது போன்ற கேள்விகள் எழுகின்றன.

இந்தக்கேள்விகளுக்கு விடை இல்லாமல் இல்லை. முதலாவதாக விண் கப்பலிலேயே செயற்கையாக ஈர்ப்பு சக்தியை ஏற்படுத்தலாம். விண் கப்பல் செவ்வாயை நோக்கிச் செல்லும்போது, அதைத் தனது அச்சில் சுழலும்படிச் செய்தால் விண் கப்பலுக்குள் செயற்கையான ஈர்ப்பு சக்தியை ஏற்படுத்த இயலும். சுமார் 3 மீட்டர் குறுக்களவு கொண்ட விண்கப்பல், மூன்று விநாடிக்கு ஒரு முறை சுற்றுமானால் போதுமான ஈர்ப்பு சக்தி ஏற்படும் என்று கருதப்படுகிறது. விண்வெளி வீரர்கள் இதுபோன்ற செயற்கை ஈர்ப்பு சக்திக்கு உட்படுத்தப்பட்டபிறகு, செவ்வாயில் இறங்கும்போது அவ்வளவாகப் பிரச்னை இருக்காது.

சந்திரனுக்கு விண்வெளி வீரர்கள் சென்றபோது, இப்படியெல்லாம் பிரச்னை ஏற்படவில்லையே என்று தோன்றலாம். சந்திரன் பூமியிலிருந்து சுமார் 3 லட்சத்து 80 ஆயிரம் கிலோமீட்டர் தொலைவில்தான் இருக்கிறது. சந்திரனுக்குப் போய்ச் சேர சுமார் 3 நாள்கள்தான் ஆகின்றன என்பது குறிப்பிடத்தக்கது. செவ்வாயோ குறைந்தபட்சம் 5 கோடியே 57 லட்சம்

கிலோமீட்டர் தொலைவிலும், அதிக பட்சம் சுமார் 37 கோடி கிலோமீட்டர் தொலைவிலும் இருக்கிறது. அதனால்தான் பிரச்னையே.

எடையற்ற நிலையில் மனிதனால் நடக்க இயலாது என்று கவனித்தோம். எடையற்ற நிலை என்பது ஈர்ப்பு சக்தி குறைந்த நிலை என்பதை நாம் அறிவோம். சந்திரனில் உள்ள ஈர்ப்பு சக்தி, பூமிக்கு உள்ள ஈர்ப்பு சக்தியில் ஆறில் ஒரு பங்குதான். எனவே, அமெரிக்க விண்வெளி வீரர்கள் சந்திரனில் போய் இறங்கியபோது, அவர்களால் பூமியில் நடப்பது போன்று நடந்து செல்ல இயலவில்லை. சந்திரனின் குறைவான ஈர்ப்பு சக்தி காரணமாக அவர்கள் தத்தித் தத்தி நடந்துசெல்ல வேண்டியிருந்தது. செவ்வாய்க் கிரகத்தின் ஈர்ப்பு சக்தி பூமியின் ஈர்ப்பு சக்தியில் சுமார் ஐந்தில் இரண்டு பங்கு . எனவே, செவ்வாய்க்குப் போய் இறங்கினாலும் பூமியில் நடப்பது போன்று இயல்பாக நடக்க முடியாது. எனினும் சந்திரனில் உள்ளதைவிட செவ்வாயில் ஈர்ப்பு சக்தி அதிகம். எனவே, செவ்வாய்க் கிரகத்தில் போய் இறங்கினால் தத்தித் தத்தி நடக்க வேண்டியிருக்காது.

உடல் பிரச்னை ஒருபுறம். பொருள்களைக் கையாள்வதில் உள்ள பிரச்னை மறுபுறம். இதைத்தவிர வேறு சில பிரச்னைகளும் இருக்கின்றன. அவற்றில் முக்கியமானது காலக்கணக்கு. பூமியில் நாம், மாறி மாறி வரும் இரவு பகலுக்கு பழக்கப்பட்டுவிட்டோம்.

செவ்வாய்க்குச் செல்லும் விண்வெளி வீரர்களுக்கு அங்கு போய்ச் சேருகிற வரையில் 237 நாள்களுக்கு நீண்ட பகலாக இருக்கும். விண் கப்பல் தனது அச்சில் மெதுவாகச்சுழன்று செல்லும்படிச் செய்தாலொழிய விண்கப்பலின் ஒரு பக்கத்தை சூரிய ஒளி உக்கிரமாகத் தாக்கிக் கொண்டிருக்கும். மறுபுறத்தில் சூரிய ஒளி படவே படாது. பகலும் இரவும் இல்லாத நிலையில் விண்வெளி வீரர்கள் கடிகாரத்தையும், காலண்டரையும் பார்த்துத்தான் ஒரு நாள் முடிந்தது, ஒரு வாரம் முடிந்தது என்று கணக்கிட்டுக்கொள்ள வேண்டியிருக்கும். காலைச் சிற்றுண்டி, மதியம் சாப்பாடு, இரவில் உணவருந்தி உறக்கம் என்ற நிலைமைகளுக்குப் பழக்கப்பட்ட விண்வெளி வீரர்கள் பகல், இரவு இல்லாத நிலையில் இந்த மாதிரியான விஷயங்களில் கடிகாரத்தைப் பார்த்துச் செயல்பட வேண்டியிருக்கும்.

16

விண்ணில் பல பாதைகள்

விண்ணில் செலுத்தப்படுகிற செயற்கைக் கோள்கள் அனைத்தும் ஒரே உயரத்தில் இருப்பவை அல்ல. செயற்கைக் கோள்களைப் பூமியில் இருந்து வெவ்வேறான உயரத்தில் – வெவ்வேறான பாதைகளில் செலுத்த முடியும். ஒரு செயற்கைக் கோள் எந்தப் பணிக்காகச் செலுத்தப்படுகிறது என்பதைப் பொறுத்து அதை, குறிப்பிட்ட உயரத்தில், குறிப்பிட்ட பாதையில் பூமியைச் சுற்றிவரும் வகையில் செலுத்துகிறார்கள்.

தொலைக்காட்சி ஒளிபரப்பு, தொலைத்தொடர்பு ஆகியவற்றுக்குப் பயன்படும் இணைச் சுற்றுச் செயற்கைக் கோள்கள் ஒரு குறிப்பிட்ட பகுதிக்கு நேர் மேலாக எப்போதும் பூமியின் ஒரே இடத்தைப் பார்த்தவாறு இருக்கவேண்டும். அப்படிப்பட்ட செயற்கைக் கோள் பூமத்திய ரேகைக்கு (Equator) மேலாக அமைந்தபடி கிழக்கிலிருந்து மேற்கு நோக்கிச் சுற்றி வரும். பூமிக்கு மேல் *35,786* கிலோமீட்டர் உயரத்தில் இருந்தபடி பூமியை வட்ட வடிவப் பாதையில் சுற்றும். இந்தியாவின் இன்சாட் (INSAT) செயற்கைக் கோள்கள் இந்த வகையைச் சார்ந்தவை.

வேறு பல செயற்கைக் கோள்களின் சுற்றுப் பாதை நீள் வட்டத்தில் அமைந்திருக்கலாம். அப்படியான செயற்கைக் கோள்கள் ஒரு சமயம் பூமியிலிருந்து சுமார் *300* கிலோமீட்டர்

உயரத்தில் இருக்கும். வேறு சமயத்தில் அது 1,000 கிலோ மீட்டர் உயரத்தில் இருக்கலாம்.

இன்னொரு வகையான செயற்கைக் கோள் ஒரு சமயம் 400 கிலோ மீட்டர் உயரத்திலும் வேறு சமயத்தில் 12,000 கிலோ மீட்டர் உயரத்திலும் அமைந் திருக்கலாம். இவை மிக நீள் வட்டப்பாதையில் இருப்பதே காரணம்.

இவற்றுக்கு நேர் மாறாக, சில வகை செயற்கைக் கோள்கள் பூமியை வடக்கிலிருந்து தெற்கு நோக்கிச் சுற்றி வரலாம். நிலவள ஆய்வு செயற்கைக் கோள்கள், வேவு செயற்கைக் கோள்கள் இப்படி வடக்கு–தெற்காகச் சுற்றுகின்றன. இந்தியாவின் IRS வகை செயற்கைக் கோள்கள் அனைத்தும் இந்த வகை சுற்றுப்பாதையைக் கொண்டவை. இது, துருவ சுற்றுப்பாதை (Polar Orbit) என்று வருணிக்கப்படுகிறது.

ஒரு செயற்கைக் கோளை உயரே செலுத்தும்போது, ஒன்று அதன் உயரத்தை நிர்ணயிக்கலாம் அல்லது அது பூமியைச் சுற்றி வருவதற்கு எடுத்துக் கொள்ளக்கூடிய நேரத்தை நிர்ணயிக்கலாம். இரண்டையும் சேர்த்து நிர்ணயிக்க முடியாது. ஒரு செயற்கைக் கோள் எந்த அளவுக்கு உயரத்தில் இருக்கிறதோ, அந்த அளவுக்கு அதன் வேகம் குறைந்துவிடும். வேகம் குறையும்போது, அது பூமியை ஒரு தடவை சுற்றி முடிப்பதற்கான நேரமும் அதிகமாக இருக்கும். இதற்கு நேர் மாறாக ஒரு செயற்கைக் கோள் பூமிக்கு அருகில் இருக்குமானால், அது பூமியை அதிக வேகத்தில் சுற்றும். ஆகவே ஒருமுறை பூமியைச் சுற்றி முடிப்பதற்கு ஆகும் நேரம் குறைவாக இருக்கும். ஆகவேதான், சர்வதேச விண்வெளி நிலையம் மற்றும் அமெரிக்க விண்வெளி ஓடம் ஆகியவை பொதுவில் 90 நிமிடங்களுக்கு ஒரு முறை பூமியைச் சுற்றி வருகின்றன.

ஒரு செயற்கைக் கோளின் சுற்றுப்பாதை மிக நீள் வட்டமாக இருப்பதாக வைத்துக் கொள்வோம். நீள் வட்டப்பாதையில் அமைந்த அந்தச் செயற்கைக் கோள் பூமியிலிருந்து மிகத் தொலைவில் இருக்கும்போது, அதன் வேகம் குறையும். அது தனது பாதையில் பூமிக்கு அருகில் வரும்போது இயல்பாக வேகம் அதிகரித்துவிடும். எங்கிருந்தோ வருகின்ற வால் நட்சத்திரங்கள் இப்படித்தான் செய்கின்றன. சூரியனைச் சுற்றுகின்ற பூமி விஷயத்திலும் இப்படித்தான் நிகழ்கிறது. செயற்கைக் கோளைச் செலுத்துவோர் இந்த இயற்கை விதிகளை நன்கு பயன்படுத்திக் கொள்கின்றார்கள். இதன் அடிப் படையில் உருவானதுதான், ரஷ்யாவும் அமெரிக்காவும் பயன்படுத்துகிற மோல்னியா சுற்றுப்பாதை.

தகவல் தொடர்புக்காக பூமியின் நடுக்கோட்டுக்கு நேர் மேலாகச் சுற்றுகின்ற 300-க்கும் மேற்பட்ட இணைசுற்று செயற்கைக் கோள்களைச் சேர்க்காமல் பார்த்தால், பூமியை பல்வேறு பணிகளுக்காக 4,000-க்கும் அதிகமான செயற்கைக் கோள்கள் சுற்றுவதாகத் தகவல்கள் கூறுகின்றன. பூமியை இவை சுற்றுகின்ற பாதைகளை தாழ்வுநிலை சுற்றுப் பாதை, நடுத்தர உயர சுற்றுப்பாதை, இணைச் சுற்று சுற்றுப்பாதை என்று பொதுப்படையாகப் பிரிக்கலாம்.

பொதுவில் பூமியை வட்டவடிவப் பாதையில் சுற்றுகின்ற எந்த செயற்கைக் கோளும் 200 கிலோமீட்டரைவிட உயரமான சுற்றுப்பாதையில்தான் சுற்றுகின்றன. விண்வெளியில் நிரந்தரமாக அமைக்கப்படுகின்ற சர்வதேச விண்வெளி நிலையம் 319 முதல் 346 கிலோமீட்டர் உயரத்தில் அமைந்தபடி பூமியைச் சுற்றுகிறது.

சுமார் 200 கிலோ மீட்டரிலிருந்து 2,000 கிலோ மீட்டர் வரையிலான உயரத்தில் பறக்கின்ற அனைத்து செயற்கைக் கோள்களும் தாழ்வு நிலை சுற்றுப் பாதையில் (Low Earth Orbit) இருப்பதாகக் கருதப்படுகிறது. இந்தச் சுற்றுப்பாதை LEO என்று சுருக்கமாகக் குறிப்பிடப்படும்.

பெரும்பாலான செயற்கைக் கோள்கள் தாழ்வுநிலை சுற்றுப்பாதையில் செலுத்தப்படுகின்றன என்பதால், விண்வெளி யுகம் தோன்றியதிலிருந்து கடந்த 50 ஆண்டுகளில் இந்த உயரத்தில் நிறையவே குப்பை சேர்ந்திருக்கிறது. செயலற்றுப்போன செயற்கைக் கோள்கள், அவற்றிலிருந்து கழன்றுபோன உறுப்புகள், திருகாணிகள், பெயிண்ட் துணுக்குகள் ஆகியவை அந்தரத்தில் பெரிய கூட்டமாக மிதந்து கொண்டிருக்கின்றன. இந்தப் பொருள்களால் சுமார் 300 கிலோ மீட்டர் உயரத்தில் பறக்கின்ற சர்வதேச விண்வெளி நிலையம், அவ்வப்போது அந்த உயரத்துக்கு அனுப்பப்படுகின்ற அமெரிக்க விண்வெளி ஓடம், ரஷ்ய சோயூஸ் கலம் ஆகியவற்றுக்கு ஆபத்து ஏற்பட வாய்ப்பு இருக்கத்தான் செய்கிறது.

உயரே கிளம்புகின்ற விமானம், பறவை மோதி சேதமடைவது பற்றி நீங்கள் பத்திரிகையில் படித்திருக்கலாம். பறவை எதுவும் அதிவேகத்தில் வந்து விமானத்தில் மோதுவதில்லை. மணிக்கு சுமார் 250 கிலோமீட்டர் வேகத்தில் விமானம் உயரே கிளம்புவதாக வைத்துக்கொண்டால் அந்த விமானம்தான் பறவை மீது மோதுகிறது. அதேபோல, விண்வெளி ஓடம் முதலானவை சுமார் 300 கிலோமீட்டர் உயரத்தில் பறக்கும்போது அதன் வேகம் மணிக்கு 27 ஆயிரம் கிலோமீட்டர் அளவில் இருக்கும். செயலிழந்த செயற்கைக் கோளின் உறுப்பு ஒன்று விண்வெளி ஓடத்தின் மீது வந்து மோதினால் நிச்சயம் விண்வெளி ஓடத்துக்குச் சேதம் ஏற்படும். நல்லவேளையாக இதுவரை பெரிய பொருள் எதுவும் வந்து மோதவில்லை. எனினும் அந்த அளவு உயரத்தில் சுமார் 9,000 சிறிய பொருள்கள் இருப்பதாக அமெரிக்கப் பாதுகாப்புத் துறை மதிப்பீடு தெரிவித்திருக்கிறது.

காலப்போக்கில் இவை எல்லாம் பூமியின் காற்று மண்டலத்தை நோக்கிக் கீழே இறங்குகின்றன.அவை காற்று மண்டலத்தில் நுழைந்ததும் கடுமையாகச் சூடேறி தீப்பிடித்து முற்றிலுமாக அழிந்துவிடுகின்றன.

பூமியிலிருந்து சுமார் 2,000 கிலோமீட்டர் முதல் 35 ஆயிரம் கிலோமீட்டர் வரையிலான உயரத்தில் பறக்கின்ற செயற்கைக் கோள்கள் நடுத்தர உயர சுற்றுப்பாதையில் (Medium Earth Orbit) இருப்பதாகக் கருதப்படுகிறது. இந்தச் சுற்றுப்பாதையைச் சுருக்கமாக MEO என்று குறிப்பிடுவர். போக்கு வரத்துக்கு உதவுகின்ற ஜி.பி.எஸ். செயற்கைக் கோள்கள், இந்த உயரத்தில்

செலுத்தப்படுகின்றன. ஜி.பி.எஸ். செயற்கைக் கோள்கள் (20,200 கிலோமீட்டர்), கிளாஸ்னாஸ் செயற்கைக் கோள்கள் (19,100 கிலோமீட்டர்) கலிலியோ வகை செயற்கைக் கோள்கள் (23,222 கிலோமீட்டர்) ஆகியவை இந்த வகை சுற்றுப்பாதையில் அமைந்திருக்கின்றன. பொதுவில் இவை பூமியை வட்ட வடிவப் பாதையில் சுற்றுகின்றன. இந்தவகை செயற்கைக் கோள் ஒன்று பூமியை ஒரு முறை சுற்றி முடிக்க 12 மணி நேரம் ஆகிறது.

உதாரணத்துக்கு சொல்வதானால், ஜி.பி.எஸ். செயற்கைக் கோள் ஒன்று அமெரிக்காவின் மீது 6 மணி நேரம் மட்டும் இருக்கும். மீதி 6 மணி நேரம் அது பூமியின் மறுபுறத்துக்குச் சென்றுவிடும். அந்த நிலையில் அமெரிக் காவில் உள்ளவர்களால் அதனுடன் தொடர்பு கொள்ள முடியாது. இதைக் கருதி ஒன்றன் பின் ஒன்றாகச் செல்லும் வகையில் உயரே பல ஜி.பி.எஸ். செயற்கைக் கோள்களைச் செலுத்தினால் ஏதாவது ஒன்றுடன் தொடர்பு கொள்ள முடியும். அதாவது 24 மணி நேரமும் தொடர்பு இருக்கும். உயரே எந்த நேரத்திலும் குறைந்தபட்சம் 24 ஜி.பி.எஸ். செயற்கைக் கோள்கள் இருக்கும்படிப் பார்த்துக்கொண்டால், எந்த நேரத்திலும் தொடர்பு இருக்கும். அமெரிக்கா 31 ஜி.பி.எஸ். செயற்கைக் கோள்களை உயரே பெற்றிருக்கிறது.

கிளாஸ்னாஸ் (GLOSNASS) செயற்கைக் கோள்களும் இப்படிப்பட்டவை தான். மொத்தம் 24 கிளாஸ்னாஸ் செயற்கைக் கோள்களை செலுத்த ரஷ்யாவுக்கும் இந்தியாவுக்கும் இடையே உடன்பாடு ஏற்பட்டிருக்கிறது. இதன் மூலம் இரு நாடுகளும் பயன்பெறும். ஐரோப்பிய நாடுகள் தங்களுக் கென இதேபோல கலிலியோ செயற்கைக் கோள்களைச் செலுத்தும் திட்டத்தை மேற்கொண்டிருக்கின்றன.

ஒரு செயற்கைக் கோள் வடக்கிலிருந்து தெற்கு நோக்கி இரு துருவங்களுக்கும் மேலாகச் சுற்றுமானால், அது துருவ சுற்றுப்பாதை என்று குறிப்பிடப் படுகிறது. நில வரைபடங்களை (Maps) தயாரித்தல், வானில் உயரே இருந்து படங்களைப் பிடித்தல், நகர்ப்புறங்கள் பற்றிய தகவல் சேகரித்தல், பயிர் நிலைமையைக் கண்காணித்தல், பயிர் விளைச்சல் வாய்ப்பு பற்றிய தகவல் களைச் சேகரித்தல் போன்ற பணிகளுக்குத் துருவப் பாதையில் செயற்கைக் கோள்கள் செலுத்தப்படுகின்றன. எனினும் உளவுப் பணிகளுக்கும் இந்த வகை செயற்கைக் கோள்களைப் பயன்படுத்த முடியும். துருவப் பாதையில் ஒரே சமயத்தில் பல நில ஆய்வு செயற்கைக் கோள்கள் இருக்குமானால் எதிரி நாட்டின் படை நடமாட்டங்களைக் கண்டறிய முடியும்.

இந்தியாவின் IRS வகை செயற்கைக் கோள்கள் துருவப் பாதையில் பூமியைச் சுற்றுகின்றன. இவை சுமார் 830 கிலோமீட்டர் உயரத்தில் அமைந்தபடி பூமியை கிட்டத்தட்ட வட்டவடிவப் பாதையில் சுற்றுகின்றன. எனினும் 2005-ல் உயரே செலுத்தப்பட்ட இந்தியாவின் கார்ட்டோசாட் –1, 2007-ல் செலுத்தப்பட்ட கார்ட்டோசாட் –2 ஆகிய இரண்டும் சுமார் 630 கிலோ மீட்டர் உயரத்தில் செலுத்தப்பட்டன. இந்த இரண்டும் ஐ.ஆர்.எஸ். வகையைச்

சேர்ந்தவை. ஒரே நேரத்தில் பல IRS செயற்கைக் கோள்கள் இருக்கும்படி பார்த்துக்கொள்ளப்பட்டிருக்கிறது.

IRS போன்ற செயற்கைக் கோள்கள் எடுக்கும் படங்களின் தெளிவுத் திறன் (Spatial Resolution) எவ்வளவு என்பதுதான் இதில் முக்கிய அம்சம். இந்த வகையில் கார்ட்டோசாட்- 2 செயற்கைக் கோள், கீழே பூமியில் 80 சென்டிமீட்டர் நீளத்துக்கு மேல் உள்ள எந்தப் பொருளையும் தெளிவாகப் படம் பிடித்து அனுப்பக்கூடியது. ஆகவே இதன் தெளிவுத் திறன் 80 சென்டிமீட்டர் எனப்படும். இந்த வகையில் இது அமெரிக்காவின் IKONOS செயற்கைக் கோளைக் காட்டிலும் (அதன் தெளிவுத் திறன் 100 சென்டிமீட்டர்) திறன் வாய்ந்தது. இத்துடன் ஒப்பிட்டால், அமெரிக்காவின் KH வகை வேவு செயற்கைக் கோள் 15 சென்டிமீட்டர் நீளமுள்ள எதையும் உயரே இருந்து படம் பிடித்துவிடும் திறன் கொண்டது. எனினும் வானிலிருந்து மிகத் துல்லிய மாகப் படம் பிடிப்பதில் அமெரிக்காவுக்கு அடுத்தபடியாக இந்தியா இரண்டாவது இடம் வகிக்கிறது என்று சொல்லலாம்.

இந்தியாவின் IRS எடுக்கும் படங்கள் உலகில் பல நாடுகளுக்கும் விற்பனை செய்யப்படுகின்றன. இந்திய விண்வெளி அமைப்பு நிறுவிய ஆன்டிரிக்ஸ் கார்ப்பரேஷன் என்னும் அமைப்பு இந்தப்படங்களை விற்பனை செய்கிறது. அதே நேரத்தில் கார்ட்டோசாட்-2 செலுத்தப்படுவதற்கு முன்னர் நாம் அமெரிக்காவின் ஐகோனாஸ் எடுக்கின்ற படங்களை ஒரு சதுர மீட்டர் படம் ரூ. 800 என்ற விலையில் வாங்கி வந்தோம்.

இணைச் சுற்றுச் செயற்கைக் கோள்களுக்கான சுற்றுப்பாதை, தனி ரகம். பூமிக்கு உயரே 35,786 கிலோமீட்டர் உயரத்தில் பூமியைச் சுற்றி கம்பி வளையம் ஒன்று இருப்பதாக வைத்துக் கொள்வோம். அந்த வளையம் அந்தரத்தில் இருந்தபடி சுற்றுவதாகவும் வைத்துக்கொள்வோம். அந்த வளையத்தின் மீதுதான் இப்போது இந்தியா உள்பட பல்வேறு நாடுகளின் 376 செயற்கைக் கோள்கள் பக்கம் பக்கமாக உட்கார்ந்துகொண்டிருக்கின்றன.

இணைச் சுற்றுச் செயற்கைக் கோள் ஒன்று எடுத்த எடுப்பில் இந்த சுற்றுப் பாதையை அடைந்து விடுவதில்லை. கட்டம் கட்டமாக அது இந்தச் சுற்றுப் பாதைக்குக் கொண்டு செல்லப்படுகிறது. சக்திமிக்க ராக்கெட் ஒன்று இந்தச் செயற்கைக் கோளைச் சுமந்து சென்று விண்ணில் செலுத்தும். பிறகு, அந்தச் செயற்கைக் கோள், நீள் வட்டத்தில் பூமியைச் சுற்ற ஆரம்பிக்கும். அது முதல் கட்டமாகும். அந்த நீள் வட்டத்தின் ஒரு முனை பூமியிலிருந்து 300 கிலோ மீட்டர் தொலைவில் இருக்கும். மறு முனை சுமார் 35 ஆயிரம் கிலோமீட்டர் தொலைவில் இருக்கும். இந்த நீள் வட்ட சுற்றுப்பாதை இடை நிலை சுற்றுப்பாதை (GTO) எனப்படுகிறது.

அந்தச் செயற்கைக் கோள் பூமத்திய ரேகைக்கு மேலே 35,786 கிலோமீட்டர் உயரத்தில் வட்டவடிப்பாதையில் இருக்கும்படி செய்யப்பட்டாக வேண்டும். செயற்கைக் கோளை நகர்த்துவதற்கென அதில் பல பீச்சு கருவிகள் இருக்கும். கீழிருந்து ஆணை பிறப்பித்து இந்தக்கருவிகளைத் தகுந்தபடி

செயல்படுத்தினால், சுற்றுப்பாதையைத் திருத்தி அமைக்க முடியும். நீள் வட்டப் பாதையின் ஒரு முனையில் அந்தச் செயற்கைக் கோள் பூமியிலிருந்து 35 ஆயிரம் கிலோ மீட்டர் தொலைவு நிலையில் இருக்கும்போது, பீச்சு கருவி இயக்கப்படும். அப்போது அது வேகமாக முன்னே பாயும். அதன் விளை வாக மறு முனையிலும் பூமியிலிருந்து அது இருக்கின்ற தூரம் 35 ஆயிரம் கிலோமீட்டராக அதிகரிக்கும். இந்த வழியை பல தடவை பின்பற்றி, அந்தச் செயற்கைக் கோள் எப்போதும் 35 ஆயிரம் கிலோ மீட்டர் தொலைவில் இருக்கும்படிச் செய்வார்கள். பிறகு மேலும் சிறு திருத்தங்கள் செய்யப்படும். இதற்கு ஒரு மாதத்துக்கும் மேல் ஆகிவிடலாம்.

இப்படியெல்லாம் சுற்றுப்பாதையில் திருத்தம் செய்வதற்கென செயற்கைக் கோளில் 1,500 கிலோ அளவுக்கு எரிபொருள் வைக்கப்படும். செயற்கைக் கோள், காலப்போக்கில் உரிய சுற்றுப்பாதையிலிருந்து சற்றே விலக முற்படும். ஆகவே, அவ்வப்போது சுற்றுப்பாதையைச் சிறிதளவு சரிசெய்ய வேண்டியிருக்கும். செயற்கைக் கோளின் ஆயுள் எட்டு ஆண்டு என்றால், அப்படி எட்டு ஆண்டுக்காலத்துக்குச் சுற்றுப்பாதையை சரி செய்ய மீதி இருக்கின்ற எரிபொருள் போதுமானதாக இருக்கும்.

சிலசமயம் ராக்கெட் போதிய திறனில் செயல்படாமல் போனால் செயற்கைக் கோள் எடுத்த எடுப்பில் 35 ஆயிரம் கிலோ மீட்டர் உயரத்தை எட்ட முடியாமல் போய்விடும். அப்போது செயற்கைக் கோளில் உள்ள எரிபொருளைப் பயன்படுத்தியாக வேண்டும். சில சமயம் இந்தப்பணியின்போது செயற்கைக் கோளில் இருக்கின்ற எரிபொருள் முழுவதும் தீர்ந்து போய் இறுதியில் செயற்கைக் கோளை உரிய சுற்றுப்பாதைக்குக் கொண்டுவர முடியாமல் போய்விடும். அப்படியானால், அதைக் கைகழுவ வேண்டியதுதான். 2001-ல் இந்தியாவின் ஜிசாட் –1 செயற்கைக் கோளுக்கு இந்தக் கதிதான் ஏற்பட்டது.

1990-ம் ஆண்டில் இதற்கு நேர் மாறான நிலைமை ஏற்பட்டது. சர்வதேச செயற்கைக் கோள் அமைப்பின் இன்டெல்சாட் – 603 செயற்கைக் கோளின் சுற்றுப்பாதை, ஒரு முனையில் 300 கிலோமீட்டரில் அமைந்திருந்தது. மறு முனையில் அது 82 ஆயிரம் கிலோமீட்டர் தொலைவுக்குப் போய்விட்டது. இரண்டு ஆண்டுகள் கழித்து, விண்வெளி ஓடத்தில் சென்ற அமெரிக்க வீரர்கள், அந்தச் செயற்கைக் கோளைக் கைப்பற்றி அதில் புதிய மோட்டாரைப் பொருத்தி மறுபடி அதை விண்ணில் செலுத்தினார்கள். அந்த மோட்டாரில் இருந்த எரிபொருளைக் கொண்டு செயற்கைக் கோளின் பாதை திருத்தி அமைக்கப்பட்டது.

உலகில் எவ்வளவோ நாடுகள் தங்களுக்கென தங்களுடைய வான் பரப்புக்கு மேலே இந்த வகையான இணைச் சுற்றுச் செயற்கைக் கோள்களை வைத் திருக்க விரும்புகின்றன. ஆனால், இந்தப் பாதையில் கணக்கில்லாமல் செயற்கைக் கோள்களைக் கொண்டு நிறுத்த முடியாது. ஆகவே, இது விஷயத்தில் சர்வதேச அளவில் விதி முறைகள் வகுக்கப்பட்டு, அவை பின்பற்றப்பட்டு அந்தந்த நாட்டுக்குக் குறிப்பிட்ட தீர்க்கரேகைகள்

ஒதுக்கப்படுகின்றன. அந்தத் தீர்க்கரேகையில்தான், ஒரு நாடு தனது இணைச் சுற்றுச் செயற்கைக் கோளை அமைத்துக்கொள்ள வேண்டும்.

இணைச் சுற்றுச் செயற்கைக் கோள் விஷயத்தில் இன்னொரு பிரச்னை இருக்கிறது. ஒரு செயற்கைக் கோளின் ஆயுள் முடிந்த பிறகு, அல்லது அது ஏதோ காரணத்தால் செயலிழந்த பிறகு அந்தச் செயற்கைக் கோள் அந்த இடத்திலிருந்து நகர ஆரம்பிக்கும். அந்த நிலையில் செயலில் உள்ள மற்ற இணைச்சுற்றுச் செயற்கைக் கோள்களுக்கு இடைஞ்சல் ஏற்படலாம். ஆகவே, செயலிழந்த – செத்துப் போன - செயற்கைக் கோள்களுக்கென கல்லறை சுற்றுப்பாதை இருக்கிறது. செயலிழந்த செயற்கைக் கோள்கள், 35 ஆயிரம் கிலோ மீட்டர் உயரத்திலிருந்து இன்னும் மேலே 36,088 கிலோ மீட்டர் உயரத்துக்குத் தள்ளி விடப்படும். இதன் பலனாக, மற்ற செயற்கைக் கோள்களுக்கு ஏற்படக்கூடிய இடைஞ்சல் தவிர்க்கப்படும். இந்த உயரம்தான் கல்லறை சுற்றுப்பாதை (Graveyard Orbit) எனப்படுகிறது.

பூமியின் நடுக்கோட்டுக்குச் சற்று தெற்கே அல்லது சற்று வடக்கே உள்ள நாடுகளுக்குத்தான் இணைச் சுற்றுப் பாதை மிகவும் பயனுள்ளதாக இருக்கிறது. ரஷ்யா போன்று வடக்கே மிகவும் தள்ளி அமைந்துள்ள நாடுகளுக்குத் தகவல் தொடர்பு, டிவி ஒளிபரப்பு முதலியவற்றுக்கு இணைச் சுற்றுச் செயற்கைக் கோள்களால் அவ்வளவாகப் பயனில்லை. இந்தச் செயற்கைக் கோள்கள் பூமியின் நடுக்கோட்டுக்கு மேலாகத்தான் இருந்தாக வேண்டும். அப்படியான நிலையில், ரஷ்யா போன்ற நாடுகளுக்கு பூமியின் வளைவு காரணமாக, இந்தச் செயற்கைக் கோள்கள் ரஷ்யாவிலிருந்து பார்க்கும்போது, அடிவானில் தென்படும். அடிவானில் உள்ள செயற்கைக் கோளுடன் தொடர்பு கொள்வதில் எவ்வளவோ பிரச்னைகள் இருக்கின்றன. ஆகவே தான், ரஷ்யா மேற்கூறிய பணிகளுக்கென மோல்னியா சுற்றுப் பாதையைத் தேர்ந்தெடுத்தது.

மோல்னியா சுற்றுப்பாதை, மிக நீள் வட்டமானது. இப்பாதையில் செலுத் தப்படுகின்ற செயற்கைக் கோள் பூமியை கிட்டத்தட்ட வடக்கிலிருந்து தெற்காகச் சுற்றும். இந்தச் செயற்கைக் கோள், பூமியின் நடுக்கோட்டைத் தாண்டி தென் துருவத்துக்கு மேலாக இருக்கும்போது, பூமியிலிருந்து அது அமைந்துள்ள உயரம் சுமார் 500 கிலோமீட்டராக இருக்கும். பூமியைச் சுற்றிவிட்டு, வடக்கே வரும்போது அது பூமியிலிருந்து மிக உயரத்துக்குச் செல்லும். அப்போது அது சுமார் 40 ஆயிரம் கிலோமீட்டர் உயரத்தில் இருக்கும். எந்த ஒரு செயற்கைக் கோளும் மிக உயரத்துக்குச் செல்லும்போது, அதன் வேகம் குறையும் என்பதை நாம் ஏற்கெனவே கவனித்தோம்.

ஆகவே அது மிக மெதுவாக மிக உயரத்துக்குச் செல்லும். அந்த வகையில், அது ரஷ்யப் பிராந்தியம் மீது மிக நீண்ட நேரம் இருக்கும். ஆகவே அதனுடன் நீண்ட நேரம் தொடர்பு கொள்ள முடியும். இந்தச் சுற்றுப்பாதையில் பல செயற்கைக் கோள்கள் இருக்கும்படி செய்யும்போது, ஏதாவது ஒரு செயற்கைக் கோள் ரஷ்யா மீதாக இருந்துகொண்டே இருக்கும். இப்படி இந்தச்

செயற்கைக் கோள்களுடன் ஒன்று மாற்றி ஒன்றாகத் தொடர்ந்து 24 மணி நேரமும் தொடர்பு கொள்ள முடியும். ரஷ்யா 1960-களின் மத்தியில் இந்தச் சுற்றுப்பாதையில் முதன் முதலாகப் பயன்படுத்திய செயற்கைக் கோளுக்கு மோல்னியா என்று பெயர் வைக்கப்பட்டது. பிறகு, இந்தச் சுற்றுப் பாதைக்கும் அதே பெயர் (Molniya orbit) நிலைத்து விட்டது.

அமெரிக்காவுக்குத் தகவல் தொடர்புக்கு மோல்னியா சுற்றுப்பாதை தேவைப்படவில்லை என்றாலும் ரஷ்யா மீது தொடர்ந்து வேவு பார்க்க அமெரிக்கா மோல்னியா சுற்றுப்பாதையில் பல செயற்கைக் கோள்களை வைத்திருக்கிறது.

17

இந்தியாவின் ராக்கெட்டுகள்

விண்வெளியில் இந்தியா முதன்முதலில் காலடி வைத்தது எப்போது என்று கேட்டால், இரண்டு பதில்களைக் கூறலாம்.

1975-ம் ஆண்டு ஏப்ரல் 19-ம் தேதி அன்று இந்தியா தயாரித்த ஆர்யபட்டா செயற்கைக் கோள், ரஷ்ய ராக்கெட் மூலம் உயரே செலுத்தப்பட்டது. இந்தியா உருவாக்கிய செயற்கைக் கோள் ஒன்று உயரே செல்வது அதுவே முதல் தடவை.

1980-ம் ஆண்டு ஜூலை 18-ம் தேதி இந்தியா தயாரித்த ரோகிணி 1-B செயற்கைக் கோள் இந்திய மண்ணிலிருந்து, இந்திய ராக்கெட் மூலம் உயரே செலுத்தப்பட்டது.

ஆர்யபட்டா செயற்கைக் கோளின் எடை 360 கிலோகிராம். ரோகிணி 1-B செயற்கைக் கோளின் எடையோ வெறும் 35 கிலோகிராம். ரோகிணியை விடப் பத்து மடங்கு எடை கொண்ட ஆர்யபட்டா செயற்கைக் கோளை உயரே சுமந்து செல்லும் அளவுக்குத் திறன் படைத்த ராக்கெட், இந்தியாவிடம் அப்போது இல்லை. அந்தக் காரணத்தால் அது சோவியத் யூனியனுக்கு எடுத்துச் செல்லப்பட்டு, ரஷ்ய ராக்கெட் மூலம் உயரே செலுத்தப்பட்டது.

செயற்கைக் கோள்களைத் தயாரிப்பதையும் அவற்றைச் செலுத்துவதற்கான ராக்கெட்டுகளைத்

தயாரிப்பதையும் ஒன்றோடு ஒன்று முடிச்சுப் போட இந்தியா விரும்பவில்லை. எனவே, சக்தி மிக்க ராக்கெட்டுகளைத் தயாரிக்கும் வரை காத்திருக்காமல், தானாகவே தயாரித்த செயற்கைக் கோள் ஒன்றை, நட்பு நாட்டின் ராக்கெட்டின் உதவிகொண்டு வானில் செலுத்தியது.

ஒரு புறம் மேலும் மேலும் எடை கொண்ட, அதேசமயம் நுட்பமான செயற்கைக் கோள்கள் தயாரிக்கப்பட்டன . இவற்றை வெளி நாட்டு ராக்கெட்டுகளின் உதவியோடு வானில் செலுத்துவது என்று முடிவாயிற்று. அதே சமயத்தில் சொந்த ராக்கெட்டை உருவாக்குவதில் முடிந்தவரை முன்னேறுவது என்றும் முடிவு செய்யப்பட்டது.

செயற்கைக் கோள்களைத் தயாரிப்பதில் இருந்த வேகமான முன்னேற்றம், அதி சக்தி கொண்ட ராக்கெட்டுகளை உருவாக்குவதில் இல்லை. இதற்கு முக்கியக் காரணம், ராக்கெட்டுகளை உருவாக்குவதில் இந்தியாவுக்கு எந்த நாடும் உதவ முன்வராததுதான். ராக்கெட் தயாரிப்பில் நாமே சொந்த முயற்சியில் எல்லாவற்றையும் செய்துகொள்ள வேண்டியிருந்தது.

இந்தியா தனது முதலாவது ராக்கெட்டை விண்ணில் செலுத்த ஆயத்தமான கட்டத்தில் - அதாவது, 1979-ம் ஆண்டுவாக்கில் - அமெரிக்கர்கள் பல தடவை சந்திரனுக்குச் சென்றுவிட்டு வந்திருந்தார்கள். ரஷ்யாவின் சால்யூட் விண்கலங்கள் பூமியைச் சுற்றிக்கொண்டிருந்தன.

இந்தியாவின் முதலாவது ராக்கெட்டின் பெயர் எஸ்.எல்.வி.-3 என்பதாகும். இது Satellite Launching Vehicle என்ற ஆங்கிலச் சொற்றொடரின் சுருக்கம். அமெரிக்காவும் ரஷ்யாவும் தங்களுடைய விண்வெளி ராக்கெட்டுகளுக்கு கவர்ச்சியான, அத்துடன் மனத்தில் நிற்கத்தக்க பெயர்களைச் சூட்டிய அதே நேரத்தில் இந்திய விண்வெளி அமைப்பு இந்தியாவின் ராக்கெட்டுக்கு மனத்தில் நிற்காத பெயரை வைத்தது. இன்றளவும் இந்தியாவின் சக்திமிக்க ராக்கெட்டுகளுக்கும் அதே போலத்தான் பெயர்கள் வைக்கப்பட்டு வருகின்றன. இது, 'திருச்சி வரை 4 பேர் ஏறிச் செல்லும் வாகனம்' என்றும் 'மதுரை வரை 3 பேர் ஏறிச் செல்லும் வாகனம்' என்றும் கார்களுக்குப் பெயர் சூட்டுவதற்கு ஒப்பானதாகவே இருக்கிறது.

சென்னைக்கு வடக்கே உள்ள ஸ்ரீஹரிகோட்டா விண்வெளிக் கேந்திரத்திலிருந்து, இந்தியாவின் முதலாவது SLV ராக்கெட் 1979 ஆகஸ்ட் 10-ம் தேதி விண்வெளியில் செலுத்தப்பட்டது. ஆனால் அது ரோகிணி 1-A செயற்கைக் கோளை உரிய பாதையில் செலுத்தத் தவறியது. முதல் முயற்சி தோல்வியுற்றது என்றாலும் மறு ஆண்டில் வெற்றி கிடைத்தது. அதற்குப் பிறகு அடுத்த இரண்டு தடவைகளிலும் தொடர்ந்து வெற்றிதான். எஸ்.எல்.வி. ராக்கெட் ஒன்றன்மீது ஒன்றாகச் செருகப்பட்ட 3 அடுக்கு ராக்கெட்டாக விளங்கியது. ராக்கெட்டின் மொத்த எடை 10 டன். நீளம் 10 மீட்டர். எல்லாமே பரீட்சார்த்தமாக இருந்த நிலையில் அதைச் சின்னஞ்சிறிய ராக்கெட் என்றுதான் சொல்ல வேண்டும்.

நான்கு ஆண்டுகளில் இந்தியா அடுத்த கட்டத்தை எட்டியது. SLV ராக்கெட்டின் பக்கவாட்டில் இரு சிறிய ராக்கெட்டுகளை இணைத்தார்கள். கூடுதல் திறன் கொண்ட இந்த ராக்கெட்டின் பெயர் ASLV (Augumented Satellite Launch Vehicle). பெருமாள், பெத்த பெருமாள் ஆன கதைதான். இந்த வகை ராக்கெட்டை நான்கு தடவை செலுத்தியதில் 1992-லும் பிறகு 1994-லும் நடந்த முயற்சிகளில் வெற்றி கிடைத்தது.

அது வரை செலுத்தப்பட்ட SLV மற்றும் ASLV ஆகிய இரு ராக்கெட்டுகளுமே அடிப்படையான அத்துடன் நம்பத்தக்க ஒரு ராக்கெட்டை உருவாக்கு வதற்கான சோதனை முயற்சிகள் என்றே சொல்ல வேண்டும். இவை செலுத் தப்பட்ட போதெல்லாம் அவற்றின் உச்சியில் ஏதோ பெயரளவுக்கு சிறிய செயற்கைக் கோள்கள் வைத்து அனுப்பப்பட்டன. ராக்கெட்டின் எடை சுமக்கும் திறனைச் சோதிப்பதற்காகவே அவை அப்படி உச்சியில் வைக்கப் பட்டன என்றும் சொல்லலாம்.

இந்த இரு வகை ராக்கெட்டுகளுமே திட எரிபொருளைப் பயன்படுத்தின. பொதுவாக, ஒரு ராக்கெட்டுக்குத் திட எரிபொருள் பெரிதாகத் திறனை அளித்து விடுவதில்லை. மாறாக, திரவ எரிபொருள் அதிகத் திறனை அளிப்பவை. திரவ எரிபொருள்களிலும் இரண்டு வகைகள் இருக்கின்றன. ஒன்று சாதாரண திரவ எரிபொருள். மற்றொன்று கடும் குளிர்விப்பு தேவைப்படுகிற (Cryogenic) திரவ எரிபொருள். குளிர்விப்பு தேவைப்படுகிற எரிபொருளைப் பயன்படுத்துகிற ராக்கெட் எஞ்சின் களைத் தயாரிப்பது என்பது மிகவும் நுட்பமான விஷயம். அப்படிப்பட்ட தொழில் நுட்பம் இந்தியாவிடம் அப்போது கிடையாது. ஆகவே சாதாரண திரவ எரிபொருளைப் பயன்படுத்துகிற ராக்கெட்டுகளை உருவாக்கு வதில் இந்தியா முனைந்தது. அதன் பலனாக உருவானதுதான் PSLV.

இந்தப் புது வகை ராக்கெட்டின் பெயரைப் பொறுத்தமட்டில் அது பெத்த பெருமாள், பெரிய பெத்த பெருமாளான கதையாகத் தோன்றினாலும் உண்மையில் அது முற்றிலும் புது வகை ராக்கெட் தான். முதலாவதாக, இது ஒன்றின் மீது ஒன்றாகப் பொருத்தப்பட்ட நான்கு அடுக்கு ராக்கெட். முதல் அடுக்கில் திட எரிபொருள். அடுத்ததில் திரவ எரிபொருள். மூன்றாவது அடுக்கு மறுபடி திட எரிபொருள். கடைசியாக நான்காவது அடுக்கு மறுபடி திரவ எரிபொருள். அத்தோடு, அடிப்புற ராக்கெட்டைச் சுற்றிலும் பக்க வாட்டில் 6 சிறிய ராக்கெட்டுகள் பொருத்தப்பட்டிருந்தன.

வெறும் 40 டன் எடை கொண்ட SLV ராக்கெட்டுடன் ஒப்பிட்டால், இதை ராட்சத ராக்கெட் என்று சொல்லலாம். PSLV ராக்கெட்டின் எடை 295 டன். உயரே செலுத்துவதற்காக நிறுத்தப்பட்ட நிலையில் அதன் உயரம் சுமார் 45 மீட்டர். இது கிட்டத்தட்ட 14 மாடிக் கட்டடத்துக்குச் சமம். பொதுவாக, எல்லா ராக்கெட்டுகளிலும் எரிபொருளின் எடைதான் மிக அதிகமாக இருக்கும். இந்த ராக்கெட்டில் மொத்த எரிபொருளின் எடை 197 டன்.

இந்த ராக்கெட்டுக்கு PSLV என்று பெயர் வைக்கப்பட்டதற்கு ஒரு பின்னணி உண்டு. இந்திய விண்வெளி அமைப்பு பிரதானமாக இரு செயற்கைக் கோள்களைத் தயாரித்து வந்தது. ஒன்று இன்சாட் வகை செயற்கைக் கோள்கள். இவை முக்கியமாகத் தகவல் தொடர்பு, டிவி ஒளிபரப்பு, வானிலை தகவல் சேகரிப்பு ஆகியவற்றுக்கானவை. இந்தச் செயற்கைக் கோள்கள் எடை மிக்கவை என்பதால் வழக்கமாக இவை தென் அமெரிக்காவில் உள்ள விண்வெளிக் கேந்திரத்திலிருந்து ஐரோப்பிய விண்வெளி அமைப்பின் ஏரியான் ராக்கெட் மூலம் உயரே செலுத்தப்பட்டு வந்தன.

இன்சாட் தவிர, நிலவள ஆய்வுக்கென இந்தியா ஐ.ஆர். எஸ். வகை (Indian Remote Sensing Satellites) செயற்கைக் கோள்களையும் தயாரித்து வந்தது. *1988*-ம் ஆண்டில் தொடங்கி *1995* வரை மூன்று நில வள ஆய்வு செயற்கைக் கோள்கள் ரஷ்யாவுக்கு அனுப்பப்பட்டு ரஷ்ய ராக்கெட் மூலம் செலுத்தப்பட்டன.

இன்சாட் செயற்கைக் கோள்களை இந்திய மண்ணிலிருந்தே செலுத்தும் நிலையை எட்டப் பல ஆண்டுகள் ஆகலாம் என்பதால் சுமாரான எடை கொண்ட IRS செயற்கைக் கோள்களையாவது இந்திய மண்ணிலிருந்து செலுத்த வேண்டும் என்று இந்தியா கருதியது. இதற்கு, பி. எஸ்.எல். வி. ராக்கெட்டுகளைப் பயன்படுத்தலாம் என்றும் முடிவு செய்தது. நில வள ஆய்வு செயற்கைக் கோள்கள் அனைத்தும் வடக்கிலிருந்து தெற்காக பூமியைச் சுற்றும் வகையில் செலுத்தப்படுபவை. ஆகவே, அவை வட தென் துருவங்களுக்கு மேலாகப் பறப்பவை. இந்தக் காரணத்தால் புதிதாக உருவாக்கப்பட்ட ராக்கெட்டுக்கு Polar Satellite Launch Vehicle என்று பெயர் வைக்கப்பட்டது. அதன் சுருக்கமே PSLV.

இந்தப் புதிய வகை ராக்கெட் முதல் முறையாக *1993* செப்டெம்பர் *20*-ம் தேதி செலுத்தப்பட்ட சில நிமிடங்களிலேயே அது தோல்வி என்பது தெரிந்து விட்டது. மென்பொருள் கோளாறு காரணமாக, IRS–E செயற்கைக் கோளுடன் அந்த ராக்கெட் கடலில் விழுந்தது. மறு ஆண்டிலேயே அந்த ராக்கெட் வெற்றிகரமாகச் செயல்பட்டு, *870* கிலோ செயற்கைக் கோளை (IRS–P2) உயரே துருவப் பாதையில் செலுத்தியது. அதன் பிறகு பி.எஸ்.எல்.வி. வெற்றி மேல் வெற்றியைக் குவிக்க ஆரம்பித்தது. ஆகவே இந்தியாவின் நிலவள ஆய்வு செயற்கைக் கோள்களை விண்ணில் செலுத்த அவற்றை ரஷ்யாவுக்கு அனுப்புவது நின்றது.

பி.எஸ்.எல்.வி. மிக நம்பகமான ராக்கெட் என்பது நிரூபணமாகிவிட்ட நிலையில், அதன் திறனை அவ்வப்போது மேம்படுத்தும் பணிகள் மேற்கொள்ளப்பட்டன. இதன் பலனாக, அந்த ராக்கெட்டால் கூடுதல் எடை கொண்ட செயற்கைக் கோள்களைச் சுமந்து செல்ல முடிந்தது. அதே நேரத்தில், சில வெளி நாடுகள் தங்களது சிறிய செயற்கைக் கோள்களை உயரே செலுத்த இந்தியாவின் பி.எஸ்.எல்.வி. ராக்கெட்டை நாடி ஓடி வந்தன. உதாரணமாக, *1999* மே மாதம் இந்த ராக்கெட் மூலம் இந்தியாவின் ஓஷன்சாட் *–1* (எடை *1036*

கிலோ) உயரே செலுத்தப்பட்டது. அப்போது அதனுடன் சேர்த்து ஜெர்மனியின் டுல்சாட் (எடை 45 கிலோ) செயற்கைக் கோளையும் தென் கொரியாவின் கிட்சாட் (எடை 103 கிலோ) செயற்கைக் கோளையும் அந்த ராக்கெட் சுமந்து சென்றது. ஸ்ரீஹரிகோட்டாவிலிருந்து ஒரே ராக்கெட்டில் 3 செயற்கைக் கோள்கள் செலுத்தப்பட்டது அதுவே முதல் முறை.

பின்னர் 2001-ல், இதேபோல இந்தியாவின் TES செயற்கைக் கோள் செலுத்தப்பட்டபோது அதனுடன் சேர்த்து பெல்ஜியத்தின் புரோபா செயற்கைக் கோளும் ஜெர்மனியின் பேர்ட் செயற்கைக் கோளும் சேர்த்து செலுத்தப்பட்டன. 2007 ஜனவரியில் இதே போல, ஒரே ராக்கெட்டில் மூன்று செயற்கைக்கோள்கள் சேர்த்து செலுத்தப்பட்டன. அதே ஆண்டு ஏப்ரலில் பி.எஸ்.எல்.வி. ராக்கெட் மூலம் வானவியல் ஆராய்ச்சிக்கான இத்தாலி நாட்டின் AGILE என்னும் செயற்கைக் கோள் செலுத்தப்பட்டது.

இதில் ஒரு வேடிக்கை இருக்கிறது. வழக்கமாக தெற்கு நோக்கிச் செல்கின்ற பி.எஸ்.எல்.வி. ராக்கெட், 2002 செப்டெம்பரில் கிழக்கு நோக்கிக் கிளம்பி Metsat செயற்கைக் கோளை (இதன் பெயரே பின்னர் கல்பனா-1 என்று மாற்றப்பட்டது) GTO சுற்றுப்பாதையில் செலுத்தியது. அது இணைச் சுற்றுச் செயற்கைக் கோளாக, பூமியைச் சுற்ற ஆரம்பித்தது. பின்னர் 2007 ஏப்ரலில் பி.எஸ்.எல்.வி. ராக்கெட் ஒன்று இதேபோல கிழக்கு நோக்கிக் கிளம்பி, பூமியிலிருந்து 550 கிலோமீட்டர் உயரத்தில், பூமியை வட்ட வடிவப் பாதையில் சுற்றுகின்ற வகையில் இத்தாலிய செயற்கைக் கோளைச் செலுத்தியது.

இதில் என்ன வேடிக்கை இருக்கிறது என்று கேட்கலாம். துருவப்பாதைக்கான ராக்கெட் என்று பெயர் வைக்கப்பட்ட ராக்கெட், இணைச்சுற்றுப் பாதையில் ஒரு செயற்கைகோளைச் செலுத்தியது என்பதுதான், வேடிக்கையான விஷயம். இது கோவை எக்ஸ்பிரஸ் இன்னும் சிறிது நேரத்தில் ஹைதராபாத்துக்குக் கிளம்பும் என்று அறிவிப்பதற்குச் சமமானது. ஒரு ராக்கெட்டை எந்தச் சுற்றுப்பாதைக்கும் பயன்படுத்தலாம். அதில் தவறு இல்லை. ஆனால் இந்த ராக்கெட்டுக்கு PSLV என்று பெயரிட்டிருக்க வேண்டாம்.

இதற்கிடையே PSLV ராக்கெட்டைவிடக் கூடுதல் திறன்கொண்ட ராக்கெட்டை உருவாக்க இந்தியா முயற்சி மேற்கொண்டது. இந்தப் பல அடுக்கு ராக்கெட்டின் கடைசி கட்ட ராக்கெட்டில், கிரையோஜெனிக் எஞ்சின்களைப் பயன்படுத்துவது என்பது நோக்கம். இந்த வகையான எஞ்சின்களில் திரவமாக்கப்பட்ட ஹைட்ரஜனும் திரவமாக்கப்பட்ட ஆக்சிஜனும் எரிபொருளாகவும் ஆக்ஸீகரணியாகவும் பயன்படுத்தப்படும்.

இந்த நவீன தொழில் நுட்பத்தை இந்தியா ரஷ்யாவிடமிருந்து விலைக்கு வாங்க முற்பட்டபோது, அரசியல் குறுக்கிட்டது. இந்தியாவுக்கு இந்தத் தொழில் நுட்பத்தை அளிக்கக் கூடாது என்று அப்போதைய ரஷ்ய அரசு மீது அமெரிக்கா

கடும் நிர்ப்பந்தம் செலுத்தியது. ஆகவே இதற்கான ஒப்பந்தம் ஈடேறாமல் போய்விட்டது. கடைசியில் ரஷ்யா, இந்தியாவுக்கு ஏழு கிரையோஜெனிக் எஞ்சின்களை மட்டும் விற்பதற்குச் சம்மதித்தது.

இந்த ரஷ்ய எஞ்சின்களைப் பயன்படுத்தி GSLV என்னும் ராக்கெட்டுகள் உருவாக்கப்பட்டன. இன்சாட் போன்ற இணைச் சுற்றுச் செயற்கைக் கோள்களை உயரே செலுத்த இந்த ராக்கெட்டுகள் பயன்படுத்தப்படுகின்றன என்ற காரணத்தால் இந்த வகை ராக்கெட்டுகளுக்கு Geostationary Satellite Launch Vehicles என்று பெயரிடப்பட்டது . அதன் சுருக்கமே ஜி.எஸ்.எல்.வி. என்பதாகும். ஜி. ஸ்.எல்.வி. ராக்கெட் ஒன்றின் எடை சுமார் 400 டன். உயரம் 49 மீட்டர். கிட்டத்தட்ட 15 மாடிக் கட்டடத்துக்குச் சமம். இந்த ராக்கெட் இப்போது பயன்பாட்டில் இருக்கிறது.

இதன் முதல் அடுக்கு சுமார் 130 டன் திட எரிபொருள் அடங்கியது. இந்த முதல் கட்ட ராக்கெட்தான், உலகின் மிகப் பெரிய திட எரிபொருள் ராக்கெட்டுகளில் ஒன்று. இதன் பக்கவாட்டில் நான்கு இணைப்பு ராக்கெட்டுகள் இருக்கின்றன. இவை ஒவ்வொன்றும் 40 டன் திரவ எரிபொருள் அடங்கியது. அடிப்புற ராக்கெட்டின் மீது அமைந்த இரண்டாவது கட்ட ராக்கெட்டும் 37 டன் திரவ எரிபொருள் அடங்கியதுதான். உச்சியில் அமைந்த மூன்றாவது கட்ட ராக்கெட்தான் திரவ ஹைட்ரஜனையும் திரவ ஆக்சிஜனையும் பயன்படுத்துகிற கிரையோஜெனிக் ராக்கெட் .

ஜி.எஸ். எல்.வி. ராக்கெட் 2007-ன் மத்திய காலம் வரை ஐந்து முறை செலுத்தப்பட்டது. இவை பெரும்பாலும் வெற்றி என்று சொல்லலாம். முதல் முறையாக 2001 ஏப்ரலில் இந்த ராக்கெட் மூலம் ஜிசாட் (எடை 1540 கிலோ) செயற்கைக் கோளைச் செலுத்தியபோது, அது இணைச்சுற்றுக்கோளுக்கு உரிய சுற்றுப்பாதையை எட்டத் தவறியது. கிரையோஜெனிக் கட்ட ராக்கெட், தகுந்த அளவில் செயல்படாமல் போனதுதான் அதற்குக் காரணம் என்று கூறப்பட்டது. செயற்கைக் கோளை மேலும் உயரத்துக்குக் கொண்டு செல்வதற்கு நடந்த முயற்சிகள் பலிக்கவில்லை. அந்தச் செயற்கைக் கோள் செயல்படாமலேயே போனது.

இரண்டாம் முறையாக 2003 மே மாதம் ஜி.எஸ்.எல்.வி. மூலம் ஜிசாட்-2 (எடை 1825 கிலோ) செயற்கைக் கோள் வெற்றிகரமாக உயரே செலுத்தப்பட்டது. அது சுமார் 35 ஆயிரம் கிலோமீட்டர் உயரத்தில் அமைந்தபடி வெற்றிகரமாகச் செயல்பட ஆரம்பித்தது. 2004 செப்டெம்பரில் இதே ராக்கெட் மூலம் கல்விப் பணிக்கான எடுசாட் செயற்கைக் கோள் (எடை 1950 கிலோ) வெற்றிகரமாகச் செலுத்தப்பட்டது.

பின்னர் 2006 ஜூலை 10-ம் தேதி முதல் முறையாக இன்சாட் வரிசையில் இன்சாட் 4 - C செயற்கைக் கோள் (எடை 2168 கிலோ) ஜி.எஸ்.எல்.வி. ராக்கெட் மூலம் செலுத்தப்பட்டபோது, அது செயற்கைக் கோளுடன் கடலில் விழுந்தது. அடிப்புற இணைப்பு ராக்கெட்டுகளில் ஒன்று செயல்படாமல்

போகவே ராக்கெட் உரிய பாதையிலிருந்து திசை மாற முற்பட்டது. உடனே அந்த ராக்கெட், தகுந்த ஆணை மூலம் அழிக்கப்பட்டது. பல நூறு டன் எரிபொருளைக் கொண்ட ஒரு ராக்கெட் திசை மாற முற்பட்டால், அது எங்காவது போய் விழுந்து விபரீதம் நிகழலாம். ஆகவே அது உடனடியாக நடுவானில் அழிக்கப்படும். அந்த வகையில் இந்த ராக்கெட் கீழே இருந்து புறப்பட்ட 40-வது விநாடியில் அழிக்கப்பட்டது.

எனினும் இன்சாட் 4-C செயற்கைக் கோளுக்கு மாற்றாக உருவாக்கப்பட்ட இன்சாட் 4-CR (எடை 2140 கிலோ) செயற்கைக் கோள் 2007-ம் ஆண்டு செப்டெம்பரில் உயரே செலுத்தப்பட்டபோது, எல்லாம் திருப்திகரமாக அமைந்து அது வெற்றியை அளித்தது.

அதுவரை ஸ்ரீஹரிகோட்டாவிலிருந்து செலுத்தப்பட்ட ஜி.எஸ்.எல்.வி. ராக்கெட்டுகள் அனைத்துமே சுமார் 2 டன் எடை கொண்ட செயற்கைக் கோள்களையே செலுத்தின. ஆனால் 4 டன் முதல் 9 டன் வரையிலான எடை கொண்ட செயற்கைக் கோள்களை செலுத்தும் திறன் படைத்த ராக்கெட்டு களை உருவாக்குவதே இந்திய விண்வெளி அமைப்பின் நோக்கம்.

இந்தியா தனது ஜி.எஸ்.எல்.வி. ராக்கெட்டுகளுக்காக ரஷ்ய கிரையோஜெனிக் எஞ்சின்களை விலைக்கு வாங்கிய அதே நேரத்தில் சொந்தமாக இந்த வகை எஞ்சின்களைத் தயாரிக்கும் திட்டத்தில் ஈடுபட்டது. இதற்கான பணிகள் தமிழகத்தின் தென் கோடியில் மகேந்திரகிரி என்னுமிடத்தில் மேற்கொள்ளப் பட்டன. 1993-ல் தொடங்கிய இந்தத் திட்டம் ஈடேறும் கட்டத்தில் உள்ளதாகச் சொல்லலாம். விரைவிலேயே ஜி.எஸ்.எல்.வி. ராக்கெட்டுகளில் இந்திய கிரையோஜெனிக் எஞ்சின்கள் இடம் பெறலாம்.

இந்த வகை எஞ்சின்களை உருவாக்குவதில் பல சிக்கல்கள் இருக்கின்றன. இது இரண்டு பூதங்களைக் குப்பியில் அடைத்து அதே நேரத்தில் அவற்றிடம் வேலையும் வாங்கவேண்டும் என்ற நிலைமைக்கு ஒப்பானது. ஆக்சிஜன் வாயுவைக் கடுமையாகக் குளிர்வித்தால் (மைனஸ் 183 சென்டிகிரேட்) அது திரவ நிலையைப் பெறும். அதை விசேஷ கிடங்கில் மிகுந்த அழுத்தத்தில் கடும் குளிர்விப்பு நிலையில் சேமித்து வைத்தாக வேண்டும். அப்போதுதான் அது திரவ வடிவில் இருக்கும். இதே போல ஹைட்ரஜன் வாயுவையும் (மைனஸ் 252 சென்டிகிரேட்) கடுமையாகக் குளிர்வித்து கடும் அழுத்தத்தில் கிடங்கில் சேமித்து வைப்பார்கள்.

திரவ ஆக்சிஜன், திரவ ஹைட்ரஜன் ஆகிய இரண்டும் கொஞ்சம் வாய்ப்புக் கிடைத்தால் ஆவியாகக்கூடியவை. ஆகவே, எஞ்சின் அறையில் வந்து சேருகின்ற வரைக்கும் இவை திரவ வடிவில் இருந்தாக வேண்டும். ராக்கெட்டில் இந்த இரண்டும் தனித்தனி கிடங்குகளில் கடும் குளிர்விப்பு நிலையில் வைக்கப்பட்டிருக்கும். சாதாரண உலோகங்கள் இந்தக் கடும் குளிர்விப்பு நிலையில் உடைந்து நொறுங்கிவிடும். எனவே, இந்தக் கிடங்குகள் விசேஷ கலப்பு உலோகத்தால் செய்யப்படுகின்றன. கிடங்குகளிலிருந்து

ராக்கெட்டின் பின்புறத்துக்கு இவற்றைக் கொண்டு வந்து சேர்க்கின்ற குழாய்கள், பம்புகள், முதலியவையும் இதை மனத்தில் கொண்டு கவனமாகத் தயாரிக் கப்படுகின்றன. உராய்வைத் தடுக்கும் மசகுப் பொருள்கள் (lubricants) இந்தக் குளிர் நிலையில் மிகவும் கெட்டியாகிவிடும். அதையும் மனத்தில் கொண்டு விசேஷ ஏற்பாடுகள் செய்யப்பட்டாக வேண்டும். இப்படியான பல பிரச்னைகளையும் சமாளித்து இந்தியா சொந்தமாக கிரையோஜெனிக் எஞ்சினை உருவாக்கி வருகிறது.

ஐரோப்பிய விண்வெளி அமைப்பின் சக்திமிக்க ஏரியான்– 5 ராக்கெட்டின் முதல்கட்ட ராக்கெட்டில், 132 டன் திரவ ஆக்சிஜனும் 25 டன் திரவ ஹைட்ரஜனும் சுமந்து செல்லப்படுகிறது. அமெரிக்க விண்வெளி ஓடத்துடன் இணைந்த எரிபொருள் கிடங்கில், தனித்தனிப் பகுதிகளில் 629 டன் திரவ ஆக்சிஜனும் 106 டன் திரவ ஹைட்ரஜனும் எடுத்துச் செல்லப் படுகின்றன.

இந்தியா, ஜி.எஸ்.எல்.வி. III எனப்படும் மூன்றாவது மாடலை உருவாக்கி வருகிறது. இதன் கடைசி கட்ட ராக்கெட், 25 டன் கிரையோஜெனிக் எரிபொருளைச் சுமந்து செல்வதாக இருக்கும். இது கூடுதல் திறன் பெற்றதாக இருக்கும் என்பதால், இதன் மூலம் 4 டன் எடை கொண்ட செயற்கைக் கோளை இணைச்சுற்றுக்கோளுக்கு உரிய பாதையில் செலுத்த இயலும்.

இங்கு ராக்கெட்டுகளின் திறன் பற்றிக் குறிப்பிட்டாக வேண்டும். எந்த ஒரு ராக்கெட்டாக இருந்தாலும் அது இவ்வளவு டன் எடையை (செயற்கைக் கோளை) ஏற்றிச் செல்லக்கூடியது என்று பொதுப்படையாகக் கூற முடியாது. அந்த ராக்கெட் ஒரு செயற்கைக்கோளை எந்த அளவு உயரத்துக்குத் தூக்கிச் செல்கிறது என்பதைப் பொறுத்து அது சுமக்கின்ற திறன் மாறுபடும்.

ஒரு ராக்கெட்டால் தாழ்வு நிலை சுற்றுப்பாதைக்கு LEO (சுமார் 300 கிலோமீட்டர் உயரத்துக்கு) 13 டன் எடையுள்ள செயற்கைக் கோளை சுமந்து செல்ல முடியும் என்றால் அதே ராக்கெட்டால் இணைச் சுற்று இடை நிலை (GTO) சுற்றுப்பாதைக்கு 6 டன் செயற்கைக் கோளைத்தான் சுமந்து செல்ல முடியும். உதாரணமாக, அமெரிக்க டெல்டா 4 H ராக்கெட்டால் தாழ்வு நிலை சுற்றுப்பாதைக்கு 23 டன் செயற்கைக் கோளை சுமந்து செல்ல முடியும். GTO சுற்றுப்பாதைக்கு 13 டன் செயற்கைக் கோளைத்தான் சுமந்து செல்ல முடியும். உயரம் அதிகரிக்கும் போது ராக்கெட் சுமந்து செல்லக்கூடிய எடை அளவு குறைகிறது.

உலகில் 6 நாடுகள்தான் எடை மிக்க செயற்கைக் கோள்களை மிக உயரத்தில் செலுத்தும் திறன் கொண்டவையாக இருக்கின்றன. ரஷ்யா, அமெரிக்கா, ஐரோப்பிய விண்வெளி அமைப்பு, சீனா, ஜப்பான் ஆகிய நாடுகளுக்கு அடுத்தபடியாக இந்தியா கடைசியான 6-வது இடத்தை வகிக்கிறது. கிரையோஜெனிக் ராக்கெட் எஞ்சின்களை உருவாக்குவதில் இந்தியா பல காரணங்களால் பின்தங்க நேர்ந்ததே இதற்குக் காரணம்.

ரஷ்யாவும் அமெரிக்காவும் 50 ஆண்டுகளாக இந்தத் துறையில் முன்னணியில் இருக்கின்றன. ஐரோப்பிய விண்வெளி அமைப்பு, பல ஐரோப்பிய நாடுகள் அங்கம் வகிக்கும் ஓர் அமைப்பு. அந்த நாடுகளில் ஜெர்மனியும் ஒன்று. ஜெர்மனிதான் உலகில் முதன் முதலில் நவீன ராக்கெட்டை உருவாக்கிய நாடு. சீனாவைப் பொறுத்தவரையில் அது ரஷ்யாவிடமிருந்து பல ஆண்டுகளுக்கு முன்பே கிரையோஜெனிக் ராக்கெட் தொழில் நுட்பத்தைப் பெற்றுவிட்டது. இந்த விஷயத்தில் ஜப்பானுக்கு அமெரிக்கா உதவியது. இந்தியாவோ, சொந்தமாக இந்தத் தொழில் நுட்பத்தை உருவாக்கிக்கொள்ள வேண்டியிருந்தது. விரைவில் இந்தியா இந்தத் தொழில்நுட்பத்தை நன்கு மேம்படுத்திக்கொண்டு, 4 முதல் 6 டன் எடை கொண்ட செயற்கைக் கோள்களை செலுத்தும் நிலையை எட்டிவிடலாம்.

இந்த அத்தியாயத்தின் தொடக்கத்தில் ஒரு கேள்வி எழுப்பப்பட்டது. அது தொடர்பாக இன்னொரு கேள்வியையும் எழுப்ப முடியும். இந்தியா ராக்கெட் யுகத்தில் காலடி வைத்தது எப்போது என்பது அந்தக் கேள்வி. அதற்கான பதில், 1963 நவம்பர் 21-ம் தேதி என்பதாகும்.

அமெரிக்காவிலிருந்தும் பிரான்சிலிருந்தும் ராக்கெட் செலுத்தும் சாதனங்கள், அமெரிக்க, பிரெஞ்சு ராடார்கள், ராக்கெட்டுகளைப் படம் பிடிக்க வெளி நாட்டு கேமராக்கள். ராக்கெட் அனுப்பும் தகவல்களைப் பகுத்தறிய ரஷ்ய கம்ப்யூட்டர்கள், ராக்கெட்டில் வைத்து அனுப்ப ஜெர்மன் கருவிகள் ஆகியவை சகிதம் அன்றைய தினம் கேரளக் கரை ஓரமாக உள்ள தும்பா என்னுமிடத்திலிருந்து வானை நோக்கி ராக்கெட்டுகள் செலுத்தப்பட்டன.

இந்த ராக்கெட்டுகளில் சிறிய செயற்கைக் கோள்கள்கூட வைத்து அனுப்பப் படவில்லை. கருவிகள் மட்டுமே வைத்து அனுப்பப்பட்டன. ஏனெனில், இவை வான் மண்டலத்தை ஆராய்வதற்கான ராக்கெட்டுகள். இந்த ராக் கெட்டுகளுக்கும் விண்வெளிக்கும் சிறிதுகூடத் தொடர்பில்லை.

விண்கப்பலை உயரே செலுத்துகிற அளவுக்கு ஏற்கெனவே முன்னேறியிருந்த ரஷ்யாவும், அமெரிக்காவும், மற்றும் பல நாடுகளும் 1963-ல் சின்னஞ்சிறிய ராக்கெட்டுகளைச் செலுத்த இந்தியாவுக்கு வந்தது ஏன்? பூமியிலிருந்து சுமார் 160 கிலோமீட்டருக்கு அப்பால் உள்ள பகுதியே விண்வெளி. விமானங்களால் சில கிலோமீட்டர் உயரத்துக்கு மேல் பறக்க முடியாது. செயற்கைக் கோள் களால் 160 கிலோமீட்டருக்குக் கீழே பறக்க முடியாது. இந்த இரண்டுக்கும் இடைப்பட்ட வான் பகுதியில் உள்ள வானிலை நிலைமைகளை ஆராய் வதற்குத்தான், தும்பாவிலிருந்து ராக்கெட்டுகள் செலுத்தப்பட்டன.

இந்தப் பணிக்குத் தும்பாவைத் தேர்ந்தெடுத்ததற்குக் காரணம் இருக்கிறது. புவிகாந்த நடுக்கோட்டுக்கு (Magnetic Equator) அருகே தும்பா அமைந் திருக்கிறது. பூமியின் நடுக்கோடு - பூமத்திய ரேகை - வேறு. புவிகாந்த நடுக்கோடு வேறு. புவிகாந்த நடுக்கோட்டுக்கு மேலே உள்ள வான் பகுதியை

ஆராயப் பல நாடுகளும் சேர்ந்து மேற்கொண்ட முயற்சியின் பலனாகத்தான் தும்பாவிலிருந்து வான் ஆய்வு ராக்கெட்டுகள் மேற்கொள்ளப்பட்டன. இன்னமும் அங்கிருந்து இந்த வகை ராக்கெட்டுகள் உயரே செலுத்தப் படுகின்றன. இந்தச் சிறிய ராக்கெட்டுகளைச் செலுத்த பெரிய ராக்கெட் தளம் தேவையில்லை.

தும்பாவில் பெற்ற அனுபவத்தின் பலனாகத்தான் இந்தியா ராக்கெட் துறையில் படிப்படியாக முன்னேறியதாக இந்தத் திட்டத்தில் பங்கு கொண்ட பல வெளிநாடுகள் சொல்வது உண்டு. அது அப்படி அல்ல. தும்பாவில் ராக்கெட்டுகளைச் செலுத்துவதன் நோக்கம் வேறு. விண்வெளியில் செயற்கைக் கோள்களைச் செலுத்தும் நோக்கில் ராக்கெட்டுகளைத் தயாரிப் பது என்பது வேறு. இந்தத் துறையில் இந்தியா சொந்த முயற்சிகளின் மூலமாகத்தான் முன்னேற்றம் கண்டு வந்திருக்கிறது.

18

இன்சாட் செயற்கைக் கோள்கள்

சாலை ஓரத் தந்திக் கம்பி மீது வரிசையாக அமர்ந்துள்ள பறவைகள்போல, விண்வெளியில் இந்தியாவைப் பார்த்தபடி இன்சாட் 2 E, இன்சாட் 3A, இன்சாட் 3B, இன்சாட் 3 C, இன்சாட் 3E, இன்சாட் 4 A, இன்சாட் 4B, இன்சாட் 4 CR, மற்றும் கல்பனா, ஜிசாட்– 2 , எடுசாட் என 11 செயற்கைக் கோள்கள் அடுத்தடுத்து அமைந் துள்ளன. இவை அனைத்துமே இணைச்சுற்று செயற்கைக் கோள்கள் (Geostationary Satellites).

இது 2007 ஆண்டு பிற்பகுதி நிலவரம். வருகிற ஆண்டுகளில் இவற்றில் சில செயற்கைக் கோள்கள் பணி முடிந்து பயனற்றவையாகி விடலாம். அதே நேரத்தில் இந்த வரிசையில் புதிதாக மேலும் சில செயற்கைக் கோள்கள் சேர்ந்துகொள்ளவும் வாய்ப்பிருக்கிறது.

மேற்குறிப்பிட்ட செயற்கைக் கோள்கள் அனைத்துமே பூமியிலிருந்து 35,786 கிலோ மீட்டர் உயரத்தில் இருக்கின்றன. இவை பக்கம் பக்கமாக இருக்கின்றன என்றாலும் இவை ஒவ்வொன் றுக்கும் இடையே வானில் நிறைய இடைவெளி இருக்கிறது. தீர்க்க ரேகை (Longitude) கணக்குப் படி சொல்வதானால், இவை 48 டிகிரி கிழக்கு தீர்க்க ரேகையிலிருந்து 93 டிகிரி கிழக்கு தீர்க்கரேகை வரை வரிசையாக அமைந்திருக் கின்றன. அனைத்துமே பூமியின் நடுக்கோட்டுக்கு (Equator) மேலே இருக்கின்றன.

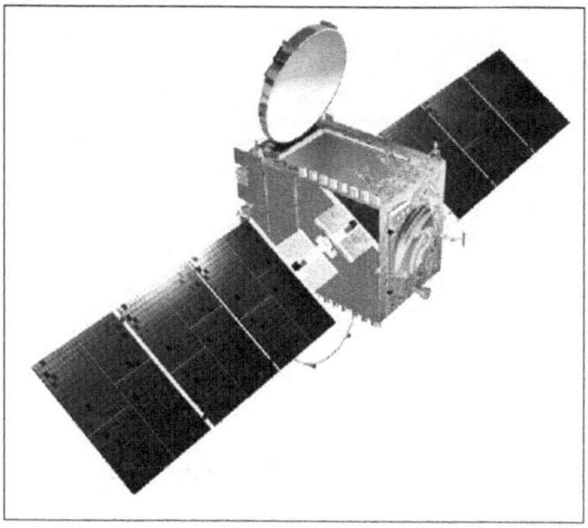

இன்சாட் 4 பி

இந்தச் செயற்கைக் கோள்கள் இருப்பதால்தான், நீங்கள் டிவியில் உங்களுக்கு விருப்ப மான சேனல்களைக் காணமுடி கிறது. இவற்றின் வழியே ஸ்டாக் எக்ஸ்சேஞ்ச் பேரங்கள் நடை பெறுகின்றன. எண்ணற்ற வர்த்தக நிறுவனங்கள் இந்தச் செயற்கைக் கோள்கள் வழியே தகவல்களைப் பரிமாறிக் கொள்ள முடிகிறது. வானொலி ஒலிபரப்புக்கும் இவை உதவு கின்றன. டெலிபோன் தொடர் புக்கும் இவை பயன்படுகின்றன. வானிலைத் தகவல்களைச் சேகரித்து மக்களுக்குத் தெரிவிப்பதிலும் இந்தச் செயற்கைக் கோள்கள் முக்கியப் பங்காற்றுகின்றன. ஊருக்கு மணியார்டர் அனுப்புவதற்கும் இவை உதவு கின்றன. வீட்டு மாடியில் டிஷ் அமைத்து நேரடியாக டிவி நிகழ்ச்சிகளைப் பெறு கின்ற ஏற்பாட்டில் (Direct to Home - DTH) இவை பெரும் பங்காற்றுகின்றன.

1982-ம் ஆண்டில் இந்தியாவுக்காக முதன் முதலாக உயரே செலுத்தப்பட்ட இன்சாட் 1A செயற்கைக் கோள், அல்பாயுசாகச் செயலிழந்து, அடுத்த ஆண்டில் இன்சாட் 1B செலுத்தப்பட்டிருந்த சமயத்தில் இந்தியா இந்த ஒரே ஒரு செயற்கைக் கோளை வைத்து சமாளித்துக் கொண்டிருந்தது. அத்துடன் ஒப்பிட்டால், 2007 மத்தியில் 11 தகவல் தொடர்பு செயற்கைக் கோள்கள். ஆனால் இவை போதாது. பரப்பளவில் இந்தியா பெரிய நாடு. மக்கள் தொகையும் அதிகம். ஆகவே தகவல் தொடர்புப் பணிக்கென மேலும் பல செயற்கைக் கோள்கள் தேவை.

இணைச் சுற்றுச் செயற்கைக் கோளை உயரே அனுப்பி அதை வட்ட வடிவப் பாதையில் சுற்றும்படி செய்வது என்பது மிகவும் சிக்கல் பிடித்த வேலை. சக்தி மிக்க ராக்கெட் மூலம் உயரே செலுத்தப்படுகின்ற இணைச் சுற்றுச் செயற்கைக் கோள், எடுத்த எடுப்பில் வட்ட வடிவப் பாதையைப் பெற்று விடுவது கிடையாது. பூமியிலிருந்து ஆணைகளைப் பிறப்பித்து செயற்கைக் கோள் எப்போதும் ஒரே சீராக பூமியிலிருந்து 35,785 கிலோ மீட்டர் உயரத்தில் அமைந்திருக்கும்படி செய்வதுதான் முதல் வேலையாக இருக்கும்.

செயற்கைக் கோள்களுக்கு ஆணைகளைப் பிறப்பித்து அதைக் கட்டுப் படுத்துவதற்கென கர்நாடக மாநிலத்தில் ஹாசன் என்னுமிடத்தில் தலைமைக் கட்டுப்பாட்டுக் கேந்திரம் இருக்கிறது. இந்த நிலையத்தின் நிபுணர்கள் ஆணைகளைப் பிறப்பிக்கும்போது செயற்கைக் கோளில் உள்ள பீச்சுகருவிகள் (Thrusters) செயல்படும். எந்த ஓர் இணைச் சுற்றுச் செயற்கைக் கோளிலும் இப்படியான பீச்சுகருவிகள் பல இருக்கும்.

செயற்கைக் கோளில் உள்ள பீச்சுகருவிகளை இயங்கும்படி செய்வதற்கென செயற்கைக் கோளுடன் இணைந்ததாக எரிபொருள் கிடங்கு இருக்கும். மேலே அனுப்பும்போது, இந்தக் கிடங்கில் சுமார் 1500 கிலோகிராம் அளவுக்கு எரிபொருளை நிரப்பி அனுப்புவார்கள். இந்தக் கிடங்கில் உள்ள எரிபொருள்தான் அந்தச் செயற்கைக் கோளின் ஆயுளை நிர்ணயிக்கும். இணைச் சுற்றுச் செயற்கைக் கோளை உயரே அனுப்பிய பின்னர் கீழே தலைமைக் கட்டுப்பாட்டுக் கேந்திரத்தில் இருக்கிற நிபுணர்கள் நன்கு திட்டமிட்டு சிக்கனமாகப் பயன்படுத்தாவிட்டால் அல்லது ஏதாவது கோளாறு ஏற்பட்டு உயரே சென்ற சில வாரங்களிலேயே எரிபொருள் அனைத்தும் காலியாகிவிட்டால் அந்தச் செயற்கைக் கோளின் ஆயுளும் அத்துடன் காலி. இந்தியாவின் பயனுக்கென முதன் முதலாக 1982-ல் உயரே அனுப்பப்பட்ட இன்சாட் -1A செயற்கைக் கோளில் இப்படி ஏற்பட்டு அனைத்து எரிபொருளும் வெளியே போய்விட்டபோது, அது பயனற்றுப் போய் கைவிடப்பட்டது.

இந்தியா 2001 ஏப்ரலில் தனது ஜி.எஸ்.எல்.வி. ராக்கெட் மூலம் அனுப்பிய ஜிசாட் –1 செயற்கைக் கோள் அல்பாயுசாகச் சில நாள்களிலேயே செயலற்றுப் போயிற்று. இதை உயரே செலுத்திய ஜி.எஸ்.எல்.வி. ராக்கெட்டின் கடைசி கட்ட கிரையோஜெனிக் ராக்கெட் உரிய அளவில் செயல்படாமல் போயிற்று. ஆகவே அது 35 ஆயிரம் கிலோ உயரத்தை எட்டுவதற்குப் பதில் 32,051 கிலோ மீட்டர் உயரத்தைத்தான் எட்டியது. ஜிசாட்–1 செயற்கைக் கோளின் எரிபொருள் டாங்கியில் வைக்கப்பட்ட எரிபொருளைப் பயன்படுத்தி அதன் உயரத்தை அதிகரிக்க முயற்சி செய்யப்பட்டது. ஆனால் எரிபொருளில் பெரும் பகுதி தீர்ந்துபோனதால், ஜிசாட்–1 செயற்கைக் கோளை தகுந்த உயரத்துக்குக் கொண்டு செல்வதற்கான முயற்சிகள் தோற்றுப் போயின. அத்தோடு அந்தச் செயற்கைக் கோள் கைவிடப்பட்டது.

இணைச் சுற்றுச் செயற்கைக் கோளில் வைத்து அனுப்பப்படுகிற எரிபொருள் அதன் ஆயுட்காலம் முழுவதற்கும் தேவை. ஏனெனில் அது உயரே சென்று வெற்றிகரமாக உரிய பாதையில் அமைக்கப்பட்ட பிறகும் அவ்வப்போது அதன் பாதையை அல்லது கோணத்தைச் சரிப்படுத்திக் கொண்டே இருக்க வேண்டும். இணைச் சுற்றுச் செயற்கைக் கோள்களின் ஆயுட்காலத்தை எரிபொருள் நிர்ணயிக்கிறது என்பதால் இப்போது புதுவித பீச்சுகருவிகள் உருவாக்கப்படுகின்றன.

இந்தியாவின் இன்சாட் செயற்கைக் கோள்கள், தகவல் தொடர்பு செயற்கைக் கோள் வகையைச் சேர்ந்தவை. இவை மேற்கத்திய நாடுகளில் உள்ள தகவல் தொடர்பு செயற்கைக் கோள்களிலிருந்து மாறுபட்டவை. மேற்கத்திய நாடுகளில் தகவல் தொடர்பு என்றால் அதற்கு தனி செயற்கைக் கோள், வானிலைத் தகவல் சேகரிப்பு என்றால் அதற்குத் தனி செயற்கைக் கோள் என்ற முறை பின்பற்றப்பட்டு வருகிறது. எனினும் 1980-களில் இந்தியா செயற்கைக் கோள் திட்டத்தை (INSAT) மேற்கொண்டபோது, இப்படித் தனித்தனியாகச் செயற்கைக் கோள்களைப் வைத்திருப்பது கட்டுப்படியாகாது என்று கருதியது. ஆகவே டிவி ஒளிபரப்பு, ரேடியோ, டெலிபோன் தொடர்பு,

வானிலைத் தகவல் சேகரிப்பு ஆகிய அனைத்தையும் உள்ளடக்கிய ஃபோர்–இன்– ஒன் செயற்கைக் கோள்களைப் வைத்துக்கொள்வதே உசிதமாக இருக்கும் என்று முடிவு செய்தது.

அந்தக் காலகட்டத்தில் செயற்கைக் கோள்களைத் தயாரிக்கும் தொழில்நுட்பத்தை இந்தியா பெற்றிருக்கவில்லை. ஆகவே இந்தியாவின் தேவைக்கு ஏற்ப இந்தவகை செயற்கைக் கோள்களைத் தயாரித்து அளிக்க அமெரிக்க நிறுவனம் ஒன்றுக்கு ஆர்டர் அளிக்கப்பட்டது. இந்தியாவிடம் தகுந்த ராக்கெட்டுகள் இல்லாததால், இந்தச் செயற்கைக் கோள்களை அமெரிக்காவே உயரே செலுத்தித் தரவும் ஏற்பாடு செய்யப்பட்டது. இப்படித்தான் இன்சாட் 1 வரிசையில் நான்கு இணைச் சுற்றுச் செயற்கைக் கோள்கள் உயரே செலுத்தப்பட்டன. இவற்றில் இன்சாட் 1A, அமெரிக்க டெல்டா ராக்கெட் மூலம் செலுத்தப்பட்டது. இன்சாட் 1B அமெரிக்க சேலஞ்சர் விண்வெளி ஓடம் மூலம் செலுத்தப்பட்டது. மூன்றாவதான இன்சாட் 1C ஐரோப்பிய விண்வெளி அமைப்பின் ஏரியான் ராக்கெட் மூலம் செலுத்தப்பட்டது. நான்காவதான இன்சாட் 1D பழையபடி அமெரிக்க டெல்டா ராக்கெட் மூலம் செலுத்தப்பட்டது.

இந்த நான்கில் இன்சாட் 1B மட்டுமே உருப்படியாகச் செயல்பட்டது. ஏற்கெனவே குறிப்பிட்டபடி, இன்சாட் 1A அல்பாயுசாகச் செயலிழந்தது. இன்சாட் 1B செயற்கைக் கோள் விஷயத்தில், சூரிய விசைப் பலகைகள் (Solar panels) ஆரம்பத்தில் விரிய மறுத்து பெரும் பிரச்னையாகியது. இன்சாட் 1C விஷயத்தில் ஏதோ கோளாறு ஏற்பட்டு, அது சுமார் ஓராண்டுதான் செயல்பட்டது. இன்சாட் 1D செயற்கைக் கோளைத் தூக்கி ராக்கெட்டில் பொருத்தும் சமயத்தில், அது கீழே விழுந்து சேதமடைந்தது. இப்படியாக இன்சாட் 1 வரிசைக்கோள்களுக்கு ஏதோ சாபக்கேடு போல பிரச்னைகள் எழுந்தன.

இன்சாட் 1 வரிசைக்குப் பிறகு, இந்த வகை செயற்கைக் கோள்கள் இந்தியாவிலேயே தயாரிக்கப்பட்டன. ஆனால் இவற்றைச் செலுத்தும் திறன் கொண்ட ராக்கெட் இந்தியாவிடம் இல்லை என்பதால், இன்சாட் 2A செயற்கைக் கோளில் தொடங்கி இன்சாட் 4B வரையிலான 11 இன்சாட் வகை செயற்கைக் கோள்களும் ஐரோப்பிய விண்வெளி அமைப்பின் ஏரியான் ராக்கெட் மூலமே செலுத்தப்பட்டன. இதிலும் பல பிரச்னைகள் இருந்தன.

ஐரோப்பிய விண்வெளி அமைப்பின் ராக்கெட் கேந்திரம் தென் அமெரிக்கக் கண்டத்தின் வடக்குக் கோடியில் பிரெஞ்சு கயானாவில் கூரூ என்னுமிடத்தில் இருக்கிறது. ஆகவே ஒவ்வொரு தடவையும் செயற்கைக் கோளை இந்தியாவிலிருந்து கூரூ ராக்கெட் தளத்துக்கு எடுத்துச் செல்ல வேண்டியிருந்தது. இது நிறைய செலவு பிடிக்கிற வேலை. ஏரியான் ராக்கெட்டில் இடம் பிடிக்க பல சமயங்களிலும் இடம் புக் செய்துவிட்டுக் காத்திருக்க வேண்டியிருந்தது. ஒரு சமயம் ஏரியானில் பிரச்னை ஏற்பட்டு அந்த ராக்கெட்டுகளைச் செலுத்துவது நிறுத்தி வைக்கப்பட்டிருந்த கட்டத்தில், காத்திருக்கும் காலம் அதிகமாகவே இருந்தது. 1992 முதல் 2007 வரை நாம் ஏரியானை நம்பி நிற்க வேண்டியதாயிற்று.

இவ்வளவு காலத்துக்குப் பிறகு இன்சாட் வகை செயற்கைக் கோள் ஒன்றை அதாவது இன்சாட் 4C செயற்கைக் கோளை முதல் முறையாக இந்திய மண்ணிலிருந்து, ஸ்ரீஹரிகோட்டாவிலிருந்து செலுத்த முடிவு செய்யப்பட்டு, 2006-ம் ஆண்டு ஜூலை 10-ம் தேதி அது விண்ணில் ஏவப்பட்டது. ஆனால் ராக்கெட்டில் ஏற்பட்ட கோளாறு காரணமாக, சில விநாடிகளில் ராக்கெட் அழிக்கப்பட்டு ராக்கெட்டும் செயற்கைக் கோளும் வங்கக் கடலில் விழுந்தன.

எனினும் இதே செயற்கைக் கோளுக்கு மாற்றாக 2007 செப்டெம்பர் 2-ம் தேதி இன்சாட் 4 CR ஸ்ரீஹரிகோட்டாவிலிருந்து செலுத்தப்பட்டபோது, அது வெற்றியாக அமைந்தது. அடுத்து வரும் வருடங்களில், இன்சாட் 4E, இன்சாட் 4F ஆகிய செயற்கைக் கோள்களை இந்திய மண்ணிலிருந்து செலுத்துவது என்பது திட்டம். ஆயினும் இன்சாட் 4G (எடை 3200 கிலோ) அதிக எடை கொண்டது என்பதால், அது ஏரியான் ராக்கெட் மூலமே செலுத்தப்படும்.

இன்சாட் 1A செயற்கைக் கோளின் எடையுடன் (1152 கிலோ) ஒப்பிட்டால், இன்சாட் 4G செயற்கைக் கோளின் எடை கிட்டத்தட்ட மூன்று மடங்கு. எடையில் மாற்றம் என்பது தவிர, இன்சாட் செயற்கைக் கோள்களின் டிசைனும் மாறியிருக்கிறது. ஆரம்ப கால இன்சாட் செயற்கைக் கோள்களில் சூரிய விசைப் பலகைகள் செயற்கைக்கோளின் அடிப்புறத்தில் பெரிய படுதா போல அமைந்திருக்க, மேற்புறத்தில் குடை வடிவ உறுப்பு இடம் பெற்றிருந்தது. ஆனால் பின்னர் இன்சாட் வரிசை செயற்கைக் கோள்களில் இந்தக் குடை இடம் பெறவில்லை. மாறாக, இறக்கை விரித்த பறவைபோல, செயற்கைக் கோளின் இரு புறங்களிலும் சூரிய விசைப் பலகைகள் இடம் பெற்றன.

இன்சாட் செயற்கைக் கோள்கள் அவற்றுக்கு இடப்பட்ட எண் வரிசைப்படி செலுத்தப்படுவதாகச் சொல்ல முடியாது. இன்சாட் 3 வரிசையில் முதலில் இன்சாட் 3B இன்சாட் 3C ஆகியவை செலுத்தப்பட்ட பிறகே இன்சாட் 3A செலுத்தப்பட்டது. இன்சாட் 4 வரிசையில் மூன்று செயற்கைக் கோள்களும் செலுத்தப்பட்டுவிட்டன. ஆனால் இன்சாட் 3D இன்னமும் செலுத்தப்பட வில்லை. வானிலைத் தகவல் சேகரிப்புக்கான அந்த நவீன செயற்கைக் கோள் 2008-ல் செலுத்தப்படும் என்று தெரிவிக்கப்பட்டிருக்கிறது.

ஒரு கட்டத்தில் இந்தியா உயரே பல செயற்கைக் கோள்களைப் பெற ஆரம்பித்தபோது, இன்சாட் செயற்கைக் கோள்களில் வானிலைத் தகவல் பதிவுக் கருவிகளை வைப்பது நிறுத்தப்பட்டது. அதே சமயத்தில் வானிலைத் தகவல்களைப் பெற தனி செயற்கைக் கோளைச் செலுத்துவது என்று முடிவு செய்யப்பட்டது. அந்த வகையில் மெட்சாட் (Metsat) என்ற பெயரில் வானிலைத் தகவல் செயற்கைக் கோள் (எடை 1060 கிலோ) கடந்த 2002-ம் ஆண்டு செப்டெம்பரில் செலுத்தப்பட்டது. இந்திய வம்சாவளியைச் சேர்ந்த அமெரிக்க விண்வெளி வீராங்கனை கல்பனா சாவ்லா கொலம்பியா விண்வெளி ஓட விபத்தில் உயிரிழந்தபோது, அவரை கௌரவிக்கும் வகையில் 2003 பிப்ரவரியில் மெட்சாட் செயற்கைக் கோளுக்கு கல்பனா என்று புதுப் பெயர் சூட்டப்பட்டது.

இதே மாதிரியில் இன்சாட் 3B செயற்கைக் கோள், முற்றிலும் வர்த்தகத் தகவல் தொடர்புக்காகச் செலுத்தப்பட்டது. கல்வி ஒளிபரப்புக்கென இந்தியா தனியே எடுசாட் என்ற பெயரில் ஒரு செயற்கைக் கோளை அனுப்பி யிருக்கிறது. இது 2004 செப்டெம்பரில் செலுத்தப்பட்டது.

இந்தியப் பொருளாதாரத்தில் இணைச்சுற்று செயற்கைக் கோள்கள் மிக முக்கியப் பங்கு வகிக்கின்றன. நாட்டின் எண்ணற்ற வர்த்தக நிறுவனங்கள், பங்குச் சந்தை அமைப்புகள் முதலியவை உடனடியான தகவல் தொடர்புகளுக்குச் செயற்கைக் கோள்களைத்தான் நம்பியிருக்கின்றன. ரிசர்வ் வங்கியும்கூட செயற்கைக் கோள்களை நம்பியே செயல்படுகிறது. இப்படியான நிலையில், 1997 அக்டோபரில் திடீரென இன்சாட் 2D செயலிழந்தபோது, தேசியப் பங்குச்சந்தைக்கு நெருக்கடி நிலை ஏற்பட்டது. பங்குகளை வாங்குவதும் விற்பதும் பாதிக்கப்பட்டது. வேறு வழியின்றி அக்டோபர் 3-ம் தேதி அந்த எக்ஸ்சேஞ்ச் செயல்படுவது ரத்து செய்யப்பட்டது.

சுமார் நான்கு மாதமே இயங்கிய 2D அடியோடு கைவிடப்பட்ட பிறகு Arabsat என்ற செயற்கைக் கோள் விலைக்கு வாங்கப்பட்டு, அதற்கு இன்சாட் 2DT என்று பெயர் சூட்டப்பட்டது. அது விலைக்கு வாங்கப்பட்ட சமயத்தில், ஏற்கெனவே வானில் அது செயல்பட்டுக்கொண்டிருந்தது.

பின்னர் 1999-ம் ஆண்டு ஏப்ரலில் இதேபோல நெருக்கடி ஏற்பட்டது. ஏற்கெனவே குறிப்பிட்டதுபோல, 2D அப்போது செயலிழந்து விட்டிருந்தது. 2A செயற்கைக் கோளின் கதியும் அதுதான். 1D இறுதிக் கட்டத்தில் இருந்தது. 2 E அப்போதுதான் செலுத்தப்பட்டிருந்தது. இந்த நிலையில் எல்லாப் பணிகளும் 2B மற்றும் 2C செயற்கைக் கோள்களையே நம்பியிருந்தன.

அப்படியான கட்டத்தில்தான், 2B செயற்கைக் கோளின் ஒரு டிரான்ஸ்பாண்டர் 1999 ஏப்ரல் 19-ம் தேதி செயலிழந்தது. இதனால் எண்ணற்ற நிறுவனங்களில் பணி தடைப்பட்டது. எல்லா ஸ்டாக் எக்ஸ்சேஞ்சுகளும் பாதிக்கப்பட்டன. பாதுகாப்புத் துறை தொடர்பான சில பணிகளும் பாதிக்கப்பட்டன.

சந்திர கிரகணம் நமக்குத் தெரியும். இணைச் சுற்றுச் செயற்கைக் கோள்களுக்கும் கிரகணம் பிடிக்கும் என்பது பலரும் அறியாத விஷயம். இது எப்படி என வியக்கலாம். பூமியின் நிழல் சந்திரன் மீது விழுவதால் சந்திர கிரகணம் ஏற்படுகிறது. சுமார் 4 லட்சம் கிலோ மீட்டர் தொலைவில் உள்ள சந்திரன் மீது பூமியின் நிழல் விழும்போது, 35 ஆயிரம் கிலோ மீட்டர் தொலைவில் உள்ள இணைச் சுற்றுச் செயற்கைக் கோள் மீது பூமியின் நிழல் விழாதா? குறிப்பாக ஆண்டில் மார்ச் 21 மற்றும் செப்டெம்பர் 23 தேதிகள் வாக்கில் சில நாள்களுக்கு இணைச்சுற்றுச் செயற்கைக் கோள்களை கிரகணம் பிடிக்கும். இப்படி கிரகணம் பிடிக்கிற நாள்களில், செயற்கைக் கோளுடன் இணைந்த சூரிய விசைப் பலகைகள் மீது சூரிய ஒளி படாது. ஆகவே மின்சார உற்பத்தி பாதிக்கப்படும்.

சூரிய விசைப் பலகைகள் உற்பத்தி செய்யும் மின்சாரத்தை ஓரளவு சேமித்து வைக்க, பொதுவில் பெரும்பாலான இணைச்சுற்றுச் செயற்கைக் கோள்களில் பாட்டரிகள் இருக்கும். பாட்டரிகளிலும் பிரச்னை என்றால் செயற்கைக் கோளின் இயக்கம் பாதிக்கப்படும்.

1982-ம் ஆண்டில் இன்சாட் 1A செயலிழந்து விட்ட நிலையில், உயரே இன்சாட் 1B மட்டுமே செயல்பட்டு வந்தது. உயரே 'ஒண்ணே ஒண்ணு கண்ணே கண்ணு' என்று ஒரே ஒரு இணைச்சுற்றுச் செயற்கைக் கோள் மட்டுமே இருந்த காலகட்டத்தில், அதன் இரு பாட்டரிகளும் செயல்படாமல் போயின. அந்தச் சமயம் பார்த்து அது கிரகணத்துக்கு உள்ளாகியது. இதனால் தகவல் தொடர்பு போன்ற பணிகள் பாதிக்கப்பட்டன.

இப்படிச் செயற்கைக் கோளில் கிரகணம் ஏற்படும்போது, நிழல் பகுதியிலிருந்து சூரிய ஒளி படும் இடத்துக்குச் செயற்கைக் கோளை நகர்த்துவது உண்டு. அப்படிச் செய்வதற்கு நிறைய எரிபொருள் தேவைப்படும். இதனால் செயற்கைக் கோளின் ஆயுள் குறையும்.

பூமியின் நிழல் செயற்கைக் கோள்மீது படுவதுபோலவே சந்திரனின் நிழலும் இணைச் சுற்றுச் செயற்கைக் கோள்கள் மீது விழும். இதுவும் ஆண்டில் இரு தடவைகள் நிகழும்.

இந்திய விண்வெளி நிறுவனம் தயாரிக்கிற இணைச் சுற்றுச் செயற்கைக் கோள்கள் அனைத்தும் பார்க்க ஒரே அச்சாக இருப்பது கிடையாது. வீட்டு மாடியில் சிறிய டிஷ் ஆன்டெனாவை நிறுவி நேரடியாகச் செயற்கைக் கோள் மூலம் டிவி நிகழ்ச்சிகளைப் பெறும் ஏற்பாடு நாட்டில் இப்போது பிரபலமாகி வருகிறது. பல தனியார் நிறுவனங்கள் இதை அறிமுகப்படுத்தியிருக்கின்றன.

செயற்கைக் கோள்களில் கேயு பாண்ட் டிரான்ஸ்பாண்டர்கள் இருந்தால் வீட்டு மாடியில் இப்படிச் சிறிய டிஷ் ஆன்டெனாவைப் பொருத்திக்கொள்ள முடியும். ஆனால் சி பாண்ட் டிரான்ஸ்பாண்டர்கள் என்றால் பெரிய டிஷ் ஆன்டெனா தேவை. ஆகவே அண்மைக்காலமாக, இன்சாட் செயற்கைக் கோள்களில் அதிக எண்ணிக்கையில் கேயு பாண்ட் டிரான்ஸ்பாண்டர்கள் இடம் பெறுகின்றன. இன்சாட் 3B செயற்கைக் கோளில் 3 கேயு டிரான்ஸ்பாண்டர்களே இருந்தன என்பதுடன் ஒப்பிட்டால் 2007 செப்டெம்பரில் செலுத்தப்பட்ட இன்சாட் 4 CR செயற்கைக் கோளில் 12 கேயு டிரான்ஸ்பாண்டர்கள் இடம் பெற்றிருந்தன.

இந்த இரண்டு பாண்டுகளைப் பொறுத்தவரையில் நல்ல மழை பெய்தால் டிவியில் சி பாண்ட் ஒளிபரப்பு பாதிக்கப்படாது. ஆனால் கேயு பாண்ட் மூலம் ஒளிபரப்பு செய்யும் போது மழை காரணமாக டிவியில் காட்சிகள் பாதிக்கப்படுகின்ற வாய்ப்பு இருக்கிறது.

19

விண்வெளியில் சுற்றுலா

நம்மில் பெரும்பாலானோருக்கு விண்வெளிக்குச் சென்று அங்கிருந்து பூமியைப் பார்க்க ஆசை. ஆனால் விண்வெளி யுகம் பிறந்த காலத்திலிருந்து ரஷ்யாவும் சரி, அமெரிக்காவும் சரி, இதற்கென்று தேர்ந்தெடுக்கப்பட்டு பயிற்றுவிக்கப்பட்டவர்களையே விண்வெளிக்கு அனுப்பி வந்திருக்கின்றன. ஆரம்பத்தில் இவர்களில் பெரும்பாலானவர்கள் அந்தந்த நாடுகளின் பாதுகாப்புப் படைகளைச் சேர்ந்தவர்களாக இருந்தார்கள்.

ஒரு கட்டத்துக்குப் பிறகு குறிப்பிட்ட துறைகளைச் சேர்ந்த நிபுணர்களும் அனுப்பப்பட்டார்கள். பின்னர் அமெரிக்காவும் ரஷ்யாவும் பிற நாடுகளைச் சேர்ந்தவர்களை – அதற்கென பயிற்சி பெற்றவர்களை - தங்களது விண்கலங்களில் ஏற்றிச் சென்றன.

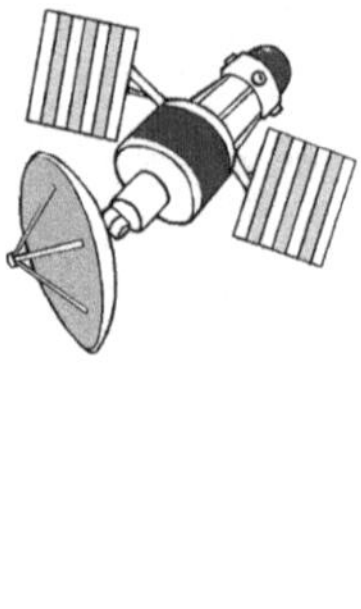

1961-ல் ககாரின் உயரே சென்று வந்ததிலிருந்து, 2007 வரையிலான காலத்தில் 800-க்கும் அதிகமான விண்வெளி வீரர்கள் உயரே சென்று வந்திருக்கிறார்கள். காசு கொடுக்கத் தயாராக இருந்தாலும் சரி, உல்லாசப் பயணமாக யாரையும் விண்வெளிக்கு அழைத்துச் செல்வதில்லை என்பதே இந்த இரு நாடுகளின் கொள்கையாக இருந்து வந்தது.

ஆனால் 1991-ல் சோவியத் யூனியன் உடைந்து பல நாடுகளாகப் பிரிந்த பின்னர் சோவியத் யூனியனின் வாரிசு என்று சொல்லத்தக்க ரஷ்யாவுக்கு நிதி நெருக்கடி ஏற்பட்டது. முன்புப் போல விண்வெளித் திட்டங்களுக்கு நிறைய நிதி ஒதுக்க முடியவில்லை. இந்தக்காரணத்தால்தான், மிர் விண்கலம் கைவிடப்பட்டது என்பதை முன்னரே பார்த்தோம். விண்வெளித் திட்டங்களுக்கு ஏதோ ஒரு வகையில் பணம் பெறும் நோக்கில் ரஷ்யா தனது கொள்கையை மாற்றிக் கொண்டு, பணம் கொடுத்தால் யாரையும் விண்வெளிக்கு அழைத்துச் செல்வோம் என்று அறிவித்தது.

எனினும் ரஷ்யாவின் இந்தத் திட்டத்துக்கு முதலில் அமெரிக்கா ஆட்சேபம் தெரிவித்தது. ரஷ்ய விண்கலம் மூலம் விண்வெளிக்கு இப்படி அழைத்துச் செல்லப்படுபவர், உயரே சர்வதேச விண்வெளி நிலையத்தில்தான் தங்கியாக வேண்டும். அது அமெரிக்கா, ரஷ்யா உட்பட பல நாடுகள் சேர்ந்து உருவாக்கி வருகிற ஒன்று.

சர்வதேச விண்வெளி நிலையத்தில் ரஷ்யப் பகுதி, அமெரிக்கப் பகுதி என்று பிரிவுகள் இருக்கின்றன. உல்லாசப் பயணியாக இப்படி சர்வதேச விண்வெளி நிலையத்துக்கு வருபவர்களில் யாரேனும் ஒருவர் அங்குள்ள கருவிகளில் கையை வைத்து அதனால் விபரீதம் ஏற்பட்டால் என்ன செய்வது என்று நாஸா ஆட்சேபம் எழுப்பியது. உல்லாசப் பயணியாக மேலே வருபவருக்கு ஏதேனும் நேர்ந்தால் அதற்கு யார் பொறுப்பு என்றும் நாஸா வினா எழுப்பியது.

விண்வெளி உல்லாசப் பயணியாக வருபவர் சர்வதேச விண்வெளி நிலையத்தில் உள்ள ரஷ்யப் பகுதியில்தான் தங்கியிருப்பார் என்று ரஷ்யா விளக்கம் அளித்த பின்னர் நாஸா மேற்கொண்டு எதிர்க்கவில்லை. இதில் வேடிக்கை என்னவென்றால் ரஷ்ய விண்கலம் மூலம் உயரே உல்லாசப் பயணியாகச் சென்ற முதல் நபர் டென்னிஸ் டிட்டோ என்ற அமெரிக்க கோடீஸ்வரர் . ரஷ்ய விண்கலம்மூலம் உயரே செல்வதற்கு ரஷ்யாவின் சார்பில் இடம் புக் செய்வதும் அமெரிக்கத் தனியார் நிறுவனம்தான்.

உண்மையில் கோடீஸ்வரர்களால்தான் இப்படி காசு கொடுத்து விண்வெளிக்குச் செல்ல முடியும். ஏனெனில் ரஷ்யா இதற்கு வசூலிக்கும் தொகை 20 மில்லியன் டாலர் (சுமார் ரூ. 80 கோடி). ஆனால் அப்படியும்கூட இடம் புக் செய்துவிட்டு காத்திருப்பவர்கள் உள்ளனர். டிட்டோவை (2001) தொடர்ந்து மார்க் ஷட்டில்வர்த் (2002), கிரிகரி ஆல்சன் (2005), அனுஷே அன்சாரி (2006), சார்லஸ் சிமோன்யி (2007) ஆகியோர் காசு கொடுத்து ரஷ்ய சோயூஸ் விண்கலம் மூலம் உல்லாசப் பயணிகளாக விண்வெளி சென்று வந்திருக்கிறார்கள்.

இவர்களில் ஷட்டில்வர்த் தென்னாப்பிரிக்க கோடீஸ்வரர். முதலாவது பெண் உல்லாசப் பயணியான அனுஷே அன்சாரி உட்பட மற்றவர்கள் அமெரிக்கர்கள். ரஷ்ய சோயூஸ் விண்கலம் மூலம் உயரே செல்கின்ற விண்வெளி உல்லாசப் பயணிகள், விண்வெளியில் குறைந்தது ஒரு வார காலம் தங்கிவிட்டு ரஷ்ய விண்கலம் மூலம் பூமிக்குத் திரும்புகிறார்கள்.

‘எவ்வளவு காசு கொடுத்தாலும் தகும்’ என்று முதன் முதலில் இப்படி விண்வெளி சென்று வந்த டிட்டோ கூறினார் என்பது குறிப்பிடத்தக்கது. சர்வதேச விண்வெளி நிலையத்துக்குள் எடையற்ற நிலையில் அந்தரத்தில் மிதப்பது மிக அபூர்வ அனுபவம் என்று அவர் சொன்னார். பூமியில் எப்போதும் ஈர்ப்பு சக்திக்குள் கட்டுண்டு கிடக்கும் மனிதர்களுக்கு, இது உண்மையில் அதிசய அனுபவம்தான்.

ரஷ்ய விண்கலம் மூலம் விண்வெளி செல்ல சில நிபந்தனைகள் மட்டுமே இருக்கின்றன. நல்ல உடல் தகுதி இருக்க வேண்டும். ரஷ்யாவில் சில வாரங்கள் தங்கி சில பயிற்சிகளைப் பெற வேண்டும். ரஷ்ய மொழி கற்றுக் கொள்ள வேண்டும். எனினும் இந்தப் பயணத்துக்கு வயது வரம்பு எதுவும் கிடையாது. சோயூஸ் விண்கலம் மூலம் உயரே சென்ற மேற்கூறிய ஐவரில் மூன்று பேர் 60 வயதை எட்டியவர்கள்.

அந்தரத்தில் மிதக்கும் அனுபவத்தைப் பெற ஒருவர் விண்வெளிக்குத்தான் செல்ல வேண்டும் என்பதில்லை. வானில் அதிவேகத்தில் பறக்கும் விமானம் மிக உயரத்திலிருந்து கீழ் நோக்கிப் பாயும்போது, சில நிமிஷம் எடையற்ற நிலை ஏற்படுவது உண்டு. விண்வெளி செல்ல இருக்கிற ரஷ்ய, அமெரிக்க விண்வெளி வீரர்களுக்குப் பயிற்சி அளிக்கும்போது, அந்தப் பயிற்சியின் ஒரு பகுதியாக அவர்கள் இப்படி விமானத்தில் ஏற்றிச் செல்லப்பட்டு, சில நிமிடங்களுக்கு எடையற்ற நிலைக்கு உள்ளாக்கப்படுகிறார்கள்.

அந்தரத்தில் மிதப்பது, மிக உயரத்திலிருந்து பூமியைக் காண்பது என்பது விண்வெளிப் பயணத்தின் இரு முக்கிய அம்சங்கள் என்பதால் இப்போது சில நிறுவனங்கள் இந்த இரு அனுபவங்களையும் அளிக்கும் வகையில் புதுமையான திட்டத்தை மேற்கொள்ள இருக்கின்றன.

விண்வெளிக்குச் செல்லாமலே இந்த அனுபவம் கிடைக்கும் என்பது இந்தத் திட்டத்தின் மூல அம்சமாகும். இந்த ஏற்பாட்டில் விண்கலத்துக்கு பதில் விசேஷ விமானங்கள் பயன்படுத்தப்படும்.

விண்வெளிப் பிராந்தியம் என்பது எது என்பது பற்றி இங்கு குறிப்பிட்டாக வேண்டும். பூமியிலிருந்து 100 கிலோமீட்டருக்கு அப்பால் உள்ள பிராந்தியம் விண்வெளி என்று பொதுவில் கருதப்படுகிறது. இதைச் சர்வதேச வான் இயக்கவியல் சங்கமும் ஏற்றுக்கொண்டிருக்கிறது. இதை கார்மன் எல்லை (Karman Line) என்றும் குறிப்பிடுவது உண்டு. அமெரிக்க எஞ்சினியரும் விஞ்ஞானியுமான தியோடோர் கார்மன் ஒரு கணக்குப் போட்டு நிர்ணயித்ததால் இது இப்படி குறிப்பிடப்படுகிறது.

செயற்கைக் கோள்கள் கார்மன் எல்லைக்கு மேலே மிக உயரத்தில் பறப்பவை. பூமியைச் செயற்கைக் கோள்போலச் சுற்றுகின்ற சர்வதேச விண்வெளி நிலையம் சுமார் 350 கிலோமீட்டர் உயரத்தில் இருந்தபடி பூமியைச் சுற்றுகிறது. விண்வெளி ஓடம், ரஷ்ய சோயூஸ் விண்கலம் முதலியவையும் இந்த உயரத்தில் பறக்கின்றவைதான்.

விமானங்களால் இந்த உயரத்துக்குப் பறந்து செல்ல முடியாது. விமானம் பறக்க காற்று தேவை என்பதே இதற்குக் காரணம். விசேஷ விமானங்களால் கார்மன் எல்லை வரை – 100 கிலோ மீட்டர் உயரம் வரை - செல்ல முடியும். அங்கு, காற்று அடர்த்தி மிகக் குறைவாகத்தான் இருக்கும்.

2004-ம் ஆண்டில் Spaceship one என்ற ராக்கெட் விமானம் இந்த அளவுக்கான உயரம்வரை சென்று சாதனை படைத்தது. இந்த ராக்கெட் விமானம் ஒரு ஜெட் விமானத்துடன் இணைக்கப்பட்டு, உயரே கிளம்பியது. சுமார் 15 கிலோ மீட்டர் உயரம் சென்றதும் ராக்கெட் விமானம் தனியே பிரிந்து சுமார் 100 கிலோமீட்டர் உயரத்தை எட்டியது. அவ்வளவு உயரத்தில் இருந்து பார்க்கும் போது, பூமியின் வளைவு தெரிந்தது. பின்னர் எஞ்சின்களின் இயக்கம் சிறிது நேரம் நிறுத்தப்பட்டு அது கீழ் நோக்கிப் பாய்ந்த சமயத்தில் விமானத்தின் உள்ளே எடையற்ற நிலை ஏற்பட்டது. இந்த ராக்கெட் விமானத்தில் விமானி தவிர இரண்டு பேர் ஏறிச் செல்ல முடியும்.

பல கோடி ரூபாய் கொடுத்து விண்வெளிக்குச் செல்ல இயலாதவர்களை இப்படியான விமானத்தின் மூலம் விண்வெளியின் எல்லைவரை அழைத்துச் செல்லப் பல தனியார் நிறுவனங்கள் திட்டமிட்டிருக்கின்றன. இதற்கு ஒரு நபருக்கு ரூ. 80 லட்ச ரூபாய் வீதம் கட்டணம் வசூலிக்கப்படலாம். பூமியைப் பார்க்கலாம். விமானத்துக்குள் மூன்று முதல் ஐந்து நிமிடங்கள் வரை எடையற்ற நிலையில் அந்தரத்தில் பறக்கலாம். இந்த விமானப் பயணம், சில மணி நேரமே நீடிக்கும்.

எனினும் இந்தப் பயணம் மூலம், விண்வெளிக்குப் போகிற அனுபவம் கிடைக்கிறது என்பதாலும் கட்டணம் குறைவு என்பதாலும் எதிர்காலத்தில் பல பயணிகளைக் கவர முடியும் என்று மேற்படி நிறுவனங்கள் எதிர்பார்க்கின்றன.

உண்மையில் இந்த வகை விமானம், விண்வெளிக்குச் செல்வதில்லை. பூமியைச் சுற்றி வருவது கிடையாது. இதை வான் எல்லைப் பயணம் என்று வேண்டுமானால் வர்ணிக்கலாம். ஆங்கிலத்தில் இதை sub–orbital flight என்று குறிப்பிடுகிறார்கள்.

மேற்கத்திய நாடுகளில் பல நிறுவனங்களும் இதற்கான விமானங்களைத் தயாரித்து வருகின்றன. எதிர்காலத்தில் பலரும் சில லட்ச ரூபாய் செலவில் இப்படி விண்வெளியின் எல்லை வரை செல்வதற்கு வாய்ப்பிருக்கிறது.

விண்வெளிக்குச் செல்ல முடியவில்லை என்றாலும் சுமார் 100 கிலோமீட்டர் உயரத்திலிருந்து பூமியைக் காணும்போது, ஓர் உண்மை புலப்படும். நாடுகள் இடையே என்னதான் எல்லைச் சுவர்களும் முள் கம்பி வேலிகளும் அமைக் கப்பட்டிருந்தாலும் அவ்வளவு உயரத்திலிருந்து பார்க்கும்போது நாடுகள் தனித்தனியே தெரியாது. எல்லாமே எல்லையற்ற பரந்த நிலப் பரப்பாகத்தான் தெரியும். ஆர்ப்பரிக்கும் கடல்கள், பூமித் தாய் உடுத்திய நீலப் பட்டாடை போன்று தெரியும். பூமி என்பது மனித குலம் அனைத்தின் தாயகம் என்ற எண்ணம் தோன்றும். வானில் அந்த அளவு உயரத்துக்குச் செல்லாமலேயே எல்லோருக்கும் அப்படிப்பட்ட உணர்வு ஏற்படுவது நல்லது.